智能用水技术和应用

可持续水资源管理数据采集和分析

Smart Water Technologies and Techniques

Data Capture and Analysis for Sustainable Water Management

[英] 大卫·劳埃德·欧文(David A. Lloyd Owen)　主编
曲宏亮　王祁　译

中国石化出版社

图书在版编目(CIP)数据

智能用水技术和应用：可持续水资源管理数据采集和分析 / (英) 大卫·劳埃德·欧文 (David A. Lloyd Owen) 主编；曲宏亮，王祁译.—北京：中国石化出版社，2021.11

书名原文：Smart Water Technologies and Techniques：Data Capture and Analysis for Sustainable Water Management

ISBN 978-7-5114-6505-4

Ⅰ.①智… Ⅱ.①大… ②曲… ③王… Ⅲ.①水资源管理-数据采集②水资源管理-数据处理 Ⅳ.①TV213.4

中国版本图书馆 CIP 数据核字（2021）第 240737 号

中国石化出版社出版发行

地址：北京市东城区安定门外大街 58 号
邮编：100011 电话：(010)57512500
发行部电话：(010)57512575
http://www.sinopec-press.com
E-mail:press@sinopec.com
北京富泰印刷有限责任公司印刷
全国各地新华书店经销

*

710×1000 毫米 16 开本 14.5 印张 274 千字
2021 年 12 月第 1 版 2021 年 12 月第 1 次印刷
定价：70.00 元

译者序

水是自然界中分布最广的一种资源，是人类赖以生存的重要物质。随着全球人口的不断增加和工农业生产的持续发展，全世界的水资源日益紧张。

为了充分利用有限的淡水资源，需要不断提高水处理技术水平和管理水平，保持工农业的稳定、可持续性发展。

传统的供水和废水处理系统运行成本及能耗较高，随着自动化控制系统和信息技术的发展，智能水务系统逐步应用到水系统的日常运营管理中，通过科学的管理手段，实现节水、减排、降低运行成本的目的。

为了进一步拓展国内水务系统从业者的视野，加深对智能水务系统的先进管理理念、经验和技术的理解，我们翻译了《智能用水技术和应用》。该书不仅介绍了什么是智能水技术，为什么需要智能水技术，如何优化和实现智能水系统管理，还提供了一些国外的案例供我们参考。通过对案例的介绍和分析能够了解如何对城市生活供水及工业水进行数据采集、分析，并建立一套智能水管理系统，对国内用于生活和工业的智能水系统的建设有一定指导意义。

本书由曲宏亮、王祁翻译，参与翻译工作的还有吴雪洁、李祎迩等同志，中国石化出版社对该书的出版给予了大力支持，在此一并感谢！

鉴于译者水平有限，书中难免会有不妥之处，敬请读者指正！

译者

丛书编辑前言——水管理的挑战

世界银行2014年指出：

“水是人类最基本的需求之一。水管理对农业、教育、能源、卫生、性别平等和生计产生影响，是最基本的发展的基础。随着人口和经济的不断增长，对水的需求越来越大，水面临着前所未有的压力。实际上，21世纪的每一项发展挑战——粮食安全、快速城市化、能源安全、环境保护、适应气候变化——都迫切需要重视水资源管理。

然而，地下水枯竭的速度已经快于补充的速度，水质恶化使环境恶化，并增加了成本。由于气候变化，水资源面临的压力预计将进一步加剧。有充分的证据表明，气候变化将增加水文变化，导致干旱、洪水和大暴雨等极端天气事件。它将继续对经济、健康、生活和生计产生深远影响。最贫穷的人受害最深。”

21世纪的水资源管理显然面临着诸多挑战。在20世纪，水资源管理的大多数要素都有自己独特的组织、技能、偏好的方法和专业人员，从“点源”角度对水资源的工业污染问题进行了管理。

但是，人们已经接受，必须从整体的观点来看待水的管理，并以综合的方式加以管理。我们目前面临的主要挑战包括：

1）气候变化对水资源管理的影响，它对许多方面产生挑战——极端天气、发展弹性、暴雨水管理、未来发展对基础设施带来的风险。

2）以有效和可交付的方式实施流域/分水岭/集水区管理。

3）水管理、粮食和能源安全。

4）应对这些挑战所需的政策、立法和监管框架。

5）水管理的社会方面——水资源的公平使用和分配、“水战争”的可能性、利益相关者的参与、重视水和依赖水的生态系统。

本系列丛书从专业人士和学者的角度，突出了全球水管理领域的前沿资料。本系列丛书所涉及的问题，对于高等院校的本科生和硕士研究生，以及工业企业管理者、投资者和媒体来说，都是至关重要的。

贾斯汀·塔伯汉姆

丛书编辑

前　言

我对智能用水的参与源于一个为经合组织(OECD)审查智能用水政策驱动者的项目(Lloyd Owen，2012a)，以及作为一个更广泛的城市供水服务研究的一部分(Lloyd Owen，2012b)。他们认为智能用水的演变是一个概念，特别是在2011~2012年。

“智能用水”不是一种理论，更不是一种范式，相反，它是一种包罗一切的表达，涵盖了实时或近乎实时的数据收集、传输和解释，以改善供水和提供废水处理服务，并优化用于这些服务的资产的性能。这项研究本质上是实用的，从各种水资源管理角度概述了智能用水的含义，以及迄今为止它是如何开发和部署的。许多资料来自水部门的会议资料和文章，而不是学术出版物。这本书既不是关于技术研究的，也不是关于学术研究的。相反，它认为智能用水有可能解决目前世界范围内水和废水管理面临的一系列挑战。市场驱动因素兼顾了市场本身、市场规模、增长以及社会、监管和环境驱动因素。这本书考虑了2016~2017年智能用水的实用性和前景。

让技术发挥作用很重要。尽管有大量的监管、财政和政治支持，但实际储能技术的发展比预期的要慢，使电动汽车的广泛应用推迟了20多年。智能用水硬件的发展还没有遇到过这样的技术挫折。智能用水的创新商业化的挑战在于筹集资金并鼓励在一个本质上保守的部门采用智能用水。

自2011~2012年以来，最引人注目的变化是智能技术的应用方式。例如，智能手机的迅速崛起，改变了移动智能用水监测和分析的范围。在发展中国家，这可能带来真正的颠覆性变化。如果这本书的第二版在未来的某个时候出版，这些国家的变化及其影响可能会明显大于迄今为止所经历的变化。

2011~2012年以来的另一个变化是理论逐渐被现实取代。艰难的投资环境意味着，2011~2012年出现的大量有趣的创新都半途而废了。这在一定程度上可以看作是人员流失的自然结果，但人们总是担心，真正有用的创新可能会在公司初期特别困难的时期失去。一种相反的观点是，在这种情况下能够实现商业可行性的产品和服务可能有潜力为公用事业公司及其客户提供真正和持久的利益，因为它们已经在这种测试环境中证明了自己。还值得注意的是，尽管在弥合乐观和冷静现实之间的差距方面遇到了许多挫折和通常的挑战，但智能技术及其应用正得到更广泛的采用。

工业用水只会顺带覆盖。鉴于工业客户通常比市政客户更愿意接受创新，因为他们需要以最有效的方式执行流程，这似乎是不正常的。这在一定程度上是由于工业设施被视为独立实体，而不是网络的一部分，即使它们与市政供应相连。它们的作业相对紧凑，大部分水和污水系统在地面上运行，使实地检查更加有效。因为工业是由提高效率的需求驱动的，这样才能具有竞争力；在需要的地方，将采用能够提高每单位用水产生的价值的智能应用程序。

智能用水的发展速度明显快于饮用水供应、污水处理和相关的商品和服务的开发和部署。作为一本书，这是一个时代的产儿。本文旨在结合我自2011年以来在这一概念方面的经验，介绍在2015~2017年撰写本书时，各种商品和服务是如何开发和部署的。

通过审查第三方调查（第1章和第7章）对智能用水产品部署的“轨迹”进行了概述，以了解其未来的发展程度，并在最后尝试提出所描述的各种举措可以引导我们的方向，一个真正集成的水和废水管理系统。

如果没有各种各样的人给我的支持、见解和信息，这本书是不可能完成的。Xavier Levlavie 和 Gerard Bonnis 在 2011~2012 年监督了我在经合组织的项目。Sophie Treemolet 和 Bill Kingdom 于 2016~2017 年在世界银行管理了一个关于资本效率的项目，该项目对发展中经济体的智能用水的潜力提供了见解。

有三个组织在组织专门讨论智能用水的会议方面特别有价值：英国水和环境管理特许协会(CIWEM)，英国的水工程师专业机构；SWAN(智能用水网络)论坛，一个致力于发展智能用水的英国组织，以及举办了一系列智能用水活动的会议公司 SMi，在其活动中的陈述对于发展案例研究是必不可少的。品诚梅森的马克·莱恩(Mark Lane)在过去十年中组织的“湿网络”活动以及奥雅纳的支持也值得感谢。奥利弗·格里弗森(Anglian Water)和全球水资源情报公司的克里斯托弗·加森(Christopher Gasson)都是智能用水的伟大传道者，他们将这一点与提高信息质量的愿望结合在一起，以提高人们对这一仍知之甚少的行业的了解。感谢 Bruce Moeller(Aquaspy)、David Henderson(XPV Capital)、Asit Biswas 教授(新加坡国立大学李光耀公共政策学院)、Rob Wylie(WHEB)、Jim Winpenny(Wynchwood)、Michael Chuter(Pump Aid)、Jack Jones(Sanivation)、Philippe Rohner、Arnaud Bisschop，Simon Gottelier 和 March-Oliver Buffle(Pictet 资产管理公司)、James Hotchkies(JWH 公司)、Michael Deane(NAWC 公司)以及许多其他公司。最后，感谢贾斯汀·塔伯汉姆，是他建议我写这本书的。

参考文献

Lloyd Owen D A (2012a) Policies to support smart water systems. OECD, Paris, France.

Lloyd Owen D A (2012b) The Sound of Thirst: Why urban water services for all is essential, achievable and affordable. Parthian Books, Cardigan, UK.

目　　录

1 “智能用水”的定义

本章考虑并定义与“智能用水”相关的术语和表达，并将它们放在最广义的水管理上。还对智能用水的市场规模及其在一般水管理和环境商品和服务方面的市场份额提出了一系列估计和预测。

1.1 “智能”定义

1.1.1 “智能”、公用事业和公共服务

当应用于公用事业、环境和公共服务时，“智能”的一个有效定义是对数据监测、传输、管理和服务展示的应用，以提高其运营资产的有效利用。

它涵盖了公用事业和环境服务的数据管理和通信系统及服务(ICT，信息和通信技术)。它可以被看作是“智能”的一个更吸引人的替代品，而“智能”也就在这里得到了应用。

1.1.2 智能商品

此外，“智能”已被广泛应用于各种消费品。2002 年 11 月，微软宣布正在开发智能个人对象技术(SPOT)计划，目的是“通过注入软件改善日常物品的功能”(Microsoft，2002)。虽然第三方制造商发布了一系列设备(手表、GPS 导航系统和气象站)，但 SPOT 在 2012 年停产，特别是由于 WiFi 作为更高效的数据传输系统的发展(Gohring，2008)。从那时起，智能手机、平板电脑、手表和相机被陆续推出，还有正在开发中的智能电视和汽车。

正如后面将要讨论的，随着“物联网”(IoT)将家庭设备连接到更广泛的数据网络中，“智能”向洗衣机、淋浴和盥洗室等消费品的转移将成为家庭用水需求管理的一个因素。

1.2 “智能电力”和“智能电网”

电力公司的智能电源管理不是由一个或一小部分戏剧性或破坏性事件驱动

的，它源于需求管理方法的逐步延续。用于测量所用电量的电能计量始于19世纪80年代，自那以来一直在发展，包括20世纪90年代引入的数字计量(Anderson，Fuloria，2010)。智能电能计量正受到公用事业和立法的推动，尤其是在欧盟，到2020年，至少80%的电表将成为智能电表(Europen Union，2009)。

智能电表告诉电力消费者他们使用了多少电能，这需要多少成本。当用电成本较低时(峰值需求水平越低，生产每单位电力的成本就越低)，可以利用差别日电价，这反过来意味着公用事业公司可以比只有单一电价时更平稳地发电。这种方法是对已经使用了几十年的夜储式加热器的现代改进，帮助用户考虑何时使用电来照明、供热和热水，并优化使用时间，以平滑其电力需求曲线。

欧洲和美国在20世纪头30年发展了电网，利用电网，电力公司将各种发电机连接成一个网络，以提供更安全和更灵活的容量。在英国，1926年的《电力(供应)法》[Electricity(Supply)Act]产生了中央电力委员会(Central Electricity Board)，该委员会(截至1933年)将600台当地发电机合理化为区域电网，然后在1938年将英国132台效率最高的发电机并入国家电网。

智能电网关注的是确保整个电网的电力使用效率最高，因此在任何时候部署的发电量都不会超过所需，使需求与供给尽可能匹配，并确保部署最合适的发电能力(以功率最优输出使用发电机)和最小的输电损耗。它们还旨在在特定情况下提供最可靠的服务，最近通过可再生能源降低公用事业对环境的影响。

根据智能电网论坛(Smart Grid Forum，2014)的说法，智能电网是“一个现代化的电网，它使用信息和通信技术来近似实时地监测和主动控制发电和需求，它提供了一个更可靠、更具成本效益的系统，将电力从发电机输送到家庭、企业和工业。”

智能电网之所以成为可能，是因为20世纪80年代和90年代，通过计算、数据传输和计量的进步，数据采集、通信和管理取得了进步。第一次大规模部署是在意大利，那里的Telegestore项目于1999年启动，并于2006年完成，从而形成了全面的智能电网和计量基础设施。效率的提高意味着每位客户的运营支出从2001年的80欧元下降到2008年的49欧元(Drago，2009)。在社交(Google)和技术(IEEE Xplore)媒体中，“智能电网”条目的使用频率从2008年开始变得越来越频繁，1997年第一次被期刊引用(Gómez-Expósito，2012)。

1.3 清洁技术和智能清洁技术

“Cleantech”(也使用“Cleantech”和“Cleantech”)是清洁技术的缩写。清洁技术包括旨在减少公用事业、环境和公共服务活动(如电力、垃圾管理、供暖和运输)对环境影响的商品和服务，以及与之相关的消费品，如洗衣机和汽车。清洁技术的驱动原则是，只要可行，就“少花钱多办事”，创新既能提高公用事业或联合服务的性能，又能降低其成本。因此，它被视为有助于使基本商品和服务更加负担得起，同时也提高了商品和服务的效率，并将浪费减少到最低限度。

从实际意义上讲，清洁技术涵盖了那些能够维持或提高生产率，同时降低能源和材料资源需求、降低运营和制造成本的产品和服务。这通常是通过提高效率、最小化资源强度和减少这些产品的碳足迹来实现的。通过降低这些商品或服务的成本，也提高了人们的消费能力，使人们能够更广泛地采用这些商品或服务。

根据作者的经验，这个词流行的背后有三个因素。首先，在20世纪80年代末，金融服务业最初采用“环境服务部门”一词，指从事废物管理、环境咨询和污染土地整治的公司。当时，水和污水部门被视为公用事业部门，除一些例外情况外，环境驱动因素对其活动的影响没有得到优先重视。其次，在20世纪90年代初，参与提供环境产品和服务的公司被认为是“抗衰退的”。在此期间(例如，美国在1990~1991年、英国在1991~1992年和日本在1991~1993年出现了经济衰退)，很明显，房屋建筑的减少和工业活动的减少实际上对环境服务部门产生了重大影响，这种表达方式失去了对投资者的吸引力。最后，该术语的简洁性及其允许包括其他适用活动(特别是应对气候变化的活动)的方式，使其成为后来从事该行业的人的一个有吸引力的表达方式。

清洁技术的目标是减少产品或服务的环境足迹，通常是减少其产生的二氧化碳。这里的最终目标是“去碳化”活动，使它们不再是二氧化碳的净产生者。因此，清洁技术尤其与开发和部署可再生能源技术有关。

智能清洁技术可以看作是信息处理在现存系统上的叠加。例如，智能电网是采用智能清洁技术方法的下一个阶段，即将不同的活动连接在一起，以比以前更有效的方式对其进行监控和管理。清洁技术的所有方面都可能受益于智能方法，使这些创新的影响能够以最有效的方式实现。

与智能电网一样，智能清洁技术关注的是清洁技术内部系统的自动化，管理它们的界面，确保它们能够自我修复(例如，通过负反馈循环)，通过采用集成通信监控(SCADA)、监控和数据采集(SCADA)，并提供使用优化和在高峰时期使需求平滑。这些条款及其潜在适用性将在适当时候予以考虑。

“少花钱多办事”的原则在水利部门尤为重要，因为该部门比其他公用事业面临更大的资金挑战。只有使水利公司和其他用户能够改善绩效和提供服务，并帮助他们降低资本和运营成本，才会采用智能供水方法。

1.4 智能用水

智能用水这个术语来源于清洁技术行业的“智能计量”和“智能电网”，目的是降低用电量，使电力分配更加有效和高效。在水方面，这包括水的分配和使用，废水的分配，处理和回收，还包括建筑物和自然环境中的水流、水质和饱和度。这一概念是通过信息技术、移动和数字通信、互联网的发展和融合而实现的。

智能用水是对水和污水公用事业以及家庭、商业、工业和灌溉用户的数据收集、传输和分析的当前和潜在影响的总称(OECD，2012)。正如前面所描述的智能行业一样，智能用水本质上是在实现更多目标的同时减少开支。尽管在过去十年中其正在以各种形式成为水资源管理的一部分，但实际上“其定义和作用仍在进行中”(OECD，2012)。它不是要取代服务的运作方式，而是要改善服务，从而成为“创新的推动者，就像创新本身一样”(OECD，2012)。

作为一个概念，智能用水在“清洁技术”中普遍出现，特别是“智能清洁技术”，作为一套独立的技术，旨在尽量减少和减轻人类活动对自然环境的影响，以及信息技术、数据传输的潜力设计，也许在未来，可以利用“物联网”(IOT)进一步优化此类方法的有效性。这是一种激进的方法，就水资源管理而言，这是一种典型的保守活动，因此智能用水仍处于发展的试探性阶段。事实上，它对解决水和污水管理面临的关键结构性挑战的贡献尚未得到充分认识。

一定程度的谨慎是必要的，因为人们往往倾向于将一项新兴技术或应用视为已实现的。移动通信提供了一个有用的类比。在20世纪80年代和90年代初，移动通信被视为一种动态和不断增长的活动，提供语音和有限的数据服务，价格很高，在较为发达的经济体中，占成年人人口的10%甚至20%。从那时起，移动通信不再是一项高级服务，而是逐渐演变成一种低成本的语音和日益复杂的数据服务，其覆盖范围明显大于固定有线电话服务，特别是在发展中国家。

有两种方法可以考虑智能用水，首先，它可以影响水循环的哪些部分以及如何感受这种影响；其次，它如何影响每一个组成部分的管理。

1.4.1 智能用水和信息流

智能用水管理通常涉及信息处理的五个独立阶段。数据收集、解释和管理可以通过JCS(最佳数据处理的数据缓存管理)、CRM(通过专用数据管理的客户关系管理)、智能手机作为数据处理程序和GIS(用于收集、分析和共享地理信息的地理信息系统)等方法进行。

下面涉及的技术示例部分基于《健康》(2015)。

1.4.1.1 监测和数据收集

一种能够实时(或尽可能接近实时)监测所有必要信息的监测系统，以有效地管理有关的供水服务和收集相关数据。例如，在供水总管中，这将包括水流和压力，以及温度、pH 值、浊度和化学处理物质及污染物是否存在。然后将监控数据收集成适合其传输的形式。

1.4.1.2 数据传输与恢复

数据采集越接近实时，就越需要在没有人工干预的情况下传输数据。例如，家用抄表从手动向自动化的转变。

从多个远程站点获取数据，包括供水或废水网络、家庭客户或地表水，需要将数据从现场监测仪远程传输到数据管理中心。这可以通过固定有线或无线数据传输来实现。移动数据传输方法的决定因素是与从该信息中产生的价值相关的数据传输成本有关的。来自远程点的高价值数据需要专用数据传输，而低价值数据(如家庭计量)可以在最基本的层面上通过无线数据采集服务收集。

数据通信可以通过无线电传输或各种移动数据“piggy-backed”(不需要增加信令，顺带)传输到电力或电信网络上。

1.4.1.3 资料解释

数据是在监测中心收集和处理的，以便以一种有用的形式进行操纵和呈现。考虑到生成的数据量，这需要自动完成。这里的一个特别关注点是确保所有可能有效的数据源都可以访问，并且当新的数据源可用时，系统可以接受它们。混合云(使用基于私有和公共云的数据)可用于整合各种来源的数据，如用水、需水量、天气数据和预测，以及监测可能影响需水量的外部事件。

1.4.1.4 数据操作

数据根据每个终端用户的需要进行解释。在这一点上，反馈回路可以用来向预测模型提供新的信息，以便能够更新任何正在产生的预测，也可以通过使用真实生活信息而不是模拟数据来提高模型的预测能力。

1.4.1.5 数据报告

最后，收集和分析的信息必须以一种允许操作人员以最简单和最有效的方式进行处理的方式呈现。这包括使用图形和警报，告知操作员任何应该特别关注的扰动，同时提供对底层数据的即时访问，以便他们能够了解其特殊性质。这可能涉及通过一系列层来呈现信息，这些层允许操作人员关注潜在相关的事件，并在相关的操作中定位和放置它们。

前四个阶段可以看作是获取用户需要的数据，用户对这些数据进行操作，如第五阶段所示。第五阶段的目标是帮助用户根据这些信息做出明智的决定。这可能包括家庭客户试图改变用水方式以降低水费(和电费)，种植者决定何时灌溉作物，公用事业经理考虑使用哪种水资源。

Smart Water Networks Forum(智能用水网络论坛，一个促进智能用水管理的理解和应用的行业组织，SWAN-forum.com)定义了横跨智能网络的数据流(Peleg，2015)，从最终结果开始，一直到涉及的基础设施。具体如下：

1）自动决策和操作。

2）数据融合与分析。

3）数据管理和显示。

4）收集和交流。

5）传感和控制(包括智能水表)。

6）物理层(包括传统水表和体积水表)。

2)~5)阶段被SWAN论坛视为形成智能用水网络阶段。

1.4.1.6 从自上而下到自下而上，颠倒信息流

智能用水正在重新定义信息的收集方式，以及信息收集的目的和去向。例如，通过手机上的智能应用程序收集数据，发展中国家的人们可以监测自己获得安全饮用水和卫生设施(是否露天排便)的情况，并将这些信息向上发送，而不是依靠政府官员的传统检查。同样地，使用手机的智能现金转账既减少了客户支付水电费的时间，也降低了他们的水电费账单成本。

1.4.2 智能用水与水循环管理

可以确定七个主要的智能用水应用。所有这些都在某种程度上与其他因素有关。

1.4.2.1 饮用水系统

优化水资源的有益利用，管理配水网络，通过尽量减少非收入水(NRW)，并为消费者提供控制其消费的工具，同时保持适当的水质水平和提供服务。这是通过智能水网支付，并使用智能家庭计量、压力管理、网络监测和远程泄漏检测进行的。尽量减少用水量是基于需求管理的原则。

1.4.2.2 污水系统

管理污水系统及污水处理厂，以尽量减少其净能源需求，最好地利用资产运送及污水处理，并尽量减少污水对环境的影响。这包括管理城市污水、工业废水和暴雨的流量，并将这些流量与系统的存储和处理能力联系起来。应用包括流量计量和网络状态监测。

1.4.2.3 能源使用和回收

通过控制能源使用，优化电力消耗，利用水和废水流动发电，同时回收废水中的能量，将整个水循环所需的能量降到最低。这也延伸到从废水中回收营养和水。这包括网络、水处理和废水处理监测，以尽量减少所需的泵送量，以及所需的处理化学品、优化水、营养和能量回收的处理过程。

1.4.2.4 智能环境

使用实时监测与预测系统相结合，以尽量减少对每个集水区任何扰动的响应时间，包括将处理工程与监测数据联系起来。市政、工业和灌溉应用的需求管理用于将需要从每个集水区抽取的水量降至最低，同时实时监测流经集水区的水流，以保持水循环的完整性。

1.4.2.5 防洪减灾

对降雨、水流、土壤湿度和地下水位的实时监测与每个集水区的洪水特征的全面和完全更新的数据相结合，以响应水位的变化，并最大限度地利用可用的时间来应对潜在的洪水事件。

1.4.2.6 资源管理

监测地表水、水库和地下水的水位和水质，并将这些数据与各种用户类型的当前和预期需水量相结合，以确保充足的水供应，并在各种可用资源之间实现需求的平衡。

1.4.2.7 综合水资源管理

智能用水系统通过将前六个例子中所述的处理、分配和资源回收过程连接起来，为市政和工业客户提供了闭环系统的潜力。市政应用将基于本地化的系统，服务于一个较大的公用事业内的一个较小的城镇或分区。这涉及分散而不是集中的处理设施，重点是尽量减少涉及的水和废水网络的能源强度。

1.4.3 智能用水、食物、水、能源和环境的关联

智能用水在所谓的食物、水、能源和环境关系（“关联”）中发挥着核心作用，特别是通过水需求管理和通过该关联回收污水资源。虽然它是一个引人注目的表达，“关联”可能会被一个更引人注目的表达取代。

与“关联”相关的主题包括农业和其他应用的灌溉水，肥料养分回收，处理过程和排放的能量回收。间接影响包括减少水的抽取和公用事业的占用。在资源回收与维持和扩大市政供水和污水处理服务有关的费用之间也有直接和间接的相互关系。水的回收也通过水的再利用对整体取水的影响对需求和资源管理产生影响。

1.5 水、智能用水和清洁技术

水服务部门有时与其他清洁技术部门的关系有些不太融洽。这源于一种假设，即管道、下水道和处理工程自然不属于光伏、氢电池和数据系统相关的部门。这种观点并没有反映水服务、煤气、电信和电力供应是公用事业活动这一事实。公用事业之间存在着重要的交叉联系，既包括为一家公用事业开发的服务被

另一家公用事业改造，也包括可以提供组合服务的地方。

正如我们所看到的，在清洁技术领域，水处理只占资金流动的一小部分，在资本和运营支出方面占的比例较小，智能用水和智能清洁技术也是如此。与许多正在开发清洁技术的行业相比，水和废水被视为进展缓慢且有风险的不利的行业，市政和家庭客户有些不愿增加公用事业的前期支出，特别是在创新方法上。与水利设施和服务相关的融资挑战实际上正在成为水清洁技术，特别是智能方法的驱动力。

由于其市场规模相对较小，水清洁技术和智能用水往往被视为其他部门的附属，在这些部门，技术可以适用于扩大其市场范围，而不是寻找专门为水部门服务的方法。同样，其他公用事业和服务供应商正在水和废水方面寻找机会，寻找为其他部门的应用而开发的科学和技术。

其他与清洁技术相关的工作还包括水和废水部门的减碳工作，或传统的集中行动，如水和废水泵送、废水处理和回收能源(因此也只能是碳中和)。与此同时，各种形式的自动化是其他公用事业服务被采用的一个例子，同时智能电表正在开发中，它结合了水和电供应的读数和计费。

1.6 扰乱和保守的部门

1.6.1 为什么水利部门要规避风险

风险规避和制度上的保守是水利部门的特点。与电力等不同，供水直接受到公共卫生和环境问题的影响。水通常被期望满足适用的纯度水平，以及供水能提供的预期的可靠性和美学(如味道和颜色)方面要求。污水的处理和处置同样受到其处理方式和排放到环境中的方式的立法的影响。

在发达国家，任何偏离完美供水和废水输送的做法都被认为是不可接受的。Shannon 和 Weaver(1949)指出，当信息稳定地出现时，直到它停止时才会被注意到(例如背景音乐)。这是消费者所没有预料到的偏离稳定状态的情况。在供水和污水处理方面，任何偏离完美服务都会立即显现出来，因此是完全不可接受的。

虽然获得可靠的电信服务是可取的，人类也可以在没有电的情况下生存(尽管会损失更大的效用)，但获得饮用水对生命至关重要，而供水不足和卫生设施不足造成的经济和公共卫生成本也相当大。

另一个因素是水服务的资产密集度——污水处理更是如此——与水服务活动产生的收入有关。这导致了对闲置资产的担忧，即创新迫使公用事业公司购买新系统，尽管它已经拥有功能完善的资产。例如，如果最近购买了手动读数水表，这可能会推迟智能水表的采用，因为担心会重复购置资产。

1.6.2 标准问题

与其他公用事业服务一样，水和废水通常由国家标准管理。在水质方面，这些准则以世界卫生组织的准则(WHO，2011)为主导，这些准则随后在某个国家获得全国通过，例如2000年英格兰和威尔士的《供水(水质)条例》。在欧洲，一系列指令也涵盖了水和废水标准，包括：饮用水(1998/83/EC)、洗浴水(1976/160/EEC，修订为2007/7/EC)、城市污水处理(1991/271/EEC)和水框架(2000/60/EC)。

无论使用何种电源，电力都将按照一个公共设施，甚至整个国家的共同标准输送。同样，电信服务依赖于固定线路和移动服务的共同协议。电信服务依赖于固网和移动服务共同商定的传输协议。就这两项服务产生的收入而言，在人口分布密集的中心之间远距离传输这两项服务的成本都很低。

相比之下，每个集水区都有自己的特点。这些因素包括降雨量、降雨模式和季节性、地下岩层、地貌(地表景观和下垫岩层之间的相互作用)、含水层的存在、土地利用和流失、人口密度和分布、可再生水资源和需求之间的关系，以及该地区如何管理水和废水。

就服务价值而言，跨集水区运输水相对昂贵。如果公用事业公司使用各种水源的水，则每个水源可能需要特定的处理方案，然后才能排放到配水网络中。事实上，来自不同来源的水在通过主管网(更多酸性水将通过铁管到达，导致腐蚀和变色)和家庭管网(更多酸性水或溶铅水将溶解铅管和焊料，这可能使铅浓度高于适用标准)时会发生不同的反应。

1.6.3 保守部门的扰乱

颠覆性技术是改变其预期市场性质的技术。例如，铁路、内燃机和商业飞行对运输业产生了破坏性影响，电报、固话和移动电话在通信领域也产生了颠覆性影响。

尽管其性质保守，但在水和污水处理部门发生了重大破坏事件。真正具有破坏性的水和废水处理服务发展的例子包括1804年在苏格兰佩斯利启用的第一个用于大规模水处理的慢砂过滤系统(Huismann and Wood，1974)和1913~1914年由Edward Arden和William Locket开发的活性污泥污水处理系统(Alleman，2005)。

西德尼·勒布和斯里瓦萨·苏里拉简从20世纪50年代末开始开发了用于海水淡化的反渗透技术，第一次商业反渗透海水淡化技术于1965年在加利福尼亚的Coalinga投入使用(Loeb，2006)。1989年，淹没式膜生物反应器的发展改变了废水处理和水回收的膜技术(Yamamoto et al.，1989)。

目前和预期的大多数智能用水开发项目都将在效率和成本效益方面提供渐进

式的改进，而不是破坏性的改进。这是一种潜在的能力，将这些增量收益整合到一个具有颠覆性的智能用水系统中，并使其加倍。

1.7 市场的规模：估计和预测

智能用水系统和产品的市场有多大，它可能会变成多大？许多公司对各种技术市场的当前规模和预测规模进行了研究。下列六个表载列了公共领域的调查数据(通过新闻公报、会议简报或公开提供的调查)，并按其内容加以说明。

什么是“智能”取决于不同的调查以及实际涉及的硬件数量。由于对智能用水行业进行调查的公司之间使用的定义范围广泛，因此市场估计和预测的范围也同样广泛。没有一项调查可能是确定的，也没有一项调查可能比另一项更准确，但通过比较，可以得出一个总体印象。它们的价值在于显示跟踪该行业的分析师如何看待该行业的现状和潜在增长，以及这种看法如何随着时间的推移而变化。

随着时间的推移，市场估计值之间的差异也凸显了这一市场演变的相对早期阶段，这是一个处于快速发展阶段的行业。由于美元汇率的波动以及对未来经济增长的假设不断变化，调查结果每年都会有所不同。

共有 22 项调查和预测，其中 8 项涉及整体市场(表 1.1)，14 项涉及具体细分行业(表 1.2～表 1.6)。在最初没有 CAGR(复合年增长率)的地方计算了 CAGR，以便比较增长预测。Lux(2010)所进行的调查是早期的调查之一，由于调查时市场基数较小，因此预测增长率特别高。

表 1.1 智能用水-全面调查

项　目	起始年	结束年	开始/十亿美元	结束/十亿美元	复合增长率/%
Lux(2010)	2009	2020	0.5	16.30	37.3
IDC Energy Insights(2012)	2011	2016	1.40	3.30	18.7
GWI(2014)	2013	2018	3.62	6.90	13.8
Marketsandmarkets(2013)	2013	2018	5.43	12.03	17.2
Transparency(2014)	2012	2019	4.81	15.23	17.9
Marketsandmarkets(2015)	2015	2020	7.34	18.31	20.1
Marketsandmarkets(2016a)	2016	2021	8.46	20.10	18.9
Technavio(2016)	2015	2020	7.00	16.73	19.0

摘自：Transparency Market Research(2014)；Minnihan(2010)；Marketsandmarkets(2013，2015，and 2016a)；IDC(2012)and Global Water Intelligence(2014)；Technavio(2016)。

表 1.2 智能电表

项 目	起始年	结束年	开始/十亿美元	结束/十亿美元	复合增长率/%
TechNavio(2008)	2008	2012	0.24	0.51	20.1
Lux(2010)	2009	2020	0.21	6.30	36.0
Pike Research(2011)	2010	2016	0.41	0.86	13.1
IMS Research(2011)	2010	2016	0.55	0.95	9.5
Frost+Sullivan(2014)	2013	2017	3.48	5.18	10.5
IHS Tech(2014)	2013	2020	0.58	1.23	11.5
Marketsandmarkets(2016b)	2015	2021	3.73	5.67	7.2
Technavio(2017)	2016	2021	4.83	12.18	20.3
Research and Markets(2017)	2015	2025	3.75	8.80	8.8

摘自：TechNavio(2008 and 2017)；Minnihan(2010)；Pike Research(2011)；IMS Research(2011)；Frost and Sullivan(2014)；IHS Tech(2014)；Marketsandmarkets(2016b) and Technavio(2017)。

表 1.3 智能用水网络

项 目	起始年	结束年	开始/十亿美元	结束/十亿美元	复合增长率/%
Lux(2010)	2009	2020	0.16	3.30	31.5
Navigant Research(2013)	2013	2022	1.12	3.30	12.8
Frost+Sullivan(2012)	2010	2020	0.35	6.44	33.8
Navigant Research(2016)	2016	2025	2.50	7.20	11.2

摘自：Minnihan(2010)；Frost and Sullivan(2012) and Navigant Research(2013 and 2016)。

表 1.4 泄漏管理

项 目	起始年	结束年	开始/十亿美元	结束/十亿美元	复合增长率/%
GWI(2014)	2013	2018	1.49	2.80	13.3

摘自：Global Water Intelligence(2014)。

表 1.5 水绘图

项 目	起始年	结束年	开始/十亿美元	结束/十亿美元	复合增长率/%
Lux(2010)	2009	2020	0.02	3.20	56.6

摘自：Minnihan(2010)。

表 1.6 水质监测

项 目	起始年	结束年	开始/十亿美元	结束/十亿美元	复合增长率/%
Lux(2010)	2009	2020	0.11	1.10	23.4
GWI(2013)	2013	2018	0.08	0.14	13.4

摘自：Minnihan(2010) and Global Water Intelligence(2014)。

需要注意的是，市场咨询 Marketsandmarkets 公司在 2015 年和 2016 年的调查中提供的市场估计和预测高于 2013 年的调查。2016~2021 年的复合年增长率预测低于 2015~2020 年的，这反映了更高的初始市场规模。

最近的调查从一个相当高的市场估计基数开始，通常指向一个比先前预期的更具实质性的市场。

根据 2013 年各子行业的市场预测，GWI(2014)将市场划分为四个主要领域：网络优化(7.26 亿美元)、泄漏管理(14.94 亿美元)、计量和客户服务(13.22 亿美元)和水质监测(7700 万美元)。

虽然 Navigant 2016 年复合年增长率低于 2013 年的预测，但预计的市场规模要大得多，实际上，2016 年的市场预测几乎相当于上一次调查的 2020 年预测的规模。

水测试和分析市场仍然由传统方法主导。Marketsandmarkets(2015b)预测，2019 年，包括实验室系统在内的整体市场价值将达到 35 亿美元，2014~2019 年每年增长 5.2%。

根据 Aquaspy(Aquaspy，2013)的数据，2012 年智能灌溉支出为 2.1 亿美元。其中 1 亿美元用于灌溉控制系统，3000 万美元用于监测，1000 万美元用于“施肥”(联合施肥和滴灌系统)，7000 万美元用于温室控制系统。Marketsandmarkets(2015c)估计，2015 年整个土壤水分感应市场价值 9800 万美元。智能灌溉市场将在第 7 章进行更详细的分析。

从更广泛的角度考虑智能用水的另一种方法是，考虑智能系统和与之直接相关的硬件(如计量和监控硬件)的总体支出。GWI(2016)将其视为“数字水”，2014 年的市场规模为 200 亿美元，预计到 2020 年将增长到 300 亿美元。处理、分配和收集的市场规模被视为大致相等。

“数字”和“智能”之间的主要区别在于测试、计量和传感等要素，这些要素虽然是智能网络的一部分，但本身并不是智能设备。自动化和控制部分还包括非智能元件。这些数字强调的是水硬件的非智能方面，使智能系统能够运行。

为了将智能用水数据放在更广泛的背景下，Marketsandmarkets(2015)估计，智能城市市场(涵盖所有城市服务)在 2014 年价值 4110 亿美元，到 2019 年将增长到 11350 亿美元。GWI(GWM 2015，2014)预测，2013 年水利基础设施的资本支出为 1020 亿美元，到 2018 年增加到 1310 亿美元，同期废水的资本支出为 1100 亿美元，增加到 1420 亿美元。

1.8 风险投资资金流

本节所载的资料仅限于在会议、新闻稿和公共领域的文章中所提供的信息。风险投资支出突显了水和其他清洁技术部门之间的尴尬关系。例如，Boogar Lists是一个基于美国超过 2000 家风险投资和私募股权公司的数据库(Boogar Lists, 2014)。报告列出了全球 89 家清洁技术风险投资基金，但不包括 Apsara capital (伦敦)和 XPV capital(多伦多)。这是目前已知在此期间运营的专门的水清洁技术风险投资基金。

表 1.7 概述了 2006~2013 年水利部门风险资本投资的总体情况。

表 1.7 水清洁技术风险投资(2006~2013)

项　目	年份				
	2006~2007	2008~2009	2010~2011	2012~2013	2014~2015
风投交易数量	56	159	204	257	139
风险投资/百万美元	293	915	936	1023	587
每笔交易的资金/百万美元	5.2	5.8	4.6	4.0	4.2

摘自：The Cleantech Group(2011) and i3(2014, 2015 and 2017)。

尽管自 2009 年以来，平均交易规模有所下降，但总体投资水平保持不变。然而，在 2016 年，有 42 笔水风险投资，产生了 1.73 亿美元的资金。这是自 2006 年以来的最低年度数据，平均投资规模为 410 万美元(i3, 2017)。

根据这些数据，表 1.8 概述了清洁技术风险投资总体规模和水资源投资的相对规模。

表 1.8 清洁技术和水清洁技术风险投资基金(2006~2015)

项　目	年份				
	2006~2007	2008~2009	2010~2011	2012~2013	2014~2015
风险投资交易数量	1146	1574	2180	2484	1965
风险投资/十亿美元	11.4	16.9	20.4	15.9	18.8
每笔交易融资/百万美元	10	10.7	9.4	6.4	9.6
水占清洁技术资金的百分比/%	2.5	5.4	4.6	6.4	3.1
每笔交易融资/百万美元	5.2	5.8	4.6	4.0	4.2
水处理规模占清洁技术的百分比/%	52	54	49	62	44

摘自：The Cleantech Group(2011); The Cleantech Group(2013); The Cleantech Group(2014); Javier (2011); Haji(2012); Neichin(2011) and Cleantech Group(2016a)。

这表明，到目前为止，水行业吸引的清洁技术风险投资始终只占很小的比例。

1.8.1 智能用水清洁技术基金

根据清洁技术集团(Neichin，2011)的数据，从2006年到2010年的五年间，“智能技术”占清洁技术风险投资总额的11%(352.1亿美元清洁技术资金中的391亿美元)，其中2%用于智能用水(8000万美元)，用于智能电网的为16亿美元，用于智能建筑的为6.86亿美元，用于智能交通的为8.64亿美元，用于智能工业的为6.8亿美元。这不包括通过智能电网和智能工业公司对智能用水的间接投资。

1.8.2 资助智能水公司

随着大量规模较小的私营公司推动了该行业的发展，风险投资是智能用水业务的一个特别重要的组成部分。

1.8.3 风险投资的演进

实际上，风险投资是基于一系列的资金筹集，从公司基于潜在的产品或服务成立到最终上市或被收购。表1.9总结了智能水公司在过去12年里的融资情况。

表1.9 智能用水风险投资的演变(1998~2009) %

融资轮	年份		
	1998~2001	2002~2005	2006~2009
A-播期/早期	73	63	37
B-发展	27	27	31
C-市场推广	0	10	17
D-扩张	0	0	15

摘自：Minnihan(2010)。

在另一项调查中，2009年，70%的交易用于早期投资(表1.9中的A和B)，而在2010~2013年，这一比例在46%~55%(i3，2014a)。2016年(i3，2017)，在风险投资阶段，24%的水利公司实现了前期收入(播种期/早期阶段)，24%处于发展阶段(收入低于50万美元)，29%的水利公司实现了商业化(收入50万美元至500万美元)，23%的水利公司实现了扩张(收入高于500万美元)。

虽然在这一时期有一个从早期投资到后期投资的明显转变，但这种变化并不像看上去那样简单。自从2008年经济和金融行业不景气以来，风险投资家就把注意力集中在发展和扩张资本上，而不是早期阶段的资本，因为它虽然回报前景较低，但也是一种风险较低的投资。

关注水行业保守性质的风险资本投资者并不欣赏该行业的性质。“在所有行业中，没有不保守的客户”(David Henderson，2012年2月29日在伦敦世界水技术投资峰会上的评论)。

亨德森还观察到，有足够多的公司在寻找资金，但与他们的工程能力相比，这些公司的创业人才(商业化和出售其产品的能力)的程度明显较弱。这意味着需要比通常情况更多的指导和支持。这是一个令人关切的问题，因为在全球五个风险投资基金中，有4个或更多的投资于水公司，就水清洁技术而言，风险投资部门整体缺乏这些公司所需的管理支持、市场理解和专题承诺。

1.9 风险投资与新技术的两种视角

就投资者而言，水清洁技术投资的特点是，从初始投资到这些投资能够实现之间有一段相当长的时间。在智能用水清洁技术方面，情况可能并非如此，但投资者仍持谨慎态度。

1.9.1 全球清洁技术100强——值得关注的清洁技术公司

自2010年以来，清洁技术集团(The Cleantech Group)邀请了一组评委选出了前100名新兴清洁技术公司(表1.10)。表1.10提供了这些评审如何看待清洁技术领域创新发展的年度情况，还提供了他们对前100名水公司和智能用水公司的评价。

表1.10 全球清洁技术100强中的水利公司

项目	年份						
	2010	2011	2012	2013	2014	2015	2017
所有的水公司	10	11	10	10	13	11	9
智能用水公司	3	2	2	1	3	2	2

摘自：Cleantech Group，2011，2012，2013，2014，2015，2016b和2017。

上市公司涉及智能灌溉(AquaSpy)、智能计量(Fathom，三相)、压力管理(i2O，三相)、渗漏管理(Takadu，六相)和水质监测(Universtar)。

这表明，新兴的水清洁技术公司作为一种发展前景一直比作为投资目标更受欢迎，在考虑智能用水清洁技术公司时，情况似乎尤其如此。

1.9.2 Gartner技术成熟度曲线——投资者和客户的期望和现实

Gartner是一家总部位于康涅狄格州斯坦福德的信息技术咨询公司，成立于1979年。

通过跟踪20世纪80年代移动通信和90年代互联网发展的经验，Gartner考察了投资者和客户对新技术及其应用的看法。为此，他们开发了“技术成熟度曲线”(hypecycle)，这是一种研究新兴技术商业演变的工具。Gartner技术成熟度曲线(Gartner，2015a)包括五个阶段，见表1.11。

表 1.11　Gartner 技术成熟度曲线和智能用水(1=低；5=高)

项目	触发/启动	波峰	波谷	爬坡	稳定
风险	5	4	3	2	1
机遇	5	3	4	3	3
资金需要	1	2	4	5	3

1）技术触发/启动(开始上升)——宣布原型(潜在的新产品)，其具有潜在的应用(概念验证)，但尚未在现实生活中进行测试。这项工作的资金来源包括个人投资或公司资金、赠款、天使投资人、家族理财办公室投资，有时还包括早期风险投资(第一轮风险投资筹资)。

2）峰值期(达到峰值)——原型开始商业化前试验，其中一些可能有效，而有一些可能失败。与此同时，媒体也对这项技术的可能性产生了极大的兴趣，并研究这项技术的可能性。与潜在客户进行初步接触，外部投资转向家族理财办公室资助早期风险投资(第一轮和第二轮风险投资)。

3）低谷期(进入低谷)——产品开发的延迟和在现实生活中应用实验室成果的问题意味着故障率达到峰值。许多项目被放弃了，而那些继续需要公司的持续支持和更多资金的项目，继续开发潜在客户需要的应用程序，通过试点测试(第一至第三阶段风投融资轮)。

4）启蒙的爬坡期(开始爬坡)——商业上可行的应用是通过试点测试和早期采用的客户证明的。进一步的产品开发扩大了产品的适用性和性能。一些产品被现有公司收购，资金来自后期风险投资(第二轮至第四轮风险投资)和扩张资本。

5）生产稳定期(进入停滞)——产品越来越被视为商业和技术上可行的，并集成到现有的系统和应用程序。重点转向商业化、市场营销、新版本开发和应用程序。该产品主要由后期风险投资(第二轮至第四轮风险投资)和扩张资本提供资金，并向现有参与者进行贸易出售或考虑在交易所上市。

像技术成熟度曲线(Hype Cycle)这样的工具可以让公司和投资者从广泛的市场接受的角度来考虑技术是如何参与的，而不是从公用事业的早期采用者或早期投资者这样的热衷者的角度。

2015 年，Gartner 发布了一系列更新(Gartner，2015b，2015c，2015d，2015e，2015f)，关注各种技术的发展。2015 年，水资源管理被视为刚刚进入低谷期(第 3 阶段)，在 2~5 年内达到高峰，已经注意到在 2012 年(2~5 年达到高峰)达到了预期膨胀的高峰。

2015 年高峰期(第 2 阶段)的其他相关领域包括：能源-水关系、智能城市框架、可持续绩效管理、物联网、电表数据分析以及能源和公用事业领域的大数据。相比之下，用于公用事业和地理空间平台的地理空间图像正处于技术触发阶段(第 1 阶段)。其他被视为进入低谷的主题包括先进的计量基础设施、资产绩效管理和资产投资规划工具，而爬坡期(第4和第5阶段)则包括计量数据管理和环境监测与控制。

很明显，除了水表数据管理和环境监测与控制外，大多数智能用水应用都被视为新兴技术。

1.10 智能化系统销售

Gartner技术成熟度曲线(见1.9.2节)是一个有用的提醒，智能用水是一种新兴技术，在未来几年里也将是。即便如此，在许多领域也有大量商业销售，这将在本书后面讨论。智能用水计量是最明显的例子，公用事业范围的滚动显示，例如马耳他、英国(Southern water)和美国(Global water的公用事业广泛推出)。

第1.7节中的市场评估显示，2013~2015年，智能用水产品的销售额为36.2亿~73.4亿美元。包括水表，主要的活动领域是智能网络、渗漏管理和智能灌溉。这是一个主要由早期采用者、公用事业、工业用水用户和种植者驱动的市场，他们将从尚未完全商业化采用的方法中获益最大。

1.11 消费者的智能用水

从公众的角度来看，这是迄今为止最大的行业。尽管如此，就易于使用和操纵而言，客户界面的开发仍处于早期阶段，主要的挑战是在相当长的一段时间内如何影响和告知客户。

目前，重点是通过帮助消费者减少用水量来改变他们的行为。下一步将是使他们能够注意到内部泄漏，并在他们使用水的过程中缓解高峰需求。由于加热水时消耗的能量，消费者也可以被提醒潜在的能源节约。

1.12 公用事业和工业客户的智能用水

市政府和工业客户正在使用或正在开发一套广泛的应用程序。智能系统要么在替换或升级现有系统(例如，计量和监控)时安装，要么作为全新产品安装。例如，英国的一些公用事业公司正在安装智能电表，这些公司的客户以前没有水表。通过优化现有资产的效率，以及通过更有效地利用现有资产和适当的需求管理措施，防止剩余资产的发展，政府正运用智能的方法，尽量降低提供服务的成本。对于这些客户来说，第二个吸引人的地方在于集成一些增量改进的范围。这意味着系统和公共标准之间的互操作性是一个值得特别关注的问题。

目前使用智能供水方法的公用事业包括 Hera-Modena(意大利的 Modena，用于实时智能水表和其他城市公用事业服务的远程读取系统)，Haghion(以色列的耶路撒冷，用于早期泄漏检测的实时网络监测)，Wessex water(英国，智能下水道计量试验)，Aguas de Cascais(葡萄牙，综合非收入减水)，South East water(英国，主要水压监测和管理)，Northumbrian water(英国，区域级综合数据访问和控制)和 Vitens(荷兰，远程和实时水质监测)。

1.13 灌溉和地表水监测

远程监测土壤水分的软件系统能够以最有效的方式引入水和养分，提高产量并降低耗水量。智能灌溉系统还可以优化水和营养的有效输送。这些也适用于城市景观灌溉软件，以最大限度地减少公园、运动场和花园的灌溉，从而减少水的使用、养分的流失和侵蚀。这些将在第 7 章进行更详细的讨论。

智能用水还被用于水库和大坝管理、地表水质量和内陆水流监测以及针对洪水脆弱性的建模和监测。气候变化导致的降雨变动性增加，需要更迅速地监测地表水质量和流量以及尽可能提前预测洪涝和干旱事件。

1.14 水与"物联网"

"物联网"指的是监控系统的互联，被视为一个包罗万象的整体，因此它是一种诗意的表达，用来想象一个通过互联网无限互联的世界。它部分源于"大数据"的概念，即随着更多来源的更多数据的整合，信息的分析能力也会增强。"物联网"这个词是凯文·阿什顿在 1999 年创造的(Ashton，2009)。它的功能是通过设备到设备的通信，每个设备都可以在一个网络内被识别，以便提供所需数据的一致和全面的覆盖。对家用电器的综合监测和管理是一个特别被感兴趣的领域。

在水利领域，"物联网"是智能用水概念的延伸，包括其他适用和相关的服务，从而将水与其他公用事业和用水设备连接起来。物联网有可能改变人们对公用事业服务、用水用户以及这些服务如何影响其他领域的普遍预期。例如，实时洗浴水质数据成为消费者的一种工具，而灌溉农业的作用则可以在它能够提供最佳的水和养分投入时得到转变。

1.15 一些初步的警告

第 9 章将详细讨论智能用水面临的一些更广泛的挑战。这里所考虑的两点值得立即提及，因为它们将在本书的其余部分中重新出现。

1.15.1 关于快速发展的未来的警告

本次调查的重点是正在开发或最近才部署的科学和技术。因此，它倾向于可能性，而不是潜在的陷阱。我们只能预测这些新方法的部署规模和速度。

公用事业公司经常忽视客户行为。同样，作为物联网的一部分，部署大量低成本、与互联网相连的家用设备，其系统安全性和完整性也有可能低于更昂贵的设备和应用程序。它们可能成为访问客户信息或干扰运营的“后门”。

智能用水系统不断出现和发展。例如，在2015年12月~2016年1月的英国洪灾期间，无人机被用于收集河流系统下游压力点的河流流量和漫滩淹没数据，一天覆盖60km的河岸(Kinver，2016)。这使我们第一次了解到洪泛平原在洪水期间实际上是如何蓄水的。

1.15.2 对数据和筒仓的警告

除非专注于一组刻意设置的小标准，否则必须确保所有可能的数据源都可以访问并有效地集成。Gillian Tett 的书《筒仓效应》(The Silo Effect)(Tett，2015)讲述了一个有趣的故事，讲述了开放数据如何让纽约市处理下水道中的黄色(餐饮)脂肪。纽约市政府传统上是条块分割的，其各种活动之间的通信一直是影响该市发展的长期存在的问题(如火灾风险和欺诈)。2011年，该市招募来一个团队，负责利用该市的所有数据来源来解决这类问题。为了确定脂肪的产生和排放地点，他们研究了下水道堵塞事件，并将其与纳税申报表、营业执照和厨房火灾联系起来。从中，他们发现最有效的数据来自未申请适当废物处置许可证的厨房名单。该小组没有以起诉方式来威胁这些企业，而是将数据提交给卫生安全和消防检查部门以及另一个要求促进生物燃料回收的部门。当餐饮服务商被告知他们是在浪费宝贵的资源时，服从就变得司空见惯了。

在考虑智能用水等紧急应用时，可能会从有限的信息中推断出太多信息是有危险的。第9章将详细考虑迄今为止已经确定的所有注意事项和关注事项。

1.16 结论

智能用水是清洁技术的一个新兴分支，尤其是智能清洁技术。与清洁技术部门的其他部门相比，它服务的是一个非常保守和风险高的业务，并且面临持续的资金短缺。

智能方法面临的挑战是帮助客户以比以前更低的成本提供更多更好的服务，使他们能够采用比以往更激进的方法。对水利部门来说，这也意味着公共卫生和环境合规程度的提高，速度比传统上更快。

由于工业客户与公用事业公司面临的约束条件不同，但在提高其工艺用水效率方面有着相同的需求，因此它们可以作为创新方法商业化的平台。

水行业的保守性意味着该技术将在 2035 年被广泛采用(Sedlack，2016)，因为水技术从概念开发到广泛采用通常需要 20 年(Parker，2011)。Gartner 的技术成熟度曲线表明，基于在不太保守的行业的经验，孕育期更短。智能用水的一个显著特点可能是比该行业通常经历的采用过程更短。然而，各种智能用水处理方法的基本要素已经在商业层面上得到开发和应用。虽然基本要素可能保持相对不变，但在开发、调整和采用智能用水处理方法的过程中，可能会发生很多事情。

从商业角度来看，智能用水似乎是一个小市场。这将是一种误导，因为智能用水的许多潜力在于它是一种工具，用于改进其他资产的有效部署，并避免需要像原计划那样对新资产进行大量投资。

在某种程度上，智能用水和水以及物联网更像是一种哲学，而不是一个单一的概念(Reynolds L，2016)。技术创新和以用户为中心的应用程序的出现以及它们在整个水服务业务中的应用，使这两项技术得以实现。很明显，智能家庭应用(尤其是使用物联网的应用)与旨在优化水和废水网络效率的智能方法是完全不同的，智能灌溉与这两种方法截然不同。使它们团结在一起的是，它们有潜力更有效地利用水和废水，同时降低水的输送和处理成本，使经营者和消费者能够充分了解其用水的影响，并了解如何改变他们的行为，以实现更可持续的消费模式。

这些智能供水方法有三个共同的主要要素：更有效地使用水和废水，降低其输送和处理成本，并告知经营者和消费者其潜力。经营者和消费者可以了解他们用水的成本和影响，并考虑如何改变他们的行为，使之朝着更可持续的消费模式发展。

参 考 文 献

[1] Alleman J E(2005)The Genesis and Evolution of Activate Sludge Technology，http：//www. elmhurst. org/DocumentView. aspx？ DID=301 accessed 20th May 2011.

[2] Anderson R and Fuloria S(2010)On the security economics of electricity metering. Paper presented to the 9th Workshop on the Economics of Information Security(WEIS 2010)，Harvard University，USA，June 8th 2010.

[3] Aquaspy(2013)Presentation to the World Water Tech Investment Summit，London 6-7 March 2013.

[4] Ashton(2009)That ‘Internet of Things’ thing. RFiD Journal，22nd June 2009. http：//www. rfidjournal. com/articles/view？ 4986.

[5] Boogar Lists(2014)http：//www. boogar. com/resources/venturecapital/clean_tech2. htm.

[6] Cleantech Group(2011)Global Cleantech 100 2010. Cleantech Group LLC，San Jose，USA.

[7] Cleantech Group(2012)Global Cleantech 100 2011. Cleantech Group LLC，San Jose，USA.

[8] Cleantech Group(2013)Global Cleantech 100 2012. Cleantech Group LLC, San Jose, USA.
[9] Cleantech Group(2014)Global Cleantech 100 2013. Cleantech Group LLC, San Jose, USA.
[10] Cleantech Group(2015)Global Cleantech 100 2014. Cleantech Group LLC, San Jose, USA.
[11] Cleantech Group(2016a)Global Cleantech 100 2015. Cleantech Group LLC, San Jose, USA.
[12] Cleantech Group(2016b)Q4 FY/2015 Innovation Monitor. Cleantech Group LLC, San Jose, USA.
[13] Cleantech Group(2017)Global Cleantech 100 2016. Cleantech Group LLC, San Jose, USA.
[14] Drago C M(2009)The Smart Grids in Italy-an example of successful implementation. Presentation by IBM to the Polish Parliament, October 27th 2009. http://www. piio. pl/dok/20091027_The_Smart_Grids_in_Italy_-_an_example_of_successful_ implementation. pdf.
[15] European Union(2009)Directive 2009/72/EC concerning common rules for the internal market in electricity and repealing Directive 2003/54/EC. Official Journal of the European Union, August 14th 2009, L 211/55-93.
[16] Forer G and Staub C(2013)The US water sector on the verge of transformation. Global Cleantech Centre white paper. EY, New York, USA.
[17] Frost and Sullivan(2012)Global Smart water grids to see increasing investment over the next decade. Presentation to the World Water Tech InvestmentSummit, London, 29th February 2012.
[18] Gartner(2015a)Hype Cycle Methodology. http: //www. gartner. com/technology/research/methodologies/hype-cycle. jsp.
[19] Gartner(2015b)Gartner Hype Cycle for Utility Industry IT, 2015. https: //www. gartner. com/doc/3096022? ref=ddisp.
[20] Gartner(2015c)Hype Cycle for Smart Grid Technologies, 2015. https: //www. gartner. com/doc/3092617? ref=ddisp.
[21] Gartner(2015d)Hype Cycle for Green IT, 2015. https: //www. gartner. com/doc/3101522? ref=ddisp.
[22] Gartner(2015e)Hype Cycle for Sustainability, 2015. https: //www. gartner. com/doc/3101519? ref=ddisp.
[23] Gartner(2015f)Hype Cycle for the Internet of Things, 2015. https: //www. gartner. com/doc/3098434? ref=ddisp.
[24] Global Water Intelligence(2014)Market Profile: Smart water networks. Global Water Intelligence, January 2014, pages 39-41.
[25] Global Water Intelligence(2016)Digital transformations set to boost buoyant smart water market. Global Water Intelligence, October 2014, pages 35-37.
[26] Gohring N(2008)Microsoft to discontinue MSN Direct. PC World, October 28, 2008. http: //www. pcworld. com/article/174581/article. html.
[27] Gómez-Expósito(2012)Smart Grids: so old, so new. Mondragón, December 19, 2012.
[28] GWM 2015(2014)Global Water Markets 2015, Media Analytics Limited, Oxford, UK.
[29] GWI(2016)Water's Digital Future: The outlook for monitoring, control and data management systems. Global Water Intelligence, Oxford, UK.
[30] Haji S(2012)Quoted in Water Acquisitions Rise: Will Venture Capital Follow? Forbes 28th Feb-

ruary 2012.

[31] Heath J(2015) Smart Networks. Presentation to Smart Water: The time of now! SWAN Forum Conference, London April 29-30th 2015.

[32] Henderson D(2012) Comment at the World Water Tech Investment Summit, London, 29th February 2012.

[33] Huismann L and Wood E (1974) Slow sand filtration. World Health Organization, Geneva, Switzerland.

[34] i3 (2014a) i3Quarterly Innovation Monitor: Water and Wastewater 4Q 2013. Cleantech Group LLP. Page 2.

[35] i3 (2014b) i3Quarterly Innovation Monitor: Water and Wastewater 3Q 2014. Cleantech Group LLP. Page 1.

[36] i3 (2014c) i3Quarterly Innovation Monitor: Water and Wastewater 4Q 2013. Cleantech Group LLP. Page 1.

[37] i3 (2014d) i3Quarterly Innovation Monitor: Water and Wastewater 4Q 2013. Cleantech Group LLP. Page 2.

[38] i3 (2015) i3Quarterly Innovation Monitor: Water and Wastewater 4Q 2014. Cleantech Group LLP. Page 2.

[39] i3(2017) https: //i3connect. com/tags/water-wastewater/1181/activity.

[40] IDC Energy Insights(2012) smart water spending forecast: 2012. IDC, Milan, Italy.

[41] IHS Technology(2014) Water Meters Report-2014. Smart Water Meters Intelligence Service. IHS Markit, London, UK.

[42] IMS Research (2011) The World Market for Water Meters - 2011. IMS Research, Wellingborough, UK.

[43] MS Research(2013) Smart Water Management Market by Solutions(Network Monitoring, Pressure Management, Analytics, Meter Data Management), by Services (Valve and Information Management, Pipeline Assessment), by Smart Meter Types, by Region - Global Forecast to 2020. IMS Research, Wellingborough, UK.

[44] Javier M(2011) Ontario Global water Leadership Takeaways, Cleantech Group 2011.

[45] Kinver M(2016) UK floods: Drone provides researchers with unique data. BBC, 20-1-2016, http: //www. bbc. co. uk/news/science-environment-35353869.

[46] Loeb S(2006) Personal notes on the development of the Cellulose Acetate Membrane, prepared by and delivered by Sid Loeb at an honour ceremony of the first Inaugural Sydney Loeb Award by the European Desalination Association.

[47] Marketsandmarkets(2013) Smart Water Management Market-Smart Water Meters, EAM, Smart Water Networks, Analytics, Advanced Pressure Management, MDM, SCADA, Smart Irrigation Management, Services-Worldwide Market Forecasts and Analysis(2013-2018).

[48] Marketsandmarkets(2015a) Smart Cities Market by Smart Home, intelligent Building Automation, Energy Management, Smart Healthcare, Smart Education, Smart Water, Smart Transportation, Smart Security, and by Services-Worldwide Market Forecasts and Analysis(2014-2019).

[49] Marketsandmarkets(2015b) Water Testing and Analysis Market by Product(TOC, PH, DO, Conductivity, Turbidity), Product Type(Portable, Handheld, Benchtop), Application(Laboratory, Industrial, Environmental, Government) and Region - Global Trends and Forecast to 2019.

[50] Marketsandmarkets(2015c) Soil Moisture Sensor Market by Type(Volumetric and Water Potential), Application(Agriculture, Residential, Landscaping, Sports Turf, Weather Forecasting, Forestry, Research Studies and Construction), and Geography - Global Trends and Forecast to 2020.

[51] Marketsandmarkets(2016a) Smart Water Management Market by Advanced Water Meters(Meter Type and Meter Read Technology), Solution(Network Monitoring, Advanced Pressure Management, SCADA System, Advanced Analytics, Residential Water Efficiency), Service - Global Forecast to 2021.

[52] Marketsandmarkets(2016b) Smart Water Metering Market by Type, by Component, by Application and by Region-Global Trends and Forecast to 2021.

[53] Michael W (2011) Insight of the week: Smart water investment just a drop in the bucket. Cleantech Insights blog, 28th January 2011, Cleantech Group LLP.

[54] Micro Irrigation System Trends and Global Forecasts(2011-2016) Markets and Markets, March 2012, FB 1772.

[55] Microsoft(2002) Microsoft Launches Smart Personal Object Technology Initiative. http://news.microsoft.com/2002/11/17/microsoft-launches-smart-personal-objecttechnology-initiative/

[56] Minnihan S(2010) Water IT: How the $16 billion market will take shape. Lux Research. Presentation, 21 September 2010.

[57] Navigant Research(2013) Smart Water Networks. Smart Water Meters, Communications Infrastructure, Network Monitoring and Automation Technologies, and Data Management and Analytics: Market Analysis and Forecasts. Navigant Consulting Inc.

[58] Navigant Research(2016) Smart Water Networks. Water Meters, Communications Infrastructure, and Data Analytics for Water Distribution Networks: Global Market Analysis and Forecasts Navigant Consulting Inc.

[59] Neichin G(2011) The State of Smart Water: Context, Capital and Competition. Presentation by the Cleantech Group to the SWAN Conference, London, 17th May 2011.

[60] Northeast Group, (2015) Global Smart Water Infrastructure: Market Forecast(2015-2025) October 2015.

[61] OECD (2012) Policies to support smart water systems. Lessons learnt from countries experience. ENV/EPOC/WPBWE(2012)6. OECD, Paris, France.

[62] Parker D S(2011) Introduction of New Process Technology into the Wastewater Treatment Sector. Water Environment Research 83: 483-97.

[63] Peleg A(2015) Water Networks 2.0: The Power of Big(Wet) Data. Presentation to Smart Water: The time of now! SWAN Forum Conference, London April 29-30th 2015.

[64] Pike Research(2011) Smart Water Meters: Global Outlook for Utility AMI and AMR Deploy-

ments: Market Analysis, Case Studies, and Forecasts.

[65] Research and Markets(2017) Global Smart Water Metering Market Analysis and Trends-Industry Forecast to 2025. Research and Markets, Dublin, Ireland.

[66] Royan F(2014) Global Smart Water Metering Market. Presentation to SMi Smart Water Systems Conference, London April 28-29th 2014.

[67] Sedlack D L(2016) The Limits of the Water Technology Revolution. Presentation to the NUS Water Megatrends Workshop, 25th February 2016, NUS, Singapore.

[68] Shannon C E and Weaver W(1949) The Mathematical Theory of Information. University of Illinois Press, Urbana, USA.

[69] Smart Grid Forum(2014) Smart Grid Vision and Routemap. Department of Energy and Climate Change and Ofgem, London, UK.

[70] Technavio(2008) Global Smart Water Meters Market 2008-2012 forecasts the size of the global smart water meters market over the period 2008-2012. Technavio, London, UK.

[71] Technavio(2017a) 2016-2020 Global Smart Water Management Report. Technavio, London, UK.

[72] Technavio(2017b) Global Smart Water Meter Market, 2017-2021. Technavio, London, UK.

[73] Tett G. (2015) The Silo Effect. Simon and Schuster, London, UK.

[74] The Cleantech Group(2011) Investment Monitor Report.

[75] The Cleantech Group(2013), Press Release, 3rd January 2013.

[76] The Cleantech Group(2014), Press Release, 8th January 2014.

[77] Transparency Market Research(2014) Smart Water Management Market (Component Types - Hardware, Solutions, Services; Meter Read Technology - Fixed network, Cellular network) - Global Industry Analysis, Size, Share, Growth, Trends, and Forecast 2013-2019.

[78] Water Cleantech VC investment in the USA fell from $123 million in 2007 to $67 million in 2009, and recovered to $95-125 million pa in 2010-2012.

[79] World Health Organization(2011) Guidelines for Drinking-water Quality, Fourth Edition, WHO, Geneva, Switzerland.

[80] Yamamoto K, Hiasa H, Talat M and Matsuo T(1989) Direct solid liquid separation using hollow fiber membranes in activated sludge aeration tank. Water Science and Technology 21: 43-54.

2 我们为什么需要智能用水

如果可持续的水供应是广泛和免费的，并且公用事业提供普遍、安全和可负担得起的供水和水处理服务，那么就不需要智能用水，除非在需要替换现有资产时提高公用事业效率。不幸的是，事实显然并非如此。公用事业在以令人满意的方式提供服务方面已经面临相当大的困难，而人口增长和城市化、气候变化以及应对基础设施老化等挑战将进一步加剧这些挑战。

2.1 供水危机

2.1.1 水资源短缺和压力

水资源紧张被定义为每人每年 1000~1700m^3 的内部可再生水资源，每年 1000m^3 以下的为绝对短缺，以及最近采用的每年 500m^3 以下的为极端短缺(Falkenmark and Lindh，1976；Falkenmark and Lindh，1993)。根据联合国的数据，当超过 10%的可再生淡水资源被消耗时，就会出现水资源紧张。欧洲环境署(European Environment Agency)认为，从每年 20%的可再生资源被提取开始，当提取量超过 40%时，水资源压力将上升到严重的压力(EA/NRW，2013)。有严重水资源压力的国家往往不得不依赖不可再生的地下水供应或海水淡化。水的再利用也被越来越多地采用。

2.1.2 可再生水资源

可再生地表水资源估计为每年 42600km^3(范围为每年 33500~47000km^3)，以及每年 2200km^3的可再生地下水补给。例如，世界范围内的干旱年(1965~1968年和 1977~1979 年)和湿润年(1949~1952 年和 1973~1975 年)的变化范围为 15%~25%(Gleick，1993)。

在每年 42600km^3 的河流流量中，20426km^3 因洪水的地表径流而流失，7774km^3流经偏远的河流，主要是亚马逊和刚果以及北欧和美洲难以到达的部分。这使得全年的可用和可获得的净水输入(基本径流)约为 14100km^3(Postel，Gretchen，Ehrlich，1996)。相比之下，2000 年的年抽水量为 3829km^3(Molden，

2007)。这种流失可能既不会发生在正确的地点，也不会发生在正确的时间。根据联合国粮食及农业组织的数据(Molden，2007)，2000 年 73.4%的取水量来自地表水，而 19.0%来自地下水，4.8%来自排水，2.4%来自废水再利用，0.3%来自脱盐水。这意味着 2810km^3的地表水被开采，即可利用资源的 20%。地表水流也可以是季节性的；在亚洲，80%的径流发生在 5~10 月之间。

2.1.3 人口增长与城市化

世界人口预计将从 2015 年的 73 亿增加到 2050 年的 97 亿和 2100 年的 112 亿(UN DESA，2015)。预计 2100 年的人口范围为 95 亿~133 亿(UN DESA，2015)。生活在城市地区的人口比例将从 2014 年的 53.6%上升到 2050 年的 66.4%(UN DESA，2014)。人类正在经历历史上最具戏剧性的城市化进程。这在全世界和所有类型的城镇都在发生。在那些最不适合应对城市化带来的挑战的地区，城市化的速度和规模也是最大的。

由联合国编制的人口估计和预测突出了城市化的规模和轨迹(UN DESA，2014)，尤其是在非洲和亚洲。一个多世纪以来，非洲的城市人口预计将增长 37 倍，而亚洲的城市人口将增加 31 亿。非洲城市人口从 1950 年起 65 年间增加了 4.33 亿，预计在未来 35 年内将再增长 8.67 亿。因此，在此期间，亚洲和非洲占世界城市人口的比例将从 35%上升到 74%，而欧洲和北美则从 47%下降到 15%。

城市生活已成为常态(表 2.1)，城市人口从 1950 年的 29%(发达国家为 53%，发展中国家为 18%)到 2010 年的 50%(发达国家和发展中国家分别为 75%和 45%)再到 2050 年的 69%(发达国家为 86%，发展中国家为 66%)。城市化的本质也在改变。水和卫生基础设施是特大城市(人口至少 1000 万的城市)发展面临的主要制约因素之一。据预测，未来几十年内将成为特大城市的城市中，没有一个拥有足够的供水或排污服务。

表 2.1 一个世纪的变化——城市化(1950~2050) 百万人

地区	年份			
	1950	2015	2030	2050
非洲	39	472	770	1339
亚洲	245	2113	2752	3313
欧洲	283	547	567	581
拉丁美洲	69	503	595	674
北美	110	295	340	390
大洋洲	8	28	34	42

摘自：UN DESA(2014)。

虽然特大城市最受关注，但100万~500万人口规模的城市增长同样显著，而二级城市的增长则较慢(表2.2)。

表2.2 按人口规模划分城市 百万人

城市人口规模	1950年	2015年	2030年
≥10	23	471	730
5~10	32	307	434
1~5	128	847	1128
0.5~1	65	371	509
0.3~0.5	50	262	319
≤0.3	447	1669	1938

摘自：UN DESA(2014)。

向小型家庭迁移也会影响水需求。能源节约信托基金(McCombie，2014，2015)的研究调查了86000个英国家庭的生活用水情况(表2.3)，用水量与家庭规模呈反比关系。很大一部分差异在于家用电器的负载方式，而较小的家庭也可能有更多的时间进行更长时间的淋浴。第4.6.2节中对此进行了详细介绍。

城市化增加了当地的用水需求，有时甚至超过了当地的供水能力。在过去的2000年里，有限数量的人一直生活在缺水地区(Kummu et al，2010)。由表2.1可知，广泛的用水压力是较近期出现的现象。在2010年，大多数人第一次生活在城市地区和缺水地区。

表2.3 按家庭规模统计耗水量 L/(d·人)

家庭人口数	1950年	2015年
1	154	154
2	143	285
3	140	421
4	134	534
5	128	641
6+	123	813

摘自：McCombie(2014)。

2.1.4 水资源短缺、匮乏和压力

缺水与发展之间也有联系。在经济发展最快的地区，水资源压力最为明显。表2.4概述了全球水资源份额与经济活动之间的联系。

人口和经济增长将更多发生在水资源短缺地区(Veolia Water，2011)，尽管在缺水程度较低的地区，人均GDP仍然较高(表2.5)。

表 2.4　水资源短缺的人口总数，占全球人口总数的百分比，以及人均用水量

年份	受影响总数	极度匮乏	短缺	感受到压力	总计
	人口/百万人	<500m^3	500~1000m^3	1000~1700m^3	<1700m^3
1900	131	0%	2%	7%	9%
1980	1679	5%	11%	22%	38%
2005	3247	10%	25%	15%	50%

摘自：Kummu et al.(2010)。

表 2.5　水资源压力与经济发展　　%

回收可再生水的百分比	占全球人口百分比		占全球 GDP 的百分比		GDP/人口	
	2010	2050	2010	2050	2010	2050
0~20	46	32	59	30	1.28	0.94
20~40	18	16	16	25	0.87	1.56
>40	36	32	22	45	0.61	0.87

摘自：Veolia Water(2011)。2005 年，生活在经合组织国家的 32%的人不缺水或没有水压力(OECD，2008)，而金砖四国(巴西、俄罗斯、印度和中国)的这一比例为 37%。据预测，到 2030 年，经合组织国家的这一比例将达到 30%，而金砖四国的这一比例为 20%。相比之下，经合组织的严重压力预计将从 35%上升到 38%，而金砖四国在这一期间将从 56%上升到 62%。

联合国粮食及农业组织(FAO)预测，到 2030 年，可利用的年水量为 4200km^3，可再生水资源将严重短缺(表 2.6)。这可以通过海水淡化、水再利用或抽取不可再生的地下水资源来部分满足。后者不能被视为一个长期的选择。

表 2.6　2000 年及 2030 年的用水需求及预测的供应短缺　　km^3/a

项　目	2000 年	2030 年	到 2030 年短缺
市政	434	900	429
工业	733	1500	703
灌溉	2699	4500	1566
总计	3856	6900	2698

摘自：Molden(2007)；FAO(2010)。

通过海水淡化和水的再利用来弥补这一缺口在理论上是可行的，但这将带来巨大的成本。假设所有城市和工业用水都可以重复利用(必要的污水和污水处理基础设施已经到位，见表 2.7)，这将额外花费 0.20~0.30 美元/m^3，在污水处理不足的城市用水需要海水淡化脱盐。对于居住在距离海岸 100km 以上的 40%人口来说，海水淡化每立方米需要额外花费 0.45~0.60 美元，每立方米需要额外花费0.10~0.20美元的运输费用。如果所有可回收的水都流向工业和市政用户，那么农业将不得不依赖海水淡化，这似乎不是一个现实的选择。

废水可以用于灌溉，但市政和工业用户将更多地依赖于海水淡化。这凸显了城市、农业和工业需求之间的资源竞争。

表2.7　2030年通过海水淡化和废水回收取代供水不足

市政水短缺(429km³)	(860~1290)亿美元/a
工业用水短缺(703km³)	(1410~2110)亿美元/a
农业用水短缺(1566km³)	(7670~16450)亿美元/a
总计	(8940~19850)亿美元/a

注：作者利用联合国粮农组织的缺水数据进行预测。

2.1.5　人口与供水压力

城市用水(生活用水、城市用水、商业用水)、工业用水(包括发电用水)和灌溉用水(粮食作物和纤维)的需求推动了水的使用。这些反过来又受到人口变化和经济发展的推动。粮食生产对水的需求是由集约化农业驱动的，集约化农业通常比传统方法更耗水。

人口增长和水资源紧张之间有着明显的联系，因为可再生水资源是有限的，而且随着时间的推移会有所变化，而全球人口和城市化程度都在增加。城市化带来了更多的用水，人们可以获得管道供水，并通过经济发展获得从洗衣机到浴缸甚至游泳池等消费品。

联合国2030年可持续发展目标也会意外增加用水量。世界卫生组织将基本获取量定义为每人每天从远程来源获取不到20L，从附近来源获取50L为中间获取量，持续从家庭来源获得100L以上为最佳获取量(Howard，Bartram，2003)。2015年联合国可持续发展目标6.1力求到2030年“实现人人普遍平等地获得安全和负担得起的饮用水”(United Nations，2015)。安全饮用水意味着它符合世界卫生组织2011年饮用水质量标准。由于传统城市污水处理需要最少的水输入，以将固体通过管网冲洗至干线及其最终目的地，因此，下水道网络的连接增加将产生影响。

这里所暗示的用水变化的规模由当前的“安全”饮用水供应水平来表示。在2017年之前，联合国和世卫组织的联合监测项目(JMP)将获得“改善”的水和卫生设施作为基准。从2017年起，这已改为获得“安全”水和卫生设施(JMP，2017a)。根据联合国/世卫组织(JMP，2015)的数据，发达国家98%的人口拥有家庭管道供水，而发展中国家为72%，最不发达国家为32%。2015年，在城市地区，82%的人能够获得“改善”的卫生设施，96%的人获得“改善”饮用水，全球68%的人能够获得“改善”的卫生设施，91%的人获得“改善”饮用水。对2010年

JMP 的分析强调了“改善”饮用水和事实上“安全”饮用水之间的区别(Onda et al, 2012)(表 2.8)。

表 2.8　2010 年在全球范围内获得安全用水

水的供应	人口/百万人	范围/百万人
低卫生风险“安全”	3180	2510~3220
高卫生风险	1260	740~2130
不安全	1020	746~1610
安全性未知	380	380
未改善	780	780
无数据	300	380
全球总计	6900	

摘自：Onda et al.，2012。

2010 年，共有 18 亿~37 亿人无法获得安全饮用水。虽然实现了到 2015 年将无法获得“改善”饮用水的人口比例减半的 2000 年千年发展目标，但获得安全饮用水方面并没实现。该数据是一个全球性的数字，没有细分到城市和农村两个层面。

能否获得安全饮用水在某种程度上取决于能否获得安全的卫生设施。如果没有后者，供水可能会受到影响，如表 2.9 中所述的“高卫生风险”。Onda 等(2012)还估计，全世界有 41 亿人的卫生设施不安全，而不是 26 亿人的卫生设施“没有得到改善”。

表 2.9　没有安全饮用水的人口百分比　%

项　目	2000 年实际	2010 年实际	2015 年预计	2015 年目标
千年发展目标“未改进”	23	12	9	12
不安全(水质)	37	28	26	18
不安全(存在水质和卫生风险)	53	42	46	26

摘自：Onda et al.，2012。

2017 年，JMP 的数据被重新调整，重点放在“安全”而不是“改善”。“基本”与“改进”访问频率大致相当(JMP，2017a，b)(表 2.10)。这些数据与 Onda 等(2012)得出的估计值基本一致，不同的是，这些数据将被广泛采用，并将把注意力重新集中在那些无法获得安全卫生设施的群体的规模上。

在城市地区，获得安全水和卫生设施与获得家庭自来水和污水处理之间存在联系，6.7 亿人虽然有家庭下水道，但仍被列为缺乏安全卫生设施。

表 2.10　全世界无法获得安全用水和卫生设施的人口　　十亿人

基本用水	城市	乡村	总计
2000 年	0.14	1.01	1.16
2015 年	0.20	0.68	1.10
安全用水	城市	乡村	总计
2000 年	0.43	1.92	2.39
2015 年	0.60	1.52	2.13
自来水	城市	乡村	总计
2000 年	0.43	2.21	2.64
2015 年	0.67	1.99	2.65
基本卫生设施	城市	乡村	总计
2000 年	0.58	1.95	2.51
2015 年	0.67	1.69	2.35
安全卫生	城市	乡村	总计
2000 年	1.90	2.47	4.35
2015 年	2.26	2.20	4.48
有下水道家庭	城市	乡村	总计
2000 年	1.21	2.99	4.17
2015 年	1.59	3.08	4.70

摘自：JMP(2017b)。

2015 年，联合国公布了 2030 年可持续发展目标(SDG)。可持续发展目标 6 力求“确保所有人都能获得和可持续地管理水和卫生设施”。目标 6 包括：

[6.1]人人普遍公平地获得安全和负担得起的饮用水。

[6.2]为所有人提供充分和公平的卫生设施和个人卫生设施，结束露天排便，特别注意妇女和女孩以及处境恶劣者的需要。

[6.3]通过减少污染、消除倾倒和尽量减少危险化学品和材料的排放，将未经处理的废水比例减半以及在全球范围内大幅增加水的回收和安全再利用，改善内陆水质。

世界银行(Hutton and Verguhese，2016)强调的 140 个国家实现可持续发展目标 6，将在 2016~2030 年间花费 431 亿美元/a 的水和 694 亿美元/a 的卫生费用，而目前的资本支出水平估计为 160 亿美元/a(Tremolet，personal communication，2017)。

Hutton 和 Verughese(2016)指出，到 2030 年，140 个国家还需完成 19.77 亿城市居民获得安全饮用水，32.14 亿人获得安全卫生设施，才能实现普遍获得饮用水。这些国家的人口将从 2015 年的 61.2 亿增加到 2030 年的 71.4 亿。按照世卫组织关于获得不安全、基本和安全管理的水和卫生设施的现行标准，到 2030 年，将有 22.9 亿人需要获得水，从不安全到安全，22.4 亿人需要获得基本到安全的水。在卫生方面，26.1亿人需要卫生设施，以改善不安全/无卫生设施的状况，另有31.6亿人只有基本卫生设施。在这些国家，24.2亿城市居民(81%)的污水处理没有达到基本的二级水平(Lloyd Owen，2016)。

2.1.6 工业用水

工业用户既可以作为市政水和废水系统的用户，也可以通过自己的专用处理系统和供应系统进行操作。与水公用事业相比，它们通常具有更大的灵活性来创新其使用的科学和技术，并且通常具有明显的财政或监管激励措施，以最大限度地减少水的消耗并防止污水的产生。

查看水的使用量和用水强度(用于产生单位收入的水量)，Markower(2016)指出，在2010~2014年，工业用水量总体上有小幅上升(表2.11)，而用于生产每百万美元GDP的用水量(表2.12)同期有所下降，但公司直接抽取的用水量除外。

表2.11 2010年和2014年的工业用水 $10^6m^3/a$

项目	2010年	2014年
直接抽取(地面/地表)	89067	117220
购买(市政当局)	9568	9073
冷却水	446982	428773
供应链	658307	694778
总计	1203924	1249844

摘自：Markower(2016)。

表2.12 工业用水产生的价值 m^3

每百万美元收入消耗的水	2010年	2014年
直接抽取(地面/地表)	3700	4200
购买(市政当局)	400	300
冷却水	18400	15300
供应链	27100	24800

摘自：Markower(2016)。

在制造业和冷却水方面，从市政当局购买水比直接抽取生产用水或冷却水要昂贵得多。成本驱动效率：Markower(2016)估计，每单位市政用水产生的成本是直接抽取的14倍，是利用冷却水的51倍。

2.1.7 供应管理模式

供应管理假定在可预见的将来可以获得足够的供应来满足增长的需求。当供应充足且安全时，供应管理工作就会很好。正如第一章所指出的，水不同于电信和电力，是地方化的，因为供水是在地方或流域一级，而不是在全国范围内，而且每个水源都有不同的特点。除了河流流域之外，还必须开发具体的供水项目，涉及大宗水运的更多能源和基础设施成本因素。海水淡化是近海地区的另一种选择，但成本高昂。

Walker(2011)研究了1949~2009年间英格兰和威尔士对未来供水需求的21个预测，并将它们与这些年的实际供水量进行了对比。在20世纪70年代中期，10个水利局和各种法定供水公司每天供水$1300\times10^4m^3$。在那十年里，有两项预测认为在10~20年内每天需要$2800\times10^4m^3$，有两项预测认为$2400\times10^4m^3$，还有一项预测为$2000\times10^4m^3$。在此期间，供应量实际达到了$1700\times10^4m^3$的峰值，2010年达到了$1400\times10^4m^3$。如果采纳了1970年的预测，自来水公司将不得不开发实际上从未使用过的资产，要么继续维护它们，要么使它们退役。

2.1.8 融资约束，需要用更少的资金做更多的事情

支付水和废水处理费用的能力和意愿是公用事业和资源管理人员面临的主要挑战之一。全额费用回收(包括服务的运作成本和开发新资产所需债务的融资能力)和可持续的费用回收(类似于全额收回成本，与国际捐助者和国家政府的赠款相结合)应该是一种规范运作，但仍然是例外。唯一一个已知的公用事业公司直接支付其所有运营和资本支出成本，而不求助于补贴或债务的案例是丹麦的哥本哈根水务公司。

当前资本支出水平与需求之间的不平衡(GWI，2011)非常严重。GWI(2011)估计，2010年公用事业公司的资本支出为1730亿美元，而将服务维持在当前水平所需的资本支出为3840亿美元/a，同时确保这些资产不会出现进一步的整体恶化，以及5340亿美元/a的资本支出，以确保供应和满足当前预计的标准和需求。

表2.13是作者2015年对城市地区水和废水处理全球覆盖率的最佳估计。在表2.7和表2.8中，强调了缺乏安全用水的问题。城市地区缺乏污水管道和污水处理设施，是总体上缺乏安全饮用水的一个原因。

表2.13 城市供水和污水处理服务

项　目	得到服务/百万人	未得到服务/百万人	得到服务占比/%
有自来水家庭	3095	862	78
家庭污水连接到污水管网	2457	1498	62
污水处理到二级水平	1342	2613	34
污水处理到三级水平	443	3514	11

摘自：WHO data(JMP，2015) for household access to piped water and sewerage，UN DESA(2015)；UN DESA(2014)；OECD data，Eurostat，Global Water Markets 2016 and the author’s global water infrastructure database。

供水和污水处理设施面临的基本挑战在于获得适当的资金来维持，更不用说扩大其服务范围。世界银行委托进行的一项调查利用了 1999~2004 年的数据，发现 60%的公用事业单位取得了一定程度的成本回收，特别是在高收入国家。所使用的平均水费是根据全球 131 个主要城市的公用事业单位 $15m^3/a$ 的居民用水量消费计算的，见表 2.14。

表 2.14　水费及成本回收(1990~2004 年)

项　目	水费			具有成本回收的公用事业		
	平均/(美元/m^3)	中间值/(美元/m^3)	范围/(美元/m^3)	没有/%	部分运营和维护/%	部分资本/%
全球	0.53	0.35	0.00~1.97	39	30	30
按照收入						
高收入	1.00	0.96	0.00~1.97	8	42	50
中高收入	0.34	0.35	0.03~0.81	39	22	39
中低收入	0.31	0.22	0.04~0.85	37	41	22
低收入	0.11	0.09	0.01~0.45	89	9	3
按地区或组织						
经合组织	1.04	1.00		6	43	51
拉丁美洲	0.41	0.39		13	39	48
中东和北非	0.37	0.15		58	25	17
东亚及太平洋地区	0.25	0.20		53	32	16
南亚和中亚	0.13	0.16		100	0	0
撒哈拉以南非洲	0.09	0.06		100	0	0

摘自：Foster and Yepes(2005) with further data from Olivier(2007)。

没有(或不充分)成本回收被解释为收费低于 0.20 美元/m^3，部分成本回收被解释为收费 0.20~0.40 美元/m^3。在经合组织成员国和拉丁美洲，成本回收是常态，但在亚洲和非洲的欠发达经济体，这通常仍然是例外。

纵观发达经济体，2014 年来自 17 个国家 48 家公用事业公司的基准数据显示，近年来财务状况没有改善，成本回收仍然难以实现(表 2.15)。

表 2.15　发达国家的水成本和成本回收(2014 年数据)

项　目	供水		废水	
	中间值	范围	中间值	范围
每立方米费用/欧元	1.28	0.40~2.55	—	—
连接费用/(欧元/a)	—	—	180	90~350
家庭可支配收入/%	0.58	0.26~1.10	0.56	0.17~1.32
成本覆盖率/%	1.10	0.75~1.70	1.02	0.52~1.44

摘自：Foster and Yepes(2005) with further data from Olivier(2007)。

世界银行的一项调查(Danilenko et al，2014)整理了1861家公用事业公司的数据，这些公司为主要来自经合组织以外的12480个城镇的5.13亿人供水，3.13亿人排水。从2000年到2010年，收入占营业成本的百分比从121%下降到108%，税占家庭收入的百分比也从1.05%下降到0.59%(表2.16)。

表2.16　2000~2010年发展中经济体的公用事业工作情况

项　　目	2000年	2010年
收入/(美元/m^3)	0.34	0.81
运营和维护成本/(美元/m^3)	0.28	0.75
收入占运营和维护成本的百分比/%	121	108
每人每年收入/美元	18	45
税费占家庭收入比例/%	1.05	0.59

摘自：Danilenko et al.(2014)。

成本回收与用水量成反比。表现最好的公用事业公司(费用至少占运营和维护成本的130%)的人均日耗水量为118L，而表现最差的公用事业公司(成本回收率低于85%)的人均日用水量为258L(表2.17)。这种差异很大程度上是由于渗漏和未计费造成的。37%的公用事业公司的费用无法支付其最基本的运营和维护成本。

表2.17　按国家收入类别划分的公用事业覆盖率

按收入类别划分的平均覆盖率	水(2009)/%	废水(2010)/%
低收入	62	14
中低收入	81	48
中高收入	93	77
高收入	100	89

摘自：Danilenko et al.(2014)。

卫生设施覆盖率的下降在低收入国家尤为明显。同样明显的是，家庭用水支出的增长速度低于运营成本，水费占家庭收入的比例也在下降。

2.1.9　负担能力是一个问题，特别是在不平等的社会

公用事业公司在寻求增加收入时面临的挑战是消费者愿意为更好的服务支付更多的费用。高收入国家的有效平均家庭收入负担能力上限为1.4%，中等收入国家为1.8%，低收入国家为2.5%，这是对负担能力和支付意愿态度的公平反映(表2.18和表2.19)。

表 2.18　消费者对可接受水费的看法

家庭收入	记录的范围/%	有效极限/%
高收入(经合组织)	0.25~2.5	1.40
中等收入	0.5~3.5	1.80
低收入	0.3~3.8	2.50

摘自：Lloyd Owen(2009)。

表 2.19　水费占家庭收入的百分比　%

项　目	数　值
工业化国家——中等	1.10
工业化国家——弱	2.60
发展中国家——中等	2.50
发展中国家——弱	6.0~8.0
西欧	3
发展中国家——没有有针对性的支持	7
发展中国家——有针对性的支持	5

摘自：Smets(2008)。

许多国家普遍接受了高于有效限额的收费。高于这些水平的增长空间是有限的。赞比亚(Klawitter, 2008)就是一个引人注目的反映支付意愿的例子，该国家庭收入的3%~10%被认为是可以负担的。

Smets(2008)发现，发展中国家和转型经济体的收费范围很广，人们普遍认为，在拉丁美洲、东欧和中亚，负担能力的限度占家庭收入的4.5%~5.15%。在本次调查所涉及的13个国家中，发现了具体的扶贫补贴，以及针对性的政策实现对贫穷人口的影响降至最低(在英国、美国、智利和法国，以及委内瑞拉、立陶宛、阿根廷和印度尼西亚，将支出控制在家庭收入的3%~5%以下)。在经合组织国家，2000年末的平均水费为家庭收入的0.2%~1.4%，尽管只有分布在最底部十分之一家庭水费占家庭收入的1.1%~9.0%，表明负担能力问题仍然是令人担忧的(OECD, 2009)(表2.20)。

表 2.20　在经合组织，水费占家庭收入的百分比　%

区　域	平　均	底部十分之一
西欧	0.2~1.0	1.1~3.5
中东欧	1.2~1.4	3.9~9.0
美国、墨西哥和加拿大	0.2~0.3	1.3~3.1
其他国家	0.3~1.0	1.1~3.3

摘自：OECD(2009)。

很明显，穷人的支付能力在这里是一个挑战。这在一些国家尤其明显。在墨西哥，普通家庭为水支付的费用占家庭收入的0.2%，而最贫穷的十分之一家庭的费用为3.1%。在考虑整体费用以及它们产生最坏的影响时，这就形成了一个有效的障碍。

2.1.10 支付水费和污水费

可持续的水和污水处理服务是指能够通过适当水平的供水和污水处理，维持水循环完整性的服务。理想情况是，所有城市地区都应该有完整的家庭自来水管和卫生总管，所有城市污水至少要收集和处理到二级水平，所有城市地区都要有雨水排放系统。表2.21是作者对2050年全球城市地区实现这一目标的资本支出成本的估计(2010年价格)。

表2.21 到2050年可持续发展城市供水和污水处理服务的估计资本成本

十亿美元

项　目	平　均	项　目	平　均
配水	1421	暴雨排水	954
水处理	1112	计量	169
污水	2259	全球总计	8226
污水处理	2041		

注：由作者的水基础设施数据库开发而得。Lloyd Owen(2011)。

这是一个理想情况，尽管是一个挑战。它需要与人们支付新基础设施的能力相协调。作者(Lloyd Owen，2009)编制了69个国家2010~2029年城市供水和污水处理支出需求的一系列中期估算，并将其应用于上述有效的负担能力限制。"中等"资本支出方案是基于满足服务覆盖率和基础设施维护的各种国家和国际目标。如表2.22所示，在每种情况下，预测税费收入都低于预测支出需求。

表2.22 预测2010~2029年三种资本支出情景的支出超过收入

十亿美元

项　目	资本支出情况(收入-支出缺口)		
	低	中	高
北美	-344.7	-435.1	-702.3
西欧	-92.0	-231.2	-344.0
欧洲其他国家	-15.8	-35.0	-54.2
亚洲发达国家	-352.6	-419.0	-481.5
拉丁美洲	-13.3	-38.3	-55.3
中东和北非	-110.4	-157.1	-189.8
撒哈拉以南非洲	-0.5	-3.6	-11.0
东亚及东南亚	-39.5	-146.6	-282.0
南亚	-80.2	-120.2	-197.6
总计	-1049.0	-1522.6	-2296.9

摘自：Lloyd Owen(2009)。

总体而言，低支出预测每年短缺520亿美元，中支出预测每年短缺760亿美元，高支出预测每年短缺1150亿美元。正如上文2.1.8中概述的GWI(2011)数据一样，支出的数额、需要花费的支出与为这一支出融资所需的收入之间存在明显差距。

2.2 气候变化的影响

气候变化带来了一个新的不确定性领域，根据一系列气候情景预测，到2075年，将有20亿~70亿人面临绝对缺水(Falkenmark，2007)。

Willett(2007)指出，1973~1999年，全球大气湿度的显著增加主要是由于人类活动造成的。这样的趋势将影响降雨的地点和强度。较温暖的河流和溪流所含溶解氧更容易受到营养负荷的影响而减少。在英格兰北部的高海拔地区，过去20年中，冬季降水量大，夏季降水量几乎完全没有，这与低海拔地区的模式形成了鲜明对比(Burt，Ferranti，2011)。全球范围内，自20世纪50年代以来，日最大降雨量每十年增加1%~2%(Donat et al，2016)，反映出由于气温上升，大气中的水蒸气量增加。

预测表明，高纬度地区和热带地区的降雨和河流径流会增多，而亚热带和其他地区的降雨和河流径流会减少，干旱地区会增多。在全球范围内，IPCC的结论是，到2050年，由于气候变化导致的降水减少将是降水增加的地区面积的两倍。20世纪出现的更多样、更极端的降雨将会增加，水温将继续上升。高纬度地区水资源紧张的预测“很可能”会因为气候变化得到缓和(IPCC，2008)(表2.23)。

表2.23　气候变化对水资源管理影响的预测

水资源压力及其管理压力的加剧；
极端干旱事件发生频率较高；
内陆水域会变暖，因此吸收氧气的能力会降低，对养分积累的耐受力也会降低；
内陆水域更容易受到过度抽取和污染物积累的影响；
部分地区因提高林业生产力和农业生产力，从而增加对水的需求；
非洲和亚洲粮食安全下降；
旅游和户外娱乐活动的模式的改变造成用水需求的增加或减少；
对暴雨排水系统的需求增加，对暴雨和污水分离系统的需求增加，以应对极端降雨

摘自：IPCC(2008)。

气温升高加剧了对水的需求，特别是对灌溉农业和人类活动的需求，如浇灌花园和使用游泳池，以及对电力和工业工厂冷却水的需求。季节性降水模式的变化也会改变灌溉需求，特别是在土壤蓄水能力较低的地区。

从 1994 年到 2006 年，河流和冰川向海洋排放的水增加了 18%，径流量每年增加 1.5%。这可能是由于海洋蒸发量增加，增加了水循环的强度(Syed et al, 2010)。有迹象表明，高于海洋的温度意味着更快的蒸发(和更多的降雨，但不一定在陆地上)和更多的风暴。

Stern(2007)考虑了气候变化的影响，对 2050 年至 2085 年每上升 1℃时发生的情况进行了预测(表 2.24)。在此背景下，2015 年《巴黎协定》寻求到 2050 年将气温上升限制在 2℃以内(UN FCCC，2015)。

表 2.24　2050~2085 年气候变化的影响

1℃	5000 万人受到安第斯冰川消失的影响
2℃	非洲南部和地中海降雨量减少 20%~30% 北欧和南亚降雨增加 10%~20%
3℃	南欧每 10 年就会发生一次严重的干旱 1 亿~40 亿人面临水资源短缺(中东和非洲) 1 亿~50 亿人面临更大的洪水风险(南亚和东亚)
4℃	非洲南部和地中海降雨量减少 30%~50%
5℃	7.5 亿人受到喜马拉雅冰川流失的影响

摘自：Stern(2007)。

在英国，低排放情景的核心预测是，预计到 2025 年，夏季降水量将下降 1%~15%，冬季降水量将上升 3%~13%，而高排放情景的变化则稍大一些(DEFRA，2009)。

《联合国气候变化框架公约》(The United Nations Framework Convention on Climate Change)估计，在 2008~2030 年的 23 年间，全球需要花费 4250 亿~5310 亿美元，即每年 180 亿~230 亿美元(Bates et al.，2008)。大部分额外支出将用于非洲和亚洲的水库、海水淡化、水回收和再利用以及提高灌溉效率：非洲(1310 亿~1380 亿美元)、亚洲(2380 亿~2880 亿美元)、南美(120 亿~200 亿美元)、欧洲和北美(370 亿~860 亿美元)以及澳大利亚和新西兰(10 亿~340 亿美元)。一项集中于气候变化直接后果的评估指出，到 2030 年每年需要 110 亿美元(Kirschen，2007)，发达国家每年需要 20 亿美元，发展中国家每年需要 90 亿美元。

2.3　渗漏和水损失

对于未核算的水，输入到主网的水和到达用户的水之间的差值是一个值得日益关注的问题。这是对饮用水的浪费，而这些水本可以为公用事业公司带来收入。通过减少渗漏将中低收入城市的水损失减半带来的潜在贡献将提供足够的水来满足另外 1.3 亿人的需求，并每年增加 40 亿美元的公用事业现金流(Liemberger，2008)。在 20 世纪 90 年代后期，非洲和拉丁美洲主要城市的配送失水率为 42%，亚洲为 39%(世卫组织/联合国儿童基金会，2002)。亚洲开发银行(Asian Development Bank)的一项调查得出结论，亚洲每年因渗漏损失 287×$10^8 m^3$ 的水，每年最低损失为 86 亿美元(Frauendorfer and Liemburger，2010)。

美国水利工程协会建议，10%的未核算水是管理良好的公用事业的基准，当超过 25%时需要采取行动。英国、荷兰和德国表现良好的公用事业公司出现了 6%~14%的分配损失。

在水资源短缺更为紧迫的地区，分配损失也更为重要。2004 年悉尼水务公司的配送失水率为 10.8%，考虑到供水情况，配送失水率过高。到 2010 年，配送失水率下降到 6.6%，自 1999 年以来每天共节省 6600×10^4 L(Sydney Water，2010)。在这种情况下，21%的泄漏减少来自压力管理，而不是维修管道。在利雅得，2005 年每天损失 110×10^4L 的水，占供水总量的 31%，相当于 9 个不需要的海水淡化厂(Al-Musallam，2007)。利雅得市政府认为，通过在利雅得的基础网络维修上花费 4 亿美元，利雅得相信在未来 20 年里可以节省 21 亿美元来避免新建海水淡化厂。

2.4 用水效率和需求管理

为了使未来的水供应满足预期的需求，我们需要考虑如何管理这种需求，最好是在现有的供应范围内。如上文 2.1.7 节所述(Walker，2011)，在 20 世纪 70 年代的纯供水管理方法下，英格兰和威尔士的储水和供水资产被开发，以提供实际需要量的两到三倍所需。

2.4.1 需求管理与消费者行为

需求管理可以被定义为一种手段，使消费者能够了解他们所消费的水的直接和间接成本，如何改变他们的消费，以及可以改变多少。

为了改变消费者行为，需要适当的动机。家庭用户正在使用各种方法，包括购买有节水标签的家用商品和通过水计量。可以鼓励商业用户循环用水。例如，通过一系列的节水措施，2010 年拉斯维加斯的酒店和赌场的用水量占到了城市用水量的 3%。结果，1980~2010 年，米德湖的水流出量下降了 15%，拉斯维加斯和内华达州的人口分别上升了 254%和 238%(数据来自 kemead. water. data. com)。可以鼓励工业用户将其用水内部化，并存在提高农业和娱乐用水效率的机制。所有这些行为改变通常都需要监管或经济激励。

到目前为止，需求管理主要是通过传统的经济和技术方法来实现的。公用事业公司通常不太考虑客户的兴趣和期望。人工抄表或基于建筑物的水价评估产生的单向信息流限制了影响消费者行为的范围。它不能使公用事业公司意识到消费者行为的多样性，反过来，公用事业公司通常以一种简单化的方式与客户沟通，这就没有多少空间来满足个人需求或偏好。

2.4.2 平衡用水，季节性需求和利用率

需求模式随着时间尺度的不同而变化，以天为单位，以周为单位，以年为单位。通过平滑对水的需求，冗余资产的规模和范围得到了缓解。例如，通过鼓励在低需求时期使用家用电器，以及鼓励消费者在干旱季节节约用水，日电价用于电力供应已有一段时间，例如在英国，1978 年引入了“经济 7”电价(Electricity Council，1987)。

平滑水需求的模式和扰动，能够以最有效的方式利用资产。当资产更好地反映整体需求而不是用于管理偶尔出现的需求高峰时，资产可以更好地利用。

这也将为应对因意外高需求或极端天气事件而出现的真正异常需求高峰提供更大空间。这种极端情况也可以通过特定的需求管理措施加以缓和。例如，对集水区的智能洪水分析提供了一种潜力，可以利用自然和建筑资产，通过将水挡在上游，使其在更长的时间内释放，从而推迟一些洪水进入河流系统的排放。另一个例子是对暴雨和污水收集系统的管理进行综合监测，以提高应对异常事件的能力，并设法改变客户的行为，以尽量减少在这些高峰期的排放。

2.4.3 用水效率——需求管理的要求

即使不需要改变消费者行为，家居用品也会对用水需求产生影响。表 2.25 比较了欧洲的传统家庭用品和考虑到用水效率的设计(Dworak，2007)。

表 2.25　标准用水量和节水家居用品

项　　目	标准/[L/(人·d)]	高效/[L/(人·d)]	降低/%
厕所	57~87	39	32~52
淋浴	45~54	43	3~44
浴缸	71	53	26
水龙头	10	8.5	15
洗衣机	26	17.4~19.6	25~33
洗碗机	8.7	5.2~6.1	30~40
总计	237~280	167~169	29~41

摘自：Dworak(2007)。

其中一些减少来自提供更少的水（一个更小的浴缸或一个功率更小的淋浴器），而另一些则使用更合适的用水设施（双冲水相对于单冲水马桶）或更有效的用水设施（洗衣机和洗碗机）。

西欧合理的生活用水量目标为110~130L/（人·d），因为120~128L/（人·d）已经是德国和荷兰部分地区的标准（Green，2010），而哥本哈根在采取一系列需求管理措施后为100L/（人·d）（第5.8.1节）。降低用水量会产生一些意想不到的后果。饮用水在德国配水网络中的停留时间较长，这意味着需要提高水处理标准，以防止细菌污染的累积和低流量影响污水冲入下水道主干管道。

2.4.4 水计量

在法国、智利和新加坡等一些国家，城市用水计量早已被接受。在其他国家，如英国和挪威，它要么正在被逐步采用，要么仍未被积极考虑。对于前者来说，智能计量意味着改变一种已被接受的方法的可能性。对于后者，它能提供一种全新的客户体验。它们都对公用事业公司及其客户提出了文化和行为方面的挑战。

除了怀特岛的50000户家庭（由南方水务公司提供服务）在1989年安装了用于试验的电表外，在1989年供水和污水公司私有化之前，英格兰和威尔士实际上没有家庭电表。根据英国水务署收集的2014~2015年公司数据（Water UK，2015），以及水务管理局2000年、2005年和2010年6月报表中收集的公司数据（Ofwat，2000，2005，2010），可以追溯过去25年新电表的安装率和计量覆盖率（表2.26）。

表2.26　1990~2015年英格兰和威尔士水计量装置的发展

年　份	每年安装水表数	覆盖率/%
1990~2000	715000	14
2000~2005	904000	22
2005~2010	1151000	33
2010~2015	1479000	43

摘自：Ofwat（2000，2005，2010）and Water UK（2015）。

在此期间，家庭规模减小，人口增加。例如，在2010~2015年间，没有使用电表的人口减少了261万人，而使用电表的人口增加了680万人，五年内净增加了419万人。

考虑到选择使用水表的人往往是受益最大的人，预计随着水表普及率的增加，计量和非计量消费之间的差异将减小。事实上，情况正好相反，如表2.27所示，2000年和2005年用水量减少了9%~10%，2010年和2015年减少了18%。

虽然在这一时期未使用水表的情况似乎没有太大变化，但计量消费却有相当一致的下降。考虑到更多的高用水量的客户正在被计量，这意味着消费者的行为正在被计量所改变。

表 2.27　英格兰和威尔士的家庭用水情况　　L/(人·d)

年　份	未计量	计量
1999~2000	149	135
2004~2005	152	138
2009~2010	157	128
2014~2015	151	123

摘自：Ofwat(2000, 2005, 2010) and Water UK(2015)。

在英国收费最高的西南供水地区，有电表的客户比没有电表的客户平均少支付 100 英镑，差异是 400 英镑。传统的单向水表实现了用水量减少 12%和公用事业用电量减少 12%，相当于 1050GW·h(Savic, 2015)。

英国的 Arqiva、Artesia 和 Sensus 进行了一项研究，这项研究量化了选择使用远程水表(单向通信)和全智能(双向通信)的家庭用水计量对水务公司、消费者和环境的影响(表 2.28)。

表 2.28　单向和双向计量比较

效　益	远程水表	智能水表
	单向	双向
毛收益/亿英镑	3	44
消费者利益-账单节省/[英镑/(家庭·a)]	11	40
节约水/(10^4m^3/a)	4000	29400
碳减排/(10^4t/a)	800	3100

摘自：Slater(2014)。

水计量通常被视为与改变用户用水需求有关。下文第 2.5 节考虑了用水对能源的影响。很明显，水计量和改变客户行为也会对家庭能源使用产生重大影响。

2.5　降低能源使用

水是能源密集型的。在极端情况下，约旦每年花费 54 亿美元从水库向主要人口分布中心抽水，花费相当于其 GDP 的 15%(Hirtenstein, 2016)。在加利福尼亚州，供水和水处理占该州能源消耗的 4%，水的最终用户占 14%(Klein, 2005)。水部门直接造成了英国 1%的温室气体排放量(Defra, 2008)，考虑到水的加热和运输，间接造成了2%~4%的损耗。直接和间接使用占美国能源消耗的5%(Rothausen，Conway，2011)。

2.5.1 能源成本

能源是昂贵的，所以尽量减少能源的使用是很有意义的。在英格兰和威尔士，2014~2015年间，18%的供水和污水公用事业运营支出来自电力成本，而2004~2005年间为11%(表2.29)。

表2.29 2014~2015年英格兰和威尔士的电力成本和总运营成本

项　目	电力成本/百万英镑	运营成本/百万英镑	电力成本占比/%
水资源	51.4	265.3	19
原水分配	30.6	89.0	34
水处理	138.1	575.6	24
净化水分配	88.1	890.6	10
总计-水	308.2	1820.5	17
污水	64.4	378.3	17
污水处理	196.4	789.7	25
污泥处理	31.9	307.8	10
粪泥处理	0.2	78.9	0
总计-污水	292.9	1554.7	19
总计-水和污水	601.1	3375.2	18

摘自：Water UK(2015)。

污泥处理的低能源成本反映了污泥对能源的应用。事实上，两家供水和污水处理公司(Northumbrian Water和Severn Trent)产生的是能源收入，而不是成本。

存在效益的区域包括水和污水泵送、污水处理工艺和污泥转化能源。能源消耗越少，该部门在实现国家和国际碳减排目标方面的贡献就越大。

2.5.2 消耗能量的地方

水利部门的直接能源使用涉及从偏远地区(集水区外的河流、水库或湖泊)或从地下水源泵送水至公用事业(大量输送)的能源。水本身可能是淡化的海水或微咸水，需要能量来蒸馏水或驱动水穿过过滤装置。间接或直接饮用水应用的水再利用也是基于过滤装置的，尽管能耗较低。

在公用事业网络内，作为处理过程的一部分，水可能需要通过过滤单元，然后被泵入分配网络给用户。水需要在约定的压力范围内输送。在多层建筑中可能需要额外的泵送。

这些过程在污水收集和处理中重复进行，特别强调在处理过程中处理污水和污泥所需的能源，以及为粪便处置所需的能源。

间接能源使用包括在供水分配末端消耗的能源。最大的影响来自为澡堂、淋浴、洗衣机加热水以及准备食物和饮料。能源也需要驱动以水为基础的应用，如电力淋浴、洗碗机和洗衣机。

2011 年，英国在城市水循环中使用了 8.8TW · h 的电力，在家庭热水中使用了 81TW · h。事实上，这一比例正在下降，1970 年使用 125TW · h，而水加热占家庭能源的比例从 1970 年的 28%下降到 2011 年的 18%(Savic，2015)。

能源储蓄信托基金(McCombie，2014，2015)调查了英国 86000 户家庭的水和能源账户。调查中，平均能源账单为 1320 英镑，水为 385 英镑，但 8%的受访者理解水在他们能源账单中的作用。因此，还有解决客户行为问题的空间。调查发现，54%的家庭用水用于各种用途的加热，68%用于浴室(表 2.30)。

表 2.30　英国家用电器用水情况

冷　水	热　水
花园 1%	淋浴 25%
洗车 1%	浴缸 8%
厕所 22%	洗碗机 1%
冷水龙头 22%	手洗餐具 4%
	洗衣机 9%
	浴室热水水龙头 7%

摘自：McCombie(2014)。

平均淋浴时间为 7~8min，87%的淋浴时间少于 10min(45%为 1~5min，42%为 6~10min)，13%的人淋浴时间更长(12%为 10~20min，1%为 20min 以上)。16%的家庭拥有节水淋浴装置(5%的节能电源和 11%的节能混合器)，49%的家庭使用水密集型装置(31%的标准混合器和 18%的标准电源)，35%的家庭使用电动混合器。41%的盥洗室是双冲水式的，1940~1980 年新增双冲式的家庭为 6%，而 2001 年以来为 57%。

观察水和能源消耗之间不是绝对孤立是很有趣的。发电时用水冷却发电装置。能源反过来被用来为消费者加热水。

2.5.3　能源效率

可以提高处理和分配过程的效率。降低泵运能量强度有相当大的空间；通过提高泵本身的效率，优化泵的部署，并将泵送量降至最低。

一般来说，水泵约占全球能源消耗的10%。泵通常效率低下(较新的设计更多地利用更少的能源)，过度使用(泵送容量过剩)，并且没有以最有效的方式使用(位置、整合和运行时间)。水泵管理也会间接地影响配电系统的性能，因为总水管中不必要的高压会推高配电损耗。如果可以有效地管理管网压力，可以减少泵送和所需水量，从而节约能源。

如上所述，避免过度使用生活用水，尤其是热水，对与水相关的能源消耗有重大影响。

2.5.4 将废水转化为资源

由于污水产生的甲烷对温室效应气体的影响，污泥转化为能源显得尤为重要。优化粪便转化为甲烷然后用于发电意味着污水处理厂的能源需求可以从内部获得，通过降低排放和电力消耗影响工艺的碳足迹。

废水的内部化学能为7.6kJ/L，这并未考虑工业和商业废水中储存的能量(Heidrich，Curtis，Dolfing，2011)。2010年全球发电量达到2939GW·h，其中35%来自德国(GlobalData，2011)。理论上，废水所含的能量是处理废水所需能量的7~10倍。在德国，研究发现，混合发酵的城市废水在节点上的燃气发动机上产生的能量足以覆盖处理设施所用能量的113%(Schwarzenbeck，Pfeiffer，Bomball，2008)。位于丹麦奥胡斯的Egå Renseanæg污水处理厂，预计在2016年7月投入使用时将产生能源需求的150%的能源(Freyburg，2016)。

将污泥转化为能源，再加上尽量减少供水和污水管网其他部分能源使用的措施，有可能大大减少公用事业的碳足迹，并降低其运营成本。

2.6 资产状况及其有效性评价

如第2.1节所述，融资是水务部门面临的一个特殊挑战，人口变化(第2.1节)和气候变化(第2.2节)以及资产效率低下(第2.3节)所带来的困难加剧了这一挑战。

表2.31突出了水公用事业的资产密集型性质。在英格兰和威尔士，完全私有化的水务公司在财务上自给自足；他们必须利用收费来为他们的业务提供资金，并为任何需要的进一步筹资提供资金。这是估计的总资产重置成本，在目前的水平上，无论是否有任何进一步的支出，都需要83年的合并现金流来替换这些资产；替换这些资产需要110年的资本支出。显然有必要确保资产得到有效利用，使其经营寿命最大化，并确保真正需要任何新投资。

表 2.31　2014~2015 年英国和威尔士水务公司运营统计数据

项目(2015 年 3 月 31 日)	水	污水	合计
重置总成本(GRC)/百万英镑	161484	429548	591032
监管资产价值(RAV)/百万英镑	25710	37240	64750
收入/百万英镑	5801	6026	11885
营业利润/百万英镑	1564	1923	3497
收入占 GRC 的比例/%	3.6	1.4	2.0
营业利润占 GRC 的比例/%	1.0	0.5	6.0
收入占 RAV 的比例/%	21.1	16.2	18.4
营业利润占 RAV 的比例/%	5.7	5.2	5.4
现金流占 GRC 的比例/%	—	—	1.2
资本支出占 GRC 的比例/%	—	—	0.9
现金流占 NAV 的比例/%	—	—	11.2
资本支出占资产净值的比例/%	—	—	8.0

摘自：Water UK(2015)。

这些数字只适用于受规定管理的供水及排污活动。这里的资本支出是固定资产投资和基础设施更新费用。其资产的总重置成本(GRC)包括基础设施和非基础设施资产，并扣除折旧。监管资产价值(RAV)是指自 1989 年私有化以来增加的资产，该行业的监管机构水务办公室(Ofwat)使用这些资产来评估各公司允许的投资回报。

其中许多资产也很难获得，尤其是地下系统。净化水分配(主要是自来水干管)资产的 GRC 为 1138 亿英镑，占水务 GRC 的 29%，污水收集网络的 GRC 为 3774 亿英镑，占污水 GRC 的 89%。最后，以 GRC 计算，水资产人均价值 1743 英镑(为 5760 万人提供服务)，污水资产人均价值 8607 英镑(为 5690 万人提供服务)。

2.6.1　改善资产效率和运营成本

公用事业公司需要发展微观管理其资产以达到最佳效果的能力。在第 2.4 节中已经指出，可以平滑需求模式以减少总体容量需求。在第 2.5 节中指出了降低能源费用和减少分配损失的潜力。根据资产的实际情况及其对其性能的影响，通过积极的维护、翻新(可能包括更新和扩建)和更换周期，公用事业公司可以专注于需要做什么，而不是他们认为需要做什么。

2.6.2　需要了解地下资产

在有正规供水和排污服务的城市地区，大多数公用事业资产都埋在地下。尤其是在集中公用系统中，单一的供水和污水处理厂服务于大量的用户，从数万人到数百万人。需要能够以有效和非侵入性的方式评估地下资产。传统上，这些资产是在假定的运营寿命内管理的，而不是对其可操作性的评估。

传统的管道管理和维护对泄漏或其他损坏的部分提供了一个普遍的评价。此外，为了全面更换管道而进行的中期管道修复工作，需要对管网的部分路段进行挖掘。

由于外部因素(土壤条件和地面构造)和内部因素(流经的水/废水的性质及其管理方式)，管道以不同的速率退化。当这些资产能够及时和非侵入性地进行评估时，无论是在检查墙壁方面还是在不同条件下考虑泄漏，都有更大的空间进行适当的维护、修理和修复计划，以最大限度地延长其有效使用寿命。一个完整开发的管道管理策略需要能够考虑到这些变量。

2.6.3 泵和潜在节约

泵制造商格兰富估计，所有应用中的泵送都占全球能源消耗的 10%，然而 90%的泵在使用中没有得到优化。泵优化可将全球能源消耗降低 4%(Riis，2015)。寻求提高泵的效率是有实际原因的。泵的寿命周期成本的5%用于购买设备，而 85%用于耗电，10%用于维护和保养。通过购买更现代化的装置，能源消耗可以减少 20%。以更有效的方式使用泵可节省能耗 20%以上。抽水占配水网络用电量的 89%(Bunn，2015)，办公室、供暖、通风、空调和照明为 6%，反冲洗为 5%，与高压区泵(21%)相比，主区泵为 37%和源水泵为 31%。

2.6.4 节约的空间

一项对英国水务公司及其客户的分析发现，通过智能用水等创新做法可以节省 32.16 亿英镑的潜在运营支出(表 2.32)。

如果这些节省的 20%~50%在实践中可以实现，将对降低成本和提高收入产生重大影响。

表 2.32 英国水务公司和用户的潜在效率节约

项　　目	效　　益	项　　目	效　　益
需求预测的改进	6400 万英镑(2%)	降低能耗	10.47 亿英镑(32%)
网络监控获益	8700 万英镑(3%)	泄漏修复效益	6.93 亿英镑(21%)
减少第三方责任	3.18 亿英镑(10%)	客户服务节约	5.99 亿英镑(19%)
回收收入(有问题的水表)	4.08 亿英镑(13%)		

摘自：Slater(2014)。

2.7 结论

水务公司和其他用水用户面临着一系列巨大的、往往相互关联的挑战。它们的共同点是，这些服务的资产密集度与这些服务产生的收入有关。例外的是(比如农业），水是一种根本被低估的资源，正面临着资源冲突，这些冲突将改变这种资源的价值。

在欧洲之外，至少到2050~2080年，人口增长将是需求的主要驱动力，特别是在撒哈拉以南的非洲地区。再加上城市化进程，全球主要城市的数量和规模都在急剧增长。撒哈拉以南非洲的城市化速度最快，而南亚和东南亚的城市化规模最大。城市化带来了经济发展，与向家庭普遍提供安全饮用水的国际举措相结合，反过来推高了人均需求。

目前较大的城市，其人均用水需求较高，正给集水区充分供水带来新的压力。这意味着传统的供应管理模式是不可持续的，也是不可行的。除了水的再利用外，替代水资源满足这一需求的能力有限，特别是考虑到它们的成本和能源强度时。

自来水公司应保证供水的安全和质量。到目前为止，这通常是通过响应事件来实现的。当故障发生时，将注意到它，并相应地处理它。通过集成通信、数据处理和数据捕获，公用事业可以从被动反应转变为积极主动，预测事件或快速响应事件，从而建立客户对其服务的信心。数据获取、传输和解释的速度越快，这些事件就越能得到控制。更迅速和准确的监测使公用事业经营者对饮用水质量（公共卫生）和河流水质（环境合规）等有更大的信心。

通过避免开发过剩资产和产能，并优化现有装备和资产的使用，当没有预期的资金流动增加到公司仅依靠收费就可以升级和扩大系统的程度，公用事业公司就可以降低其资本投入和运营成本。这也增加了公用事业公司解决负担能力问题的范围，尤其是在其较贫穷的客户中。

参 考 文 献

[1] Al-Musallam L B A(2007) Urban Water Sector Restructuring in Saudi Arabia. Presentation to the GWI Conference 2-3rd April 2007, Barcelona, Spain.

[2] Bates B C, Kundzewicz Z W, Wu S and Palutikof J P, eds. (2008) Climate Change and Water. Technical Paper of the Intergovernmental Panel on Climate Change, IPCC Secretariat, Geneva, Switzerland.

[3] Bunn S(2015) What is the energy savings potential in a water distribution system? A closer look at pumps. Presentation at the SWAN Forum 2015 Smart Water: The time is now! London, 29-30th April 2015.

[4] Burt T P and Ferranti E J S(2011) Changing patterns of heavy rainfall in upland areas: a case study from northernEngland. International Journal of Climatology 32: 518 - 532, doi: 10. 1002/joc. 2287.

[5] Danilenko A, van den Berg C, Macheve B and Moffitt L J(2014) The IBNET Water Supply and Sanitation Blue Book 2014: The International Benchmarking Network for Water and Sanitation Utilities Databook. World Bank, Washington DC.

[6] Defra (2009) UK Climate Change Projections 2009 - planning for our future climate. Defra, London, UK.
[7] Defra(2008)Future Water: The Government's water strategy for England. Defra, London, UK.
[8] Donat, M G, Lowry A L, Alexander L V, O'Gorman P A and Maher N(2016)More extreme precipitation in the world's dry and wet regions. Nature Climate Change, doi: 10.1038/nclimate2941 7th March 2016.
[9] Dworak T, et al. (2007) EU Water Saving Potential. EU Environmental Protection Directorate, Berlin, Germany.
[10] EA/NRW (2013) Water stressed areas, final classification. Environment Agency/Natural ResourcesWales, Bristol, UK.
[11] Electricity Council(1987)Electricity Supply in the United Kingdom: A Chronology-From the beginnings of the industry to 31 December 1985. 4th edn. The Electricity Council, London.
[12] European Benchmarking Co - operation (2015) Learning from International Best Practices, 2014. EBC Foundation, The Hague, Netherlands.
[13] Eurostat(http://ec.europa.eu/eurostat/web/environment/water/database).
[14] Falkenmark M and Lindh G (1976) Water for a starving world. Westview Press, Boulder, Co, USA.
[15] Falkenmark M and Lindh G(1993) Water and economic development. In: Gleick P H, ed. Water in Crisis: pp. 80-91. Oxford University Press, New York, USA.
[16] Falkenmark M, Berntell A, Jagerskog A, Lundqvist J, Matz M and Tropp H(2007) On the Verge of a New Water Scarcity: A Call for Good Governance and Human Ingenuity. SIWI Policy Brief. SIWI, Stockholm, Sweden.
[17] FAO(2010)Towards 2030/2050. UN FAO, Rome, Italy.
[18] Foster V and Yepes T(2005) Is cost recovery a feasible objective for water and electricity? A background paper commissioned for the World Bank, and quoted in Fay, M and Morrison M (2005) Infrastructure in Latin America and the Caribbean: Recent Developments and Key Challenges. Volume I: Main Report and Volume II: Annexes, Report No. 32640 - LCR, World Bank, Washington DC, USA.
[19] Frauendorfer R and Liemburger R(2010)The Issues and Challenges of Reducing Non- Revenue Water. ADB, Manila, Philippines.
[20] Freyberg T(2016) Denmark kick-starts energy-positive wastewater treatment project. WWi magazine, February 5, 2016.
[21] Gleick P H, ed. (1993) Water in Crisis: A Guide to the World's Fresh Water Resources. Oxford University Press, New York, USA.
[22] GlobalData (2011) Power Generation from Wastewater Treatment Sludge - Power Generation, Sludge Management, Regulations and Key Country Analysis to 2020.
[23] Global Water Intelligence(2011) Global Water Markets 2011: Meeting the World's Water and Wastewater Needs until 2016. Media Analytics Limited, Oxford.
[24] Green C(2010) Presentation to CIWEM Surface Management Conference, SOAS, London, UK,

2nd June 2010.

[25] GWM 2016(2015)Global Water Markets 2016: Media Analytics Limited, Oxford.

[26] Heidrich E S, Curtis T P and Dolfing J(2011)Determination of the internal chemical energy of wastewater. Environmental Science and Technology 2011 Jan 15; 45(2): 827-32.

[27] Hirtenstein A(2016)Refugee Influx Pushes Government of Jordan to Invest in Solar. Bloomberg Business, February 18, 2016.

[28] Howard G and Bartram J(2003)Domestic Water Quantity, Service Level and Health, Page 22. World Health Organization, Geneva.

[29] Hutton G and Varughese M(2016)The Costs of Meeting the 2030 Sustainable Development Goal Targets on Drinking Water, Sanitation, and Hygiene. WSP/World Bank Technical Paper 103171.

[30] IPCC(2008)Climate change and water: IPCC Technical Paper IV. IPCC Secretariat, Geneva, Switzerland.

[31] JMP(2015)Progress on Sanitation and Drinking Water: 2015 Update and MDG Assessment, JMP UNICEF/WHO, Geneva, Switzerland.

[32] JMP(2017a)Progress on Drinking Water, Sanitation and Hygiene: 2015 Updated and SDG Baselines, Main Report, JMP UNICEF/WHO, Geneva, Switzerland.

[33] JMP(2017b)Progress on Drinking Water, Sanitation and Hygiene: 2015 Updated and SDG Baselines, Annexes JMP UNICEF/WHO, Geneva, Switzerland.

[34] Kirshen P(2007)Adaptation Options and Costs in Water Supply. A report to the UNFCCC Financial and Technical Support Division. http://unfccc.int/cooperation_and_support/financial_mechanism/financial_mechanism_gef/items/4054.php.

[35] Klawitter S(2008)Full Cost Recovery, Affordability, Subsidies and the Poor-Zambian Experience, presentation to the International Conference on the Right to Water and Sanitation in Theory and Practice, Oslo Norway.

[36] Klein G(2005)California's Water-Energy Relationship. California Energy Commission. CEC-700-2005-011-SF. San Francisco, California, USA.

[37] Kummu M, Ward P J, de Moel H and Varis O(2010)Is physical water scarcity a new phenomenon? Global assessment of water shortage over the last two millennia. Environmental Research Letters 5: 034006.

[38] Liemberger R(2008)The non-revenue water challenge in low and middle income countries. Water 21, June 2008, pp.48-50.

[39] Lloyd Owen D A(2009)Tapping Liquidity: Financing Water and Wastewater 2010-2029. Thomson Reuters, London, UK.

[40] Lloyd Owen D A(2011)Infrastructure needs for the water sector. OECD, Paris.

[41] Lloyd Owen D A(2016)InDepth: The Arup Water Yearbook 2015-16, Arup, London, UK.

[42] Markower J(2016)State of green business 2016. GreenBiz Group Inc.

[43] McCombie D(2014)At home with water. Presentation at the SMi, Smart Water Systems Conference, London, 28-29th April 2014.

[44] McCombie, D(2015)Smart water and regulation. Presentation at the SWAN Forum 2015 Smart

Water: The time is now! London, 29-30th April 2015.
[45] Molden D, ed. (2007) Water for Food, Water for Life: A Comprehensive Assessment of Water Management in Agriculture. Earthscan, London, UK and International Water Management Institute, Colombo, Sri Lanka.
[46] Muhairwe W T(2009) Fostering Improved Performance through Internal Contractualisation. Presentation to the 5th World Water Forum, Istanbul, Turkey, March 2009.
[47] Neave G (2009) Advanced Anaerobic Digestion: More Gas from Sewage Sludge. Renewable Energy World, April 2009.
[48] OECD(2008) OECD Environmental Outlook to 2030. OECD, Paris, France.
[49] OECD(2009) Managing water for all: An OECD perspective on pricing and financing, OECD, Paris.
[50] OECD(2016) Waste water treatment(indicator). doi: 10. 1787/ef27a39d-en.
[51] Olivier A(2007) Affordability: Principles and practice, presentation to Pricing water services: economic efficiency, revenue efficiency and affordability, OECD Expert Meeting, 14 November 2007, Paris, France.
[52] Onda K, LoBuglio J and Bartram J(2012) Global access to safe water: Accounting for water quality and the resulting impact on MDG progress. International Journal of Environmental Research and Public Health 9: 880-894.
[53] Postel S L, Gretchen C D and Ehrlich P R(1996) Human appropriation of renewable fresh water. Science 271: 785-88, 9th February 1996.
[54] Riis M(2015) Energy savings potential in a water distribution system. Presentation at the SWAN Forum 2015 Smart Water: The time is now! London, 29-30th April 2015.
[55] Rothausen, S G S A and Conway D(2011) Greenhouse-gas emissions from energy use in the water sector. Nature Climate Change 1: 210-219.
[56] Savic D(2015) Metering and the Hidden Water-Energy Nexus. Presentation at the SWAN Forum 2015 Smart Water: The time is now! London, 29-30th April 2015.
[57] Schwarzenbeck N, Pfeiffer W and Bomball E(2008) Can a wastewater treatment plant be a power plant? A case study. Water Science Technology 57(10): 1555-1561.
[58] Slater A(2014) Smart Water Systems-Using the Network. Presentation at the SMi, Smart Water Systems Conference, London, 28-29th April 2014.
[59] Smets H(2008) Water for domestic uses at an affordable price, presentation to the International Conference on the Right to Water and Sanitation in Theory and Practice, Oslo, Norway.
[60] Stern N(2007) The Economics of Climate Change: The Stern Review, Cabinet Office-HM Treasury, London, UK.
[61] Sydney Water(2010) Water Conservation Strategy, 2010-15. Sydney Water, Sydney, Australia.
[62] Syed T H, Famiglietti J S, Chambers D P, Willis J K and Hilburn K(2010) Satellite-based global-ocean mass balance estimates of interannual variability and emerging trends in continental freshwater discharge. www. pnas. org/cgi/doi/10. 1073/pnas. 1003292107.
[63] Thomson W(1889) Electrical Units of Measurement. In: Thomson W. Popular Lectures and Ad-

dresses. Macmillan and Co. , London I, pp. 73–136.

[64] United Nations (2015) Transforming our world: the 2030 Agenda for Sustainable Development. A/RES/70/1, 21 October 2015. Resolution adopted by the General Assembly on 25 September 2015, 70/1. United Nations, New York.

[65] UN DESA (2014) World Urbanization Prospects: The 2014 Revision, CD–ROM Edition. ST/ESA/SER. A/366). United Nations, Department of Economic and Social Affairs, Population Division, New York.

[66] UN DESA (2015) World Population Prospects: The 2015 Revision, Key Findings and Advance Tables. Working Paper No. ESA/P/WP. 241. United Nations, Department of Economic and Social Affairs, Population Division, New York.

[67] UN FCCC (2015) Conference of the Parties, Twenty–first session, Paris, 30 November to 11 December 2015. FCCC/CP/2015/L9.

[68] Veolia Water (2011) Finding the Blue Path for A Sustainable Economy. A White paper by Veolia Water. Veolia Water, Chicago, USA.

[69] Walker G (2011) Models of domestic demand in the UK water sector–science or discourse? Workshop on Water Pricing and Roles of Public and Private Sectors in Efficient Urban Water Management, Granada, Spain, 9–11th May 2011.

[70] WaterUK (2015) Industry Facts and Figures 2015, Water UK, London, UK.

[71] Willett K M, et al. (2007) Attribution of observed surface humidity changes to human influence. Nature 449, 710–712 (11th October 2007).

[72] WHO/UNICEF (2002) Global Water Supply and Sanitation Assessment 2000. WHO/ UNICEF JMP, Geneva, Switzerland.

[73] WHO/UNICEF JMP (2015) Joint Monitoring Programme country files for estimates on the use of water sources and sanitation facilities. http://www.wssinfo.org/documents/? tx_displaycontroller[type]=country_files.

3 运用智能用水的科学和技术

在第1章(1.4.1节)中，人们注意到智能用水系统利用快速(理想情况下是实时)收集信息，将数据从其收集点传输到解释点，对这些数据进行有效的整理和解释，使用户能够据此做出适当的决定，并能够以有益的方式对信息作出响应。理想情况下，这会产生一个负反馈循环。在不同条件下收集和分析的数据越多，系统的实用性、准确性和潜在的预测能力就越强。

弹性配水网络需要实时网络数据来诊断供水故障或网络故障，如突发事件，并提供集成控制，以尽可能接近实时地减轻这些故障的影响。这是关于主动的，而不是被动的资产维护，防止任何实际影响的发生，或者在确实发生时最小化和减轻任何影响。例如，i2O Water(i2owater.com)专门监控网络阀门。有关阀门运行情况的实时数据使操作员能够诊断阀门和泵的状况，评估需要维修或更换的装备的潜在影响，确定服务和维修的优先级，并预测即将发生的阀门或泵故障(Burrows，2015)。

3.1 从创新到应用——整合的必要性

在诸如智能用水这样的层次化和相互关联的方法中，技术及其应用仅与其最薄弱的环节一样好，因此所涉及的独立元素的最佳集成起着重要的作用。

与清洁技术和其他公用事业相关的水部门规模较小，这意味着在许多情况下，启动的技术最初是为另一种应用而开发的。因此，从探测器到微生物，智能用水系统可能涉及其他行业的技术输出。

在这种情况下，智能系统已经适用于水利部门，智能系统所采用的设备要么依靠寻找已经由其他部门开发的合适设备，要么来自由另一个部门制造并正在寻找将其产品的销售范围扩大的部门。这并不一定是一个值得关注的问题，因为思想和创新的交叉融合可能是有益进步的熔炉。然而，有必要确保这些方法具有灵活性，以应对水管理许多方面的限制和挑战。这种限制和挑战主要来自不能完全适应新应用所带来的事后思考，这种时候是靠可能涉及不可接受的妥协程度。

水利部门的特点是其系统相对缺乏整合，特别是在现有网络中加入了个别创新的情况下。对于物理网络而言，这对感知服务交付的影响可能有限。然而，糟糕的整合会导致整个网络中的资产以低于其最佳效率的方式运行。这可能导致部署的资产比实际需要的要多，从而导致更高的运营和维护成本。随着资产老化和需要翻新或修复，这种影响可能更为明显。

由于涉及大量客户和监管义务，公用事业的数据处理容易受到任何此类缺陷的影响。英国电力行业最近发生的两起案件突显了这一点。2011~2013 年，Npower 公司实施了基于 SAP 的计费和投诉处理系统，在 2013~2014 年期间给 60 万客户造成了问题，之后该公司不得不向客户和慈善机构支付 2600 万英镑(Ofgem，2015)。在 2012~2014 年实施了完全集成的客户 IT 系统后，类似的问题影响了 30 万苏格兰电力客户，并为此支付了 1800 万英镑(Ofgem，2016)。

集成不良也可能使网络容易受到人口或气候变化等因素干扰。例如，一个综合性差的排水系统，如果没有正确理解雨水和污水网络的相互联系，在更极端的降雨情况下，很可能容易造成非法排放。对于数据的采集、传输、处理及其解释和显示，有效的集成往往是系统有效运行的关键。虽然项目开发商通常会解决这一问题，但国际电信联盟(ITU，2014)指出，缺乏公共通信网络协议仍然是智能水务发展的一个问题。第 9 章对此进行了更详细的探讨。

传统上，电信和电力行业对创新的开放程度高于供水和污水处理行业。就前者而言，这是由于自 1980 年以来首先在北美和西欧出现的竞争(特别是在长途、数据和移动服务方面)。在后一种情况下，这是因为需要管理消费者需求的巨大变化，例如重要电视报道带来的变化，以及消费者对电费数额的认识和解决这些问题的必要性带来的变化。

正如第 1 章所指出的，智能方法的概念已经在能源部门得到广泛证明。这种情况现在越来越多地出现在供水和废水处理中。到 2035 年之前将使用的大部分技术已经以某种形式得到了演示。不太清楚的是这些技术将如何应用，它们将如何与其他技术一起工作，以及哪些技术将得到最大程度的接受和采用。

集成和确保系统以最有效的方式连接和部署，涉及各种组件如何互连，连接过程以及如何收集和处理数据(Koenig，2015)。互联是指资产和/或网关与云(或类似的数据存储系统)之间的连接，用于处理和分析大量信息，以便进行运维工作。连接包括资产、传感器和系统运营商之间的本地化或点对点(P2P)连接。这些包括即插即用的安全无线连接、资产对资产通信、资产对人力通信和资产对网关通信。数据采集和处理(也称为边缘处理)包括收集相关数据并进行实时分析，以实现系统的有效指挥和控制。有效的互连依赖于一个开放和安全的体系结构，该体系结构支持开发人员进行进一步的应用程序开发。这需要一种用于数据收集和分析的通用语言，这种语言通过使用核心服务作为大型系统的基本构建块。

传感器本身并不能使网络智能化，重要的是它们作为智能网络的一部分的有效部署和使用(Driessen，2014)。真正的智能网络是在整个网络的战略点上部署所需的最小数量的传感器，以获取必要的实时数据，并将这些数据与可用的内部和外部数据相结合，以真正主动地进行网络监控和管理。换句话说，就是使用最小的资产并从中获得最大的收益。

宾利系统公司(Bentley.com)开发的达尔文采样器就是一个例子。达尔文采样器使一个实用程序能够在网络中放置最佳数量的监视器，以便在模拟网络性能时有效地测量例如压力、流量和氯的含量(Wu，2015)。这些应用程序可以通过达尔文优化框架实现，该框架旨在使各种优化方法在单个和多个位置协同工作(Wu et al.，2012)，并使用达尔文校准器进行网络模型校准。

达尔文采样系统设计用于检测旧的和难以发现的泄漏以及发现新的泄漏。使用记录器比使用声波探测网络来探测泄漏更有效(Zheng，2015)。这种方法还确保了监测是连续的，而不是定期的，因此可以确保新的泄漏可以迅速处理。这将在第5.7.2节中进行更详细的讨论。

3.2 数字化制造——合适的尺寸和合适的价格

近几十年来，数字制造和相关创新降低了智能用水系统中使用的ICT组件的制造成本，同时使这些组件微型化并显著降低了能耗。

这使得在系统中放置智能和智能使能元件变得可行，因为在过去，这些元件的成本太高或体积太大，相对于该行业的基本经济状况而言是不可行的。每单位信息传输能耗的改善也使得硬件可以安装在偏远的地方，而不需要定期更换电池所需的人力和硬件成本。

Hagel等(2013年)概述了近年来各种ICT技术和应用的成本和能力变化的一些例子。经过计算，一百万个晶体管的等效处理能力的成本从1992年的222美元下降到2013年的0.06美元，静态随机存取存储器的成本从1980年的44037美元/兆字节下降到2010年的52美元/兆字节(Brant，O'Hallaron，2010)。对于数据存储，每千兆字节的成本从1992年的569美元下降到2012年的0.03美元，美国的互联网带宽成本从1999年的1245美元/(兆字节·s)下降到2012年的23美元/(兆字节·s)，到2014年下降到0.94美元/(兆字节·s)(Norton，2014)。最后，在1959~2009年，经通货膨胀和质量调整后，ICT硬件的价格每年下降16%。自那时以来，这一数字一直在下降，尽管在未来的某个时候，进一步的进展将放缓或停止(Nambiar，Poess，2011；FRBSL，2014)。

3.3 智能组件和物联网

据估计，2010年有125亿个智能组件，2015年增至250亿个，预计到2020

年将达到500亿~750亿个。这相当于是电力或电话发展速度的五倍(Menon，2015)。

预测结果是，实际上，一切都将连接到一切，物联网将成为新基础设施中的一个重要元素。很明显，一些创新可以改变消费者的行为，以及如何快速、大规模地满足消费者的需求。Menon(2015)强调了2007年1月推出的iPhone的变革效应。苹果iPhone的类比非常有用，因为它展示了开发家电和应用程序的潜力，而消费者并没有意识到，他们后来觉得自己必须拥有这些家电和应用程序。

根据Cisco(Menon，2015)的数据，2013~2022年，物联网将产生19万亿美元的收入和储蓄，私营机构14.4万亿美元，公共部门4.6万亿美元。预计这将来自五个领域：①创新设备的收入(3万亿美元)；②改善客户体验带来的节约(3700亿美元)；③更有效地利用资产(2.5万亿美元)；④提高员工生产力(2.5万亿美元)；⑤更高效的供应链物流(2.7万亿美元)。IDC(IDC，2014)认为，2014年物联网产生的收入为2.29万亿美元，其中公用事业收入为1000亿美元，2018年将增长至4.59万亿美元，公用事业收入为2010亿美元。实际市场设备、连接和服务的收入将从2015年的6560亿美元增长至2020年的1.7万亿美元(IDC，2015)。这些预测对物联网的涵盖范围有自己的定义，并受制于许多目前处于发展阶段的产品和服务的商业化和应用程度。正如1.9.2节和1.16节所述，Gartner Hype Cycle和Parker Curve表明，从引入到广泛采用可能需要10~20年的时间，所以这些数字和时间表可能是一个指针。

作者认为，与近几十年来情况相比，许多水务公司和监管机构对创新的态度越来越开放。这在一定程度上是由于人们认识到电信和电力行业的情况已经发生了变化，以及需要解决供水和污水处理设施面临的各种挑战。这将在第8章进行更详细的探讨。

3.4 智能硬件和软件的层次结构

SWAN Forum将智能用水网络定义为具有四个数据层和一个位于实际智能网络之外的设备层，如1.4.1.5节所述。各层内的运行要素可总结如下(Peleg，2015；Diaz，2015)，以城市供水管网为例：

1）自动决策和操作。

2）数据管理和显示。

3）收集和交流。

4）传感和控制。

5）存在于智能网络之外的相关方面，如物理层。

3.4.1 自动决策和操作

数据展示和决策优化的领域包括：主动泄漏控制优先顺序(哪些泄漏需要按哪个顺序修复，以及压力管理以尽量减少持续的水损失)、基准(比较公用设施内的区域和各种公用设施)、网络异常(发生的事件超出可接受的性能限制)、突发感知(实时警报)、突发精确定位(修复工程的有效位置)和工程优化(平衡工程的影响和所需的工作量)。

这里一个特别重要的领域是有效利用来自各种必要来源的数据，以告知运营商事件是如何演变的，以及它们将如何发展。例如，综合天气、河流流量、土壤饱和度和地貌数据可以最大限度地延长应对潜在洪水灾害的可用时间。另一个领域是将操作数据与历史数据相结合，以帮助预测何时可能需要关注资产。这既适用于在资产出现故障时发出警报，也适用于对维修、翻新和更换计划的优先级做出长期决策。预测方法通常是基于以前的经验和事件建立信息，并通过反馈回路完善监测数据。正如2015~2016年冬季英国的极端降雨和随后的洪水所表明的那样，明智的决策也需要能够适应前所未有的变化。

3.4.2 数据管理和显示

显示数据有三个主要元素：基本报告和可视化(定制信息，以便以客户希望看到的方式和所需的级别显示，从整个公用设施到单个操作区域)；当前和历史数据的数据存储库；以及处理输入数据的遥测系统。

通过将复杂的信息以可立即理解的形式显示在屏幕上，数据显示得到了增强，这样操作员就可以知道正在发生什么，并快速通过地理位置信息(分层显示)对关键数据用粗红线标注显示。这在下面的Northumbrian Water案例研究(3.5.1节)中有说明。

自2005~2010年(Heath，2015)以来的重大发展见证了这些显示器从控制室迁移到移动显示器，允许现场工作人员能够访问数据服务的图形显示，如GIS(地理成像系统)和CRM(客户关系管理)。这有助于对客户报告的供应问题提供近乎实时的响应，以充分告知受影响地区的相关人员需要采取什么行动。这反映了移动数据通信和高质量紧凑型可视化系统的日益增长的影响。目前关注的一个问题是，外地单位的能源需求降低了他们的行动效力。例如，Brodie Technologies正在开发的低能耗触摸屏旨在避免日常智能移动设备充电的需要(Peiman et al，2014)。

最近的技术发展还包括提高显示器的分辨率。更自然的图形和字体意味着它们更容易被看，利于操作员吸收信息并以更有效和一致的方式对其采取行动。另一个新兴领域是触摸屏的采用，这使得运营商在寻求与信息交互或浏览数据时有了更大的选择。信息的呈现方式需要灵活，以便能够根据每个系统的情况对其进行修改，并能够对呈现的数据和呈现方式进行优先级排序。还需要在操作人员易于修改和总体数据管理需求以及实用程序的优先级之间进行平衡。

数据需要与目标接收者相关。这一点在智能家用水表显示中尤为重要，因为它的易用性和对客户需求的适用性是其可接受性的核心。

3.4.3 采集和通讯

数据传输的最佳形式取决于当地的情况，例如哪些资产可用，哪些资产可能被附加，以及在确保所有需要的数据能够安全地及时传输时所面临的任何挑战。

采用通信系统还取决于传输的数据量和需要收集数据的频率。如果公用事业公司认为它不经常需要数据(每隔几个月收集一次水表读数)，那么“驾车”方式可能是最实用的，尽管这不是一个完全明智的方法。正如从非智能到智能的迁移一样，如果(或当)需要更高频率的数据收集，则存在创建搁浅资产或系统的危险。

使用现有的硬线网络是有意义的，当它已经安装了其他服务，如电力或电信，并且适当的公用事业将允许以一个有吸引力的价格接入网络。物联网还可以通过电话和电力网络提供更多的通信机会，否则，就需要通过移动数据服务进行数据通信。目前正在使用四种主要服务：GSM 短消息服务(SMS，一种用于交换短文本消息的 GSM 协议)，GSM 通用分组无线业务(GPRS，一种以中等带宽和速度交换数据的 GSM 协议)，无线电(专用无线电传输服务)，以及 Mesh 无线电(WMN，无线 Mesh 网络，使用多个发射机传输数据)。使用 WMN，当一个单元发生故障或其信号被阻塞时，可以通过其他操作节点传输信号。

3.4.4 传感和控制

对于城市网络来说，数据需求包括流量记录器、智能用户水表、压力记录器、噪声记录器和噪声相关器。其他数据，如水质、氯化物含量和浊度，也可以使用探头收集，智能传感器可实时提供这些数据(Heath，2015)。智能电表是智能网络的一个子集，只有在其运行的网络中才智能。仅仅把智能电表作为一种更快的数据收集来源是在浪费它们所能提供的东西。

所需的功能取决于环境和需要监控的内容。智能水务未来面临的挑战之一将是有效管理潜在可用的数据。为了完整性而添加参数实际上只会给系统增加不必要的复杂性。例如，在考虑沿海水域、内陆水域和配水网络时，对潜在污染物的监测将着眼于非常不同的参数。

下面的传感要求列表并不全面。在城市网络之外，它反映了目前和正在出现的满足欧盟环境和公共卫生标准的关注领域，以及美国处理灌溉用水短缺和改善潜在用水冲突的举措。在某些情况下，测试可能的有效频率(至少现在)不需要在线数据收集，尽管在线数据收集能够很好地工作，例如，在过去至少25年的时间里，垃圾焚烧设施与其监管机构在实时或接近实时的基础上共享排放数据。

沿海领域：洗浴水质(粪便污染)、CSO溢流以及沿海水位和流量(洪水监测)。

内陆水域：水流(水量和水位高度，用于洪水警报和管理、资源规划和内陆水质)、温度(水质，通过保持溶解氧的能力)、颜色和浊度(潜在污染问题和个别污染事件，以及洪水和异常地表径流)、污染物(粪便污染、杀虫剂和重金属，例如，来自农业、城市、工业和采矿排放物以及离开服务水库的水)、pH值和溶解氧(富营养化)。

水处理：流量(进出设施)、污染物(处理前、处理中和处理后)、pH值(对铅溶解度的影响)、浊度、残留消毒剂和操作信息，包括能源使用、药量和资产性能和状况。

水分配：水流(昼夜进行泄漏评估)、水压(按区域管理划分)、泵运行和性能、污染物(例如溴酸盐、氰化物、汞、各种农药、梭状芽孢杆菌和总有机碳)以及监测网络状况所需的信息。

终端用户：污染物[根据世界卫生组织《饮用水质量指南》(2011年第4版)的规定，在客户水龙头区域进行测试]、水流(通过智能水表)、污水流量(通过智能污水表)和设备级监测系统(通过物联网)。

污水：污水和雨水分别流经污水管网和雨水管网，并流经组合污水管网，污水管网状况和容量以及泵的运行和性能。

污水处理：泵运行、出水流量、能源使用、资产运行和状况、出水参数(处理过程之前、期间和之后)、处理化学品的输入、废物(在每个处理阶段，按体积和适当的质量标准)。

废水回收：产生的能量(连同设施的能量使用和输出的能量)、营养物浓度(营养物回收)、污染物、颜色和浊度(水回收)。这包括流量、化学品的输入、废物和回收材料的吞吐量、泵的运行以及资产的性能和状况。

废水排放：污染物(营养物质、BOD_5)，可能还有某些药物、抗生素和雌激素，温度(工艺用水)和流量。

灌溉：水(和养分)输入，土壤水分水平，树液流和养分浓度。

在网络内收集的信息可以是在网络外收集的混合传感数据(例如天气、社交媒体和能源价格)以及来自其他智能网络的适用数据，以及(在适当的情况下)历史(遗留)数据。

3.4.5 作为物理层存在于智能网络之外的相关方面

如前所述，未连接到智能网络的设备在定义上不是智能设备。所有传感器、探头和水表都是收集信息的装置。正是这些设备收集的信息的传输、解释、显示和应用才是智能的。这包括区域计量区的传感器、体积计量表和客户计量表。

类似的数据收集、传输和应用层次也适用于智能灌溉、河流监测、洪水监测和管理以及污水和污水处理管理等领域。

3.4.6 作为集成数据层次结构的智能水网

智能水网提供了另一个层次的数据收集，信息流经许多智能水系统。在最简单的层面上，这涉及城市或公用事业的各种数据流，从水资源、处理和分配，到家庭和其他客户的使用，以及通过污水系统的流量、处理和排放(Mutchek，Williams，2014)。可以添加更多层次的信息，包括不同最终用户的直接(清洁水)和间接(使用后水)灌溉、取水和排放点的水质和特征以及通过公用设施区域的自然水流。这些数据流可以整合为各种结果，例如地表水和下水道溢流对洪水的潜在易涝性，或者将各种形式的用水与可用水资源联系起来。

在更大的范围内，新加坡公共事业委员会(PUB)正在开发一个智能水网，以整合城市-州的水资源(雨水、海水淡化、水再利用和水进口)使得能源和运营成本方面进行最有效的整合，并确保其供应的安全(PUB，2010)。这反过来又与配电网压力管理和计量相结合，以优化用水量和内陆水监测，确保水库网络的适当水质。韩国的目标是到2020年开发一个“3S”(Security，Safety，Solution)国家智能水网平台(Choi，Kim，2011)，将微电网网络(服务于各个城镇)接入宏观网(区域或流域层面)，并最终提供全国水数据概览。通过连接所有适用的数据流，包括大坝水位、河流流量、农业使用以及水和废水处理，该平台旨在模拟全国的水循环。这将在第8章重新讨论。

对于工业用户来说，水管理的闭环方法正变得越来越流行，因为它允许设施将其耗水量和废水排放量降至最低，从而使每单位耗水量创造的经济价值最大化。韩国的倡议在某种程度上是在试图复制这一点，尽管规模根本不同。

3.5 案例研究：走向实施

下面的五个案例研究调查了为公用事业开发智能用水应用的各种方式。其中包括需求管理、生成和使用大数据、自动化和效率节约。这些主题将在随后的章节中得到更详细的讨论。

3.5.1 案例研究3.1：Northumbrian Water的区域控制中心

3.5.1.1 诺森伯兰水务公司(Northumbrian Water)的目标和成果

诺森伯兰水务公司(Northumbrian Water)(nwl.co.uk)自20世纪80年代以来

一直采用基础的智能方法。1980 年，基本的遥测技术被引入，同时还引入了回溯性的监视器，用于查看那个年代后期的过去数据。从 1990 年起，采用了区域计量(DMA)和综合网络管理。从 2000 年到 2010 年，开发了一个水力模型，在 2007 年引入了 Netbase(用于分析社会媒体)以及水生产规划和一个新的区域控制中心。

2010 年，区域遥测系统被覆盖整个公用事业的综合系统取代。这使得诺森伯兰水务公司能够与其他公司系统进行连接和操作，并着重于改进分析。新的区域控制中心包括更换遥测系统(SCX2 到 SCX6.7 eScada)和采用两种新软件系统(Hawkeye 和 Aquadapt)。遗留的 SEEK(数据管理)系统存在警报处理能力不足等历史问题。

SCX 服务器充当遥测和事件数据库，与实用程序的外部支持数据库(Oracle/sqlserver)一起工作。它接收来自 ViewX 客户端(自动拨号接口)和 SMS 接口(发送/接收)的数据。

2002 年，诺森伯兰水务公司制定了运营支出的年度生产计划(PP)。PP 流程在 2005 年进入了季度周期，但其影响微乎其微。2007 年，PP 改为每周审查周期，这对日常运营产生了影响。这鼓励诺森伯兰水务公司在 2008 年采用一致的每日 PP 审查，以优化网络，并采用不受主观评估影响的流程。

Aquadapt 于 2015 年安装。Aquadapt 系统用于实时控制和优化配水系统。根据 Aquadapt，每 30min 更新一次处理工程吞吐量、处理水泵、控制阀、服务水库和水塔的时间表。这意味着对最便宜的商品有一个不断的评论，重点是能源成本。它与 SCADA(SCX6.7 eScada)和分站相连，自动化程度意味着管理者实际上成了监督者，尽管有能力在任何需要的时候进行直接控制。

该设施现在是遥测和数据记录器的时间序列数据的中央存储库，通过灵活的报告和定制视图提供网络连接、图表和分析工具以及网络和资产数据的可视化和空间分析。它包括一个配置工具，允许在内部进行数据清理和维护。输出包括区域计量区域泄漏计算和报告以及水力模型管理。

加强控制和供需管理，使产水量减少了 6%，能源效率提高了 14%，能源消耗减少了 20%。这带来了每年可持续减少 170 万英镑的业务支出。

在绩效方面，生产计划的准确率在 1%～2%之间，而水务管理系统(Ofwat)服务指标(SIM)在十家供水和污水公司中显示出一致的排在前四分之一绩效，英国埃塞克斯和萨福克水务公司(NWG North)的渗漏量最低，诺森伯兰水务公司的渗漏量第四低，在过去两年中断供水方面表现最好。

该公司迄今为止的经验表明，成功实施的基础是充分利用已生成的智能数据，并引入新的智能数据，使已使用的数据增值。

智能分析使 NWG 能够在早期阶段识别影响服务的网络性能偏差和变化，这意味着由于人为错误导致的网络事件较少，网络优化和为客户和监管机构提供更好的服务结果。下一阶段涉及智能现场操作，将决策能力转移到现场。诺森伯兰水务公司正在努力确保员工的能力能够与系统的能力相匹配。这些数据来源于Austin and Baker(2014)和Baker(2015)。

3.5.1.2 诺森伯兰水务智能系统——施耐德 SCADA

施耐德升级 Northumbrian Water 的 ClearSCADA(SCX6.7 eScada)。诺森伯兰水务公司的要求是将其遥测/SCADA 控制室与轮岗、联系管理、电话、工作日志和知识捕获连接起来。该公用事业的行动管理系统(AMS)旨在降低报警成本，提高可追溯性和通信，同时减少重复输入和错误。这是由定义的业务流程执行的，并使用规则来确定操作，并将收到的所有警告通知操作人员。AMS 使用一系列规则和数据库确定故障类型、查找技能数据并检查员工的可用性。AMS 是通过一个“敏捷的”有时间限制的合同开发的，基于指定的关键功能，它的实施和规范是通过每周的研讨会开发的，将开发人员和用户聚在一起(Beadle，2015)。

3.5.1.3 诺森布里亚水资源智能系统——Aquadapt 的水资源管理系统

Aquadapt 水管理系统的发展表明了在开发创新产品时所涉及的时间和复杂性。Derceto(Derceto.com)于 1997 年开始开发 Aquadapt 水管理软件。它最初是一个咨询工程师与客户一起进行的一次性项目，涉及 800h 的项目开发。1999 年的第二个项目涉及 2000h 的项目开发，并有一个 20 万美元的预算，用于数据库和显示 SCADA 产品。同样，这是一个一次性的项目，这一次客户的投入更有限。

在 2004 年，Aquadapt 本身就成为一个产品，还需要 14000h 的开发工作。由于它不再是一个一次性的项目，因此使用了带复制的结构化查询语言(SQL)数据库，用户界面现在与 SCADA 和开放平台通信(OPE)标准分离。使用了适当的集成开发环境(IDE)，具有自动化的开发和测试环境，并首次使用了全面的记录保存。

Aquadapt Echo 就是由这些产品演变而来的。采用了一个模型适合所有的方法，使用了敏捷开发的原则。在该模型的第 15 个版本中，开发出了一个令人满意的系统。所有内容都经过测试，原型的开发循环，与客户一起查看其设计和功能需求。然后通过测试进一步开发产品，并与客户进行最终测试，直到满意为止。持续集成过程包括每日内部升级到所有客户数据库的最新版本，并建立帮助文件和安装程序。

经过 13 年 55000 个小时的产品开发，推出了两款主要产品：历史数据库和实时数据库。市场营销依赖于沟通观念，介于客户所追求的(低成本)和可实现的(不是便宜的产品开发)之间。单个项目通常需要 4000~7000h 才能为每个客户交付，这反映了系统的沉重特性。

Aquadapt Live 数据库有一个操作员面板，具有一定程度的定制功能，允许新用户更改图形以与当前系统合并。网络压力和泄漏数据的管理与运行决策有关，如能源需求(和能源价格)和水资源需求预期，同时生成运行计划和监测警报。数据主要在区域计量层提供，然后汇总成更大的区域。有一个 SCADA 接口(与自来水公司 SCADA 连接)和能源定价功能，通过互联网/内部网与历史数据库的水表板连接。Aquadapt 历史数据库与实时数据库交互以进行数据复制。它有一个水表板(能源定价界面)和一个应用程序管理器(还与 Aquadapt 实时数据库交互)、数据存档、数据库查询功能和一个战略操作模拟器。

2015 年，共安装了 21 个系统，作为持续产品开发过程的一部分，所有系统都保留在最新版本的两个版本内。他们的想法是，任何改变都不能破坏任何客户的利益。

Derceto 不得不注销最初 55000h 的项目开发工作，因为后续业务尚未弥补这一点。与此同时，法国苏伊士水资源公用事业和技术公司(Lyonnaise des Eaux)发现很难为法国的计量制定合适的智能用水战略。2010 年，由于公用事业公司与其供应商之间关系紧张，该公司选择在内部升级其计量系统。因此，2014 年，苏伊士收购了 Derceto，以便将 Aquadapt 用于其智能网络管理并进一步开发该产品(Bunn，2015；Perinau，2015)。

3.5.2 案例研究 3.2：Dŵr Cymru Welsh Water 的大数据

Dŵr Cymru Welsh Water(DCWW，dwrcymru.com)在威尔士和英格兰部分地区为大约 300 万人提供供水和污水处理服务。1989 年私有化，2001 年从海德公司(Hyder Plc)剥离出来，成为一家私营的非营利公司。

DCWW 正在采用一项为期 25 年的智能用水资源战略，计划从 2010 年至 2035 年实施。DCWW 的智能数据战略始于 AMP 5(2010~2015)，在 AMP 6(2015~2020)期间全面实施，预计 AMP 7~9(2020~2035)将涉及系统及其生成的信息的有效集成。他们的目标是提供无形的客户服务(确保顾客不注意背景工作提供服务)，减少现场工作实际需要，并最大限度地提高任何现场工作的生产率。该公司在提高传统运营效率方面已经尽了最大努力，特别是自 2001 年 Glas-Cymru 重组以来。作为一家私营公司，管理层需要为每个智能应用程序制定一个商业案例；在公司发展的这一点上，没有实验性发展的空间。

DCWW 预计大数据将在 2020~2025 年发挥重要作用，届时将出现互联家庭和物联网。目前，DCWW 每年产生 3.315 亿个数据点，包括 1.8 亿个水流数据点、0.53 亿个废水数据点、0.36 亿个遥测分站数据点、0.47 亿个水压数据点和 7 百万个商业客户数据点。这些数据白天由两人管理，晚上由一人在其监测总部管理，另外还有三个区域中心，每个中心有一名工作人员。他们迄今为止的经验表明，当你有一个小的管理团队时，重要的是数据，而不是噪声(Bishop，2015)。

3.5.3 案例研究3.3：Aguas de Cascais的非收入用水减少

Aguas de Cascais(aguasdecascais.pt)通过葡萄牙最大的水资源特许经营权为20.8万人提供服务，每年收入3800万欧元。自2000年30年特许权开始实施以来，非收入用水(NRW)一直是主要关注领域之一。通过传统的配送失水率方法，配送失水率从2001年的39%降至2005年的25%。配送失水率在2011年之前保持稳定(25.6%)，而全国中值为30.7%。2010年，配送失水率年度公用事业成本298万欧元，相当于收入的8%。

减少配送失水率的第二个阶段是通过2011年6月实施的积极的泄漏控制方案，将泄漏维修频率从2009年和2010年的每年500次提高到2012年的2200次。检漏小组受到全年保障工作的激励，将泄漏数据转化为收入数据的管理政策，因此实际上，漏水被视为财政漏水，涉及经济损失，以及水资源流失。

第三阶段涉及实施智能方法。从2012年起，所有数据分析都实现了自动化，地区管理区域的规模减小，压力管理系统被引入。泄漏数据被覆盖在谷歌地图上，并发送给泄漏管理团队。根据这一点，建立了泄漏数据库，包括正常耗水量和最大值，以及泄漏从检测到完成的持续时间。每个事件都有一个唯一的标识，并链接到相关的事件前后数据。

大型夜间用户有完整的双向AMR计量，以帮助区分其使用水平和后台使用水平。电流损耗根据潜在的最小物理损耗和实际可实现的最小物理损耗进行校准。

泄漏管理也朝着减少处理每次泄漏所需的时间和提高工作质量的方向发展，以最大限度地延长管道的有效使用寿命。完整的维修时间(定位泄漏、停水、修复、恢复供水)已从2011年的4h 54min减少到2014年的3h 56min。到2014年，对网络性能的了解有所提高，使电力公司能够将主动泄漏控制计划转向优化网络压力管理，采用智能泄漏检测方法，并基于减少背景泄漏制定预测性管道和资产管理计划。这包括每月选择管道进行修复或更换(表3.1)。

表3.1 2010~2014年配送失水率控制计划的影响

年 份	配送失水率/%	年 份	配送失水率/%
2010	26.6	2013	15.1
2011	25.6	2014	14.3
2012	17.3		

摘自：Perdiago(2015)。

该计划的总体影响是将公用事业公司从一个普通的执行者转变为一个更好的执行者，特别是在每公里管道泄漏方面，如表3.2所示。

表 3.2　Aguas de Cascais，2012 年和 2014 年 NWR 的表现(2010 年全国数据)

配送失水	漏失率/%	漏失量/[m^3/(km·a)]	漏失量/[m^3/(连接·a)]
最好	8.7	1.381	33
中等	30.7	2.653	75
最差	41.0	8.813	180
Aguas de Cascais2012	17.3	2.537	62
Aguas de Cascais2014	14.3	1.870	60

摘自：Perdiago(2015)。

正在开发的其他领域包括更快速和有效的客户响应，以及通过能源效率措施和自动化能源消耗数据分析来降低能源使用。水表数据也间接用于测量进入污水管网的水量。这里的方法是考虑所有可以被感知为信息源的数据源，而这些信息源又可以被监测，以寻求未来进一步提高效率的方法。

2014 年，配送失水率的成本为 124.8 万欧元，而 2010 年为 297.7 万欧元。除项目相关费用外，每年可净节省 150 万欧元(Perdiago，2015)。

3.5.4　案例研究 3.4：葡萄牙 Aguas de Portugal 的智能电表服务

葡萄牙监管机构为公用事业公司设定了能效目标，并将其与财政激励挂钩。2011 年，全国 40%的市政用水流失或未结算，相当于 2 亿欧元/a，2015 年降至 30%(GWI，2017)。根据 2012 年葡萄牙监管报告(ERSAR-RASARP)中规定的 PNUEA 国家高效用水规划政府计划，到 2025 年的目标是将配送失水率降低到 25%。

EPAL(Aguas de Portugal，adp.pt)是一家政府所有的公用事业公司，为里斯本的 34 个市提供大量的水供应。EPAL 通过 84500 个连接为里斯本的 55 万名消费者或 34.7 万名个人客户提供服务。

为了降低配送失水率，EPAL 制定了五个目标：①通过 DMA 网络分割和连续遥测监测，识别和量化网络中的实际水流；②为了量化损失的水量，生成有关客户端和网络的基本数据，包括其长度、连接数和压力；③通过制定甄选标准和绩效指标并分析相关数据，确定优先领域；④确定失水位置，以优化主动泄漏控制；⑤确定需要修理的地方，并迅速、良好地进行修理。

为使 EPAL 了解其网络性能，推出了四个阶段的计划：

第一阶段：DMA 规划和设置。创建计量点和遥测系统，设计和边界验证以及 DMA 实施。这包括网络分割和连续遥测监测。边界和监测点，带有带关闭边界阀的锁定 DMA。创建了 156 个 DMA，监测了大约 1250km 的网络和 98%的客户机。共有1600个监测点，包括350个网络计量和遥测系统以及1000多个客户遥测系统。

第二阶段：监控系统。持续监测压力和流量，被动数据采集系统与异常主动报警相连。

第三阶段：数据分析。通过开发简单有效的数据分析系统对泄漏检测目标和结果进行验证。这会产生大量数据，需要通过适当的软件进行整合，将其与相关的绩效指标联系起来。

第四阶段：信息报告。这从拟议DMA的定义扩展到分析每个DMA如何在其自身和与其他DMA的关系中执行，并审计其性能和生成审计报告。

3.5.4.1 EPAL的DMA分析项目方法

EPAL的目标是创建一个DMA系统，该系统可以与简单有效的数据分析系统相结合，进行连续远程监测，以确定泄漏检测目标，优化主动泄漏控制活动和结果验证。重点是解决控制公用事业的成本的关键问题。

案头工作包括对夜间线路净流量的DMA性能进行详细评估，并进行授权使用分析，以估计可收回损失和夜线目标设定。实地调查基于“发现并修复”方法，包括DMA边界阀验证、泄漏检测和关联以及地面传声器，数据记录在GIS上、DMA临时变更、泄漏修复和后续结果验证。

网络效率用水优化（WONE）数据集成平台主要在内部开发，以满足EPAL的实际需求，与其他管理系统连接，并使用数据管理和性能排名。WONE包括DMA遥测和战略客户遥测数据、SCADA系统、GIS、G/InterAqua（由EPAL子公司AQUASIS开发的水和废水资产监测和管理系统）以及用于抄表、计费和客户支持的AQUAmatrix客户管理系统（也由EPAL开发）。

主要水表盘提供最重要的数据和系统管理信息，包括突出显示表现最差的DMA和最高可避免的损失，同时提供网络层面的总体情况和总可避免损失的每日摘要。在DMA级别，数据通过图形显示进行解释，突出显示任何关注的领域，特别是有关泄漏检测、量化和维修验证的验证。这些数据通过每个DMA的压力和流量曲线图显示，以确定临界点压力可以改善的地方。

只有当你掌握了重要但容易被忽视的事件的信息时，你才能理解资产在现实中是如何工作的。例如，一个大型水族馆每周二早上都要进行清洁，这在一个DMA中产生了10m的压降，现在可以纳入DMA的压力管理计划。

3.5.4.2 实施创新

EPAL发现，实施和管理这样一个计划的最有效方法是激发整个公用事业公司在人事管理和数据管理方面的文化变革。这取决于员工的培训和发展，以及了解网络在现实中如何运作。这反过来又需要一个专门的工作人员小组在充分的管理支持和足够的资源下致力于减少配送失水率，以完成这项任务。同样明显的是，需要更多的资源来保持进展，方案节省的费用证明了这些努力的合理性。

3.5.4.3 迄今为止的成果

1993~2001年，配送失水率在19%~23%之间变化，分配损失为(3700~4600)×$10^4m^3/a$(Donnelly，2013年)(表3.3)。自2010年以来开展的这项工作建立在以前使用更传统技术的方案的基础上。

表3.3 无收入水量(2002~2013年)

年　份	无收入水量/($10^6m^3/a$)	配送失水率/%	泄漏指数
2002	32.04	25	未评估
2005	26.93	23.5	11.1(D)
2010	13.97	11.8	5.7(C)
2013	8.17	7.9	3.1(B)

摘自：Donnelly(2014)。

网络的泄漏指数(ILI)的改善大于体积和百分比方面的改善。这说明，随着网络效率的提高，泄漏指数是一种特别有效的指标。尽管2013年配送失水率达到了7.9%，但其B级评级的事实表明，该公司还有进一步提升的空间。2015年，配送失水率为8.5%，是葡萄牙第二低(GWI，2017)。

该项目使所有指标持续改善，在2005~2014年期间节约了1×10^8m^3的水。减少EPAL对水的需求还有其他好处，包括减少了80万欧元的化学品使用，减少了550万欧元的能源使用，在此期间总共节省了700万欧元。它还使公用事业公司得以合理化并推迟投资，从而提高了业务弹性，减轻了费用升高的压力。

查看一些DMA案例可以发现损失的程度。DMA“A”有2.6km的网络干线和800个客户端。其评估的背景损失按0.5m^3/h计算，假设客户使用量(限额)为1.2m^3/h。事实上，检测到的流量为18m^3/h；1.7m^3/h已计算，16.3m^3/h未计算。DMA“B”拥有8.5km的网络和2150个客户端。这里的“不可避免”损失为1.2m^3/h，客户允许3.9m^3/h。实际流量为8.0m^3/h，未纳入计算为2.7m^3/h。

在最极端的两种情况下，水流量从110m^3/h减少到50m^3/h，相当于140×$10^4m^3/a$。这两个DMA节省下来的资金实际上在三年内支付了EPAL的整个DMA项目。

除了提高性能外，很明显，这种方法还降低了运营成本，特别是通过更好地理解网络的性能来改进网络管理和控制。同样明显的是，网络性能是不可预测的，在长时间没有发现问题之后，DMA中会出现一系列严重的泄漏。2005~2014年，EPAL累计节约用水约1.2×10^8m^3(Donnelly，2014；Donnelly，2016)。

3.5.4.4 EPAL的用水报警(Waterbeep)服务

智能电表的部署是EPAL的WONE项目的一部分。为了评估DMA的性能，重要的是要考虑到 EPAL 较大客户的消费者概况。因此，智能计量从 EPAL 的 900 个最大客户开始，并在随后逐步按阶段推出。

用水报警(Waterbeep)服务允许客户根据预先定义的现场警报监控自己的消费，客户可以根据自己的需求进行选择和调整。它是为四个独立的细分市场设计的，从而又允许公用事业公司管理和转移他们的客户资料。这反映了一种认识，即客户行为会影响公用事业的运营方式，因此公司需要不断适应新的需求和要求。

以下列出四个级别的智能计量服务：

1）基本服务，以家庭用户为主，免费。

这项服务监测平均用水量，并将其与城市的平均值进行比较。一款免费的智能手机应用程序已经开发出来用于交流水表读数。这可供所有客户使用，并可通过客户自己进一步读取水表读数来增强。

2）新增服务，成本计算每月花费 1 欧元。

这一级别允许客户通过遥测数据测量其在一段时间内的消耗量，以及过去 30d 和 7d 的消耗量。当用户的消费超出可定制的设定参数时，用户会收到短信或电子邮件提醒。这是针对家庭和小企业客户的。

3）专业服务，成本每月花费 12 欧元。

该级别提供一段时间(如前一天)内每 15min 的消费数据。它的目标是大型企业(12 欧元/月)。

4）优质服务费，每月 20 欧元。

可以将用水数据集成到公司自己的系统中。

消费数据通过 web 应用程序提供给客户，该应用程序聚合并结合了来自不同 CRM 系统和遥测技术的信息。警报是根据参考消耗值计算的，当消耗不同于通常情况时，就会通过短信或电子邮件发送。

通过向客户提供有关用水模式的信息，它可以帮助他们更加警惕用水量的偏差。这使得节约用水成为一项日常活动，因为它为用户提供了他们的平均用水量信息，并提醒公用事业公司有关与家庭和网络泄漏相关的用水量峰值。这些数据和呈现的方式有助于客户识别非典型消费，避免大额账单，因为这些账单通常会导致投诉和满意度下降。

一个需要考虑的问题是，在向客户提供他们可能需要的所有相关数据时，需要确保账单对客户有意义。Waterbeep 发起了一个促销活动，支持媒体和户外广告、传单、网络等，旨在达到他们所有的家庭、商业和工业客户(Branco，2014 年)。

3.5.5 案例研究 3.5：Vitens 创新游乐场

Wateredrift Vitens(Vitens. nl)是一家国有公用事业公司，为荷兰 560 万人供

水。位于 Leeuwarden 的 Vitens 创新游乐场(VIP)占地 750km^2，分为 6 个 DMA，用于监测 10 万户家庭和 2270km 管网的水流、压力、温度、电导率和水质。共涉及 106 个传感器，23 个流量监测器、23 个压力监测器、15 个电导率监测器和 45 个 Eventlab 水质传感器(见下文 Optiqua)。它是欧盟支持的 SmartWater4Europe 计划使用的四个试验台之一。其他示范点由 Acciona Agua(SWING, Burgos)、Thames Water(TWIST, Reading)和 Université of Lile(SUNRISE, Lille)管理。这是一项耗资 1200 万欧元，为期 4 年的项目，旨在将能耗降低 10%~15%、泄漏检测和定位、实时水质监测和改善客户互动。

3.5.5.1 性能和实用性

客户电话可以成为一种信息来源，而不是简单地作为处理查询、关注和投诉的手段。为此，实用程序可以监视调用的含义(它们是否告诉我们一些我们应该知道的信息)，并通过映射调用的位置，显示什么。

主动式客户管理意味着将实时数据捕获转化为预测问题可能发生的位置。Vitens 拥有客户电子邮件、社交媒体和移动电话数据，并将这些数据聚合到特定区域，以便在事件发生时，它可以在客户意识到问题之前通过电子邮件、短信和社交媒体通知客户。这使得呼叫中心的联系减少了 90%，提高了客户满意度，因为他们现在更加关注正在发生的事情。

3.5.5.2 大数据的诞生

Vitens 预计，光是传感器就可以在整个网络中每天处理 1.2 亿个数据。需要考虑并与之集成的其他数据输入包括社交媒体(特别是 Twitter)、来电(投诉、警报和查询)、交通数据、可能影响需求的特殊日期、趋势主题(使用 Google)、天气和其他来源的传感器数据。

与 Vitens 和 SmartWater4Europe 合作的公司的例子反映了通过支持性公用事业公司的帮助而出现的机会的多样性。

3.5.5.3 引燃计水表(Incertameter)

Vernon Morris and Co(成立于 2007 年)开发了 Incertameter(Incertameter. Co. uk)，基于更精确和及时的水深和压力测量，用于即时泄漏检测和数据传输装置。最初应用于约克郡水务公司。它们还可用于生成即将发生的暴雨污水溢流警报。

3.5.5.4 Quasset

Quasset BV(Quasset. nl)是一家成立于 2011 年的荷兰公司，通过集成传感、分析和模拟，专门从事公用事业和石化设施的资产完整性管理和状况评估。

3.5.5.5 Optiqua

Optiqua(Optiqua. com)总部设在新加坡。它的 EventLab 使用一个传感器来测量由污染物引起的水折射率的变化。将这些变化与基线数据进行比较，以标记任何异常并向操作系统发出警报。新加坡 PUB 和 Vitens 的现场试验表明，EventLab

2.0 系统能够检测到浓度大大低于世界卫生组织(World Health Organization)标准要求的毒素。

3.5.5.6 Arson Engineering

Arson Engineering(arson.es)的历史可以追溯到 1975 年。它正在为各种城市应用开发智能用水数据传输和集成系统，包括水城系统下的住宅、办公室和工业场地。正在 Bilbao、Cuidad de Burgos(与 Acciona Agua)和 La Pobla de Farnals(与 Aguas de Valencia)以及 Vitens 进行试验。其他子公司包括 ArsonMetering(智能电表管理)和 AquaArson(通过灌溉系统的综合控制进行灌溉管理)。

3.5.5.7 Scan Messtechnik GmbH

s:: can Messtechnik(s-can.at)是一家知名的在线光学水质监测仪制造商，年收入为 1000 万欧元/a。2012 年，它推出了 i:: scan 紧凑型的 LED 传感器，用于连续实时监测水质和潜在污染，查看浑浊度、总有机碳、颜色、pH 值、氯、电导率和整个水网络的其他参数。

3.5.5.8 Homeria

Homeria Open Solutions(homeria.com)于 2008 年从西班牙埃斯特雷马杜拉大学(University of Extremadura)分离出来，专注于智能城市的数据管理和建模。它为诸如监测用水量和允许管理者在各种不同场景下模拟结果等领域开发了管理用户界面。

3.5.5.9 StereoGraph

StereoGraph(StereoGraph.fr)是一家成立于 2006 年的法国公司，致力于开发建筑物和设施的沉浸式三维显示，使开发人员在建筑物和设施建造前就能更好地了解它们的功能。

3.5.5.10 Mycometer

Mycometer A/S(mycometer.com)总部位于丹麦，提供快速微生物检测系统。它从 2004 年开始运营，每年的收入为 200 万欧元。该公司目前正在开发一种在线微生物水质检测系统，设计用于整个供水系统，使管理人员能够对潜在的污染事件发出接近实时的警报。

这些数据是基于 Driessen(2014)、Van den Broeke(2015)和 Thijssen(2015)的。

3.6 结论

智能用水是由电力管理智能方法的发展推动的，特别是智能电网和需求管理。它还得益于用于数据收集、传输和同化的硬件的尺寸、成本和能源需求的减少。虽然智能用水最初是智能能源管理的一个附属产品，但它已成为一个总括表达，涵盖了许多以其自身的方式出现的方法。系统集成和物联网的发展将导致各种自给自足的方法相互关联。这就有可能将每种方法提供的增量优势优化为一致的整体方法。这种综合办法所产生的更大的复杂性和数据自身带来的挑战，特别是在安全性和数据管理方面，以最好地反映实际需求，而不是提供外部假定的信息成果。

以下章节将更详细地探讨应用及其含义，第 4 章将考虑智能生活用水方法，第 5 章将探讨在公用事业层面优化水和废水管理的潜力。

参 考 文 献

[1] Austin A and Baker M(2014) Smart networks: Our journey towards leading network performance. Presentation to The'Smart' Water Network, CIWEM, London, 4th December 2014.

[2] Baker M(2015) Vendor or in house solutions: Trade off or opportunity? Presentation at the SWAN Forum 2015, Smart Water: The time is now! London, 29-30th April 2015.

[3] Beadle S(2015) A vendor perspective. Presentation to the SWAN Forum 2015 Smart Water: The time is now! London, 29-30th April 2015.

[4] Bishop M(2015) Presentation to the SWAN Forum 2015 Smart Water: The time is now! London, 29-30th April 2015.

[5] Branco L(2014) Waterbeep-smart efficiency. Presentation to the SMi, Smart Water Systems Conference, London, 28-29th April 2014.

[6] Brant R E and O'Hallaron D(2010) Computer Systems, A Programmer's Perspective. Pearson, 2nd Edition(p. 584).

[7] Bunn S(2015) A vendor perspective. Presentation at SWAN Forum 2015 Smart Water: The time is now! London, 29-0th April 2015.

[8] Burrows A(2015) Intelligent control: optimal and proactive networks. Presentation at the SWAN Forum 2015 Smart Water: The time is now! London, 29-30th April 2015.

[9] Choi H and Kim J A(2011) Alternative Water Resources and Future Perspectives of Korea. Presentation to the 2011 IWA-ASPIRE Smart water Workshop, 4th October 2011, Tokyo, Japan.

[10] Diaz, E M(2015) Remarks made at the SWAN Forum 2015 Smart Water: The time is now! London, 29-30th April 2015.

[11] Donnelly A(2013) WONE water optimisation for network efficiency. Presentation to the SWAN Conference, London, 23-24th May 2013.

[12] Donnelly A(2014) Water optimisation for network efficiency: Applying effective tools for reducing non-revenue water within a major utility. Presentation to the SMi, Smart Water Systems Conference, London, 28-9th April 2014.

[13] Donnelly A(2016) Modern methods of managing non-revenue water. Presentation at Potable Water Networks: Smart Networks, CIWEM, 25th February 2016, London, UK.

[14] Driessen E(2014) Smart Water Grid: Smart meters do not make water grids smart… Presentation to SMi, Smart Water Systems Conference, London, 28-9th April 2014.

[15] GWI(2017) Portuguese municipal operators face € 235 million NRW bill. GWI weekly news, 23rd March 2017.

[16] Hagel J, Brown J S, Samoylova T, Lui M, Arkenberg C and Trabulsi A(2013) From exponential technologies to exponential innovation. Report 2 of the 2013 Shift Index series. Deloitte University Press/Deloitte Development LLC.

[17] Heath J(2015) Smart Networks. Presentation to the SWAN Forum 2015 Smart Water: The time is now! London, 29-30th April 2015.

[18] IDC(2014) Worldwide Internet of Things Spending Guide by Vertical Market 2014-2018 Forecast. IDC, Framingham, MA, USA.

[19] IDC(2015) Worldwide Internet of Things Forecast, 2015-2020. IDC, Framingham, MA, USA.

[20] ITU(2014) Partnering for solutions: ICTs in Smart Water Management. ITU, Geneva, Switzerland.

[21] Koenig M J(2015) Intelligent connectivity: The fabric of a smart water system. Presentation to SWAN Forum 2015 Smart Water: The time is now! London, 29-30th April 2015.

[22] McIntosh A(2014) Partnering for solutions: ICTs in Smart Water Management. International Telecommunications Union, Geneva, Switzerland.

[23] Menon A(2015) Merging smart cities with smart water. Presentation at SWAN Forum 2015 Smart Water: The time is now! London, 29-30th April 2015.

[24] Mutchek M and Williams E (2014) Moving towards sustainable and resilience smart water grids. Challenges 5: 123-137.

[25] Nambiar R and Poess M (2011) Transaction Performance vs. Moore ' s Law: A Trend Analysis. Berlin, Germany: Springer.

[26] Norton W B(2014) What are the historical transit pricing trends? Dr Peering International http: //drpeering. net/FAQ/What-are-the-historical-transit-pricing-trends. php.

[27] Ofgem(2015) Notice of intention to impose a financial penalty pursuant to section 30A(3) of the Gas Act and 27A(3) of the Electricity Act 1989. Ofgem, 18th December 2015, London, UK.

[28] Ofgem(2016) Notice of intention to impose a financial penalty pursuant to section 30A(3) of the Gas Act and 27A(3) of the Electricity Act 1989. Ofgem, 26th April 2016, London, UK.

[29] Peiman H P, Wright C D and Bhaskaran H(2014) An optoelectronic framework enabled by low-dimensional phase-change films. Nature 511: 206-11.

[30] Peleg, A. (2015) Water Networks 2. 0-The power of big(wet) data. Presentation to the SWAN Forum 2015 Smart Water: The time is now! London, 29-0th April 2015.

[31] Perdiago P(2015) A smart NRW reduction strategy. Presentation to the SMi Smart Water Systems Conference, London, April 29-30th 2015.

[32] Perinau T(2015) Comments at the SWAN Forum 2015 Smart Water: The time is now! London, 29-30th April 2015.

[33] PUB(2010) Water for all: Meeting our water needs for the next 50 years. Public Utilities Board, Singapore.

[34] Thijssen R (2015) Water quality…from a customer perspective. Presentation to SWAN Forum

2015 Smart Water: The time is now! London, 29-0th April 2015.

[35] Van den Broeke J(2015)The case for real-time water quality monitoring. Presentation at SWAN Forum 2015 Smart Water: The time is now! London, 29-0th April 2015.

[36] Wu Z Y(2015) Integrating data-driven analysis with water network models. Presentation to the SWAN Forum 2015 Smart Water: The time is now! London, 29-0th April 2015.

[37] Wu Z Y, Wang Q, Butala S, Mi T and Song Y(2012) Darwin Optimization User Manual. Bentley Systems, Watertown, CT 069795, USA.

[38] Zheng Y W(2015) Integrating Data-Driven Analysis with Water Network Models SWAN Forum 2015 Smart Water: The time is now! London, 29-0th April 2015.

4 生活用水和需求管理

在全球范围内，家庭和城市用水户是仅次于农业和工业的最小用水户。他们也往往是最知名的消费者，因为对他们的水和污水排放服务收费更高，客户对公共卫生和服务提供标准的期望，以及与当地可用的水资源相关的小范围内生活和工作的大量人口提供水所涉及的挑战。

智能家庭用水计量和需求管理工具是智能用水的一个独特部分。在协助公用事业公司在地区计量水平上了解水流和监测水平衡方面与智能供水网络有很大的重叠。本章从客户和公用事业的角度考虑家用智能计量。

4.1 计量和智能用水计量

在影响和改变客户行为之前，客户需要获得有关其用水、用水成本(和其他)影响以及如何有益地改变用水情况的信息。

水量计量是需求管理的基础。需求管理是由它生成的信息驱动的。每个水表产生的信息越多，影响消费者行为的可能性就越大。这是因为当水费与客户使用量无关时，客户就没有动力考虑他们的消费量。

4.1.1 计量的应用

水计量既不普遍也不被普遍接受。虽然采用水计量有很大的趋势，但不能保证它会被广泛采用，尽管它有明显的优点。表 4.1 按国家列出了计量普及率的全球概况。计量费率与自来水公司正式服务的家庭用户的百分比有关。数据可以是最新的可用数据，也可以是已经达到普遍覆盖率(100%)的数据。在许多情况下，实际的普及比这早了一段时间。

在国家一级，表 4.1 中强调的计量采用数据存在一些显著的对比。澳大利亚通常缺水，而新西兰则不是。尽管经济发展程度不同，但所有东南亚国家都有普遍的城市计量。除英国、爱尔兰和挪威外，欧洲的标准要求采用计量。如表 4.2 所示，它正在成为英格兰和威尔士的范例，而北爱尔兰和苏格兰目前尚未采用。爱尔兰的目标是到 2017 年实现普及计量。截至 2016 年 5 月，爱尔兰 105 万用户中有 82 万安装了水表(Kelly，2016)，但由于政府更迭导致拟议水费被暂停，水表

表 4.1　有自来水供应的独户住宅的纳入计量表安装渗入率

地　区	年　份	安装渗入率/%	地　区	年　份	安装渗入率/%
西欧					
奥地利[2]	1998	100	比利时[2]	1997	90
丹麦[2]	1996	64	芬兰[2]	1998	100
法国[2]	1995	100	德国[2]	1997	100
希腊[2]	1998	100	爱尔兰[6]	2015	0
意大利[2]	1998	>90	荷兰[2]	1997	93
挪威[2]	1998	<20	葡萄牙[2]	1998	100
西班牙[5]	2010	92	瑞典[2]	1998	100
瑞士[2]	1998	100	英国(E&W)[4]	2015	44
英国(苏格兰)[4]	2015	1	英国(北爱尔兰)[4]	2015	0
中、东欧					
保加利亚[1]	2014	98	捷克共和国[1]	2013	100
匈牙利[1]	2007	100	波兰[1]	2015	100
罗马尼亚[1]	2010	92	斯洛伐克[1]	2017	100
欧洲其他地区					
克罗地亚[1]	2004	82	俄罗斯[1]	2014	69
乌克兰[3]	2004	35			
中东和北非					
埃及[1]	2010	85	约旦[1]	1998	100
科威特[1]	2010	91	突尼斯[1]	2010	100
土耳其[2]	1998	>80			
南部非洲					
科特迪瓦	2014	98	肯尼亚[1]	2014	90
莫桑比克[1]	2014	78	尼日利亚[1]	2014	93
塞内加尔[1]	2014	96	南非[1]	2014	91
坦桑尼亚[1]	2014	98	乌干达[1]	2013	100
北美					
加拿大[1]	2005	61	美国[2]	1997	>90
南美洲					
阿根廷[1]	2014	21	巴西[1]	2014	84
智利[1]	2006	98	哥伦比亚[1]	2010	93
墨西哥[1]	2012	91	秘鲁[1]	2014	67
委内瑞拉[1]	2006	38			
东南亚					
中国[1]	2013	100	柬埔寨[1]	2013	100
日本[7]	2015	100	韩国[1]	2013	100
马来西亚[1]	2007	100	菲律宾[1]	2009	100
新加坡[1]	2013	100	越南[1]	2009	100
南亚和中亚					
孟加拉国[1]	2015	84	印度[1]	2005	58
哈萨克斯坦[1]	2014	73	巴基斯坦[1]	2010	3
塔吉克斯坦[1]	2005	42			
大洋洲					
澳大利亚[1]	2007	100	新西兰[1]	2015	58

摘自：[1]IB-Net(www. ib-net. org)；[2]OECD(1999)；[3]OECD(2007)；[4]WaterUK(2015)；[5]Iagua(2010)；[6]Kelly(2016)and[7]JWRC(2016)。

的实际使用被搁置。北爱尔兰和爱尔兰共和国都有免费供水的传统。苏格兰的人均水资源量明显高于英格兰和威尔士。虽然英格兰和威尔士的供水服务完全私有化，但苏格兰和北爱尔兰的供水服务是国有的。

表 4.2 英格兰和威尔士公用事业计量(2014~2015 年)

企业	计量率	90%以上计量	计量的影响	压力重	推行	智能水表
Affinity Water 公司	75%	2025 年	15%	是	强制	是
Anglian Water 公司	70%	2020 年	31%	是	可选[1]	Trial
Bournemouth Water	60%	2025 年	10%	否[6]	可选[1]	无
Bristol Water 公司	66%	2030 年	15%	否[6]	可选[1]	无
Cambridge Water[2]	70%[3]	2035 年	—	否[6]	可选	AMR
Dee Valley	58%[5]	否	23%	否	可选	无
Dŵr Cymru Welsh	40%	否	28%	否	可选	无
Essex andSuffolk[4]	59%[3]	2035 年	—	是	强制	无
Northumbrian	44%	否	6%	是	强制	是
Portsmouth	25%	2030 年	27%	否[6]	可选	AMR
SevernTrent	39%[3]	否	—	否	可选	无
South East	65%	2020 年	17%	是	强制	无
South Staffs	36%[3]	否	—	否[6]	可选[1]	AMR
South West	78%	2040 年	31%	否	可选[1]	无
Southern	85%	2020 年	14%	是	强制	AMR
Sutton andEast Surrey	46%	2040 年	28%	是	可选[1]	AMR
Thames	34%	2030 年	18%	是	强制	AMR
United Utilities	38%	否	25%	否	可选[1]	AMR
Wessex	60%	2035 年	10%	否[6]	可选[1]	否
Yorkshire	48%	否	31%	否	可选[1]	AMR

摘自：[1] Compulsory for change of occupier of a property under varying circumstances. [2] Cambridge water and South Staffordshire meter reduction data has been combined. [3] 2013-14 data. [4] Essex andSuffolk now report within Northumbrian Water. [5] 2012-13 data. [6] Classified as Stressed in the original 2012 draft. Sources: Percili and Jenkins(2015); Priestly(2015); WaterUK(2014); Water UK(2015); Individual company 2015-2040; Water Resources Management Plans(2014).

4.1.2 英格兰和威尔士采用计量法

英格兰和威尔士的计量从 1989 年的 0.1%扩大到 2015 年的 43%，以及在此时间范围内试探性地采用智能计量，意味着涵盖此过程的高质量数据值得关注。在 1989 年私有化之前，英格兰和威尔士唯一重要的家庭用水计量系统于 1988 年开始试验，覆盖了怀特岛(Isle of wright)的5.3万处房产(Smith and Rogers，1990)。自1990年以来，英格兰和威尔士的客户被允许选择水表(“optants”)，它们必须安装在所有的新建筑上。近年来，水务管理局对计量的要求越来越高，这一点在AMP5(2010~2015，见本章末尾案例研究4.4)期间的Southern Water项目中得到了体现。

如第2章表2.25所示，在前20年(1990~2010年)，智能水表安装率持续增长，从1990~2000年的715万增加到2000~2010年的1027.5万，这一速度在2010~2015年加快，在过去的五年中安装了739.5万个。在这25年间，共安装了2482万个。AMP6(2015~2020)将通过泰晤士河和约克郡的主要项目保持这一进展，从而使超过一半的家庭客户拥有水表。

当计量开始成为常态时会发生什么？在英格兰和威尔士，未经计量的费用是根据1989年的房产税值来计费的。因此，一个住在大房子里的单身汉要比一个住在小房子里的大家庭支付更多的水费，而不管他们的用水量如何。在2005年之前，家庭要么有水表，因为安装水表有明显的好处(optants)，要么因为他们住在一个新建筑里。

从历史上看，消费一直在增长。例如，西南水务的未计量消耗量从1977年的每人每天108L上升到1990年的130L(Hooper，2015)，然后在1997~1998年达到154L，2003~2004年达到171L(Ofwat，2005)，在2014~2015年稳定在173L(Water UK，2015)。计量消费则呈现不同的轨迹，先是从1997~1998年的122L上升到2003~2004年的141L(Ofwat，2005)，然后在2014~2015年下降到119L(Water UK，2015)。

西南水利局(South West Water)的上升可能是异常的，但在整个英格兰和威尔士，计量和未计量用水之间的差异随处可见。1991~1992年和2013~2013年期间，英格兰和威尔士的人均未计量用水量为139~161L/d(1995~1996年和2013~2014年期间为148~160L/d)。

计量消费从1991~1992年的153L下降到2013~2014年的118L，1995~1996年和2013~2014年间的范围为115~133L(Hooper，2015)。表2.26比较了五年一次的差异。在1999~2000年和2004~2005年，未计量的用户人均用水量增加了9%。2009~2010年，由于计量开始显著影响客户行为，差异为18%，2014~2015年为19%(Ofwat，2000；Ofwat，2005；Ofwat，2010；Water UK，2015)。

一旦由最明显的受益者开始采用(作者在1996年搬家并成为一名使用者时，水费账单减半)，预计随着水表普及率的增加，使用水表和不使用水表的消耗之间的差异将会减少。事实上，2000年和2005年的用水量减少了9%，而2010年和2015年的用水量减少了18%~19%。虽然在此期间未使用水表的情况似乎没有发生太大变化，但在使用水表的情况下出现了相当一致的下降。考虑到更多的使用水量高的客户正在被计量，这将表明消费者的行为正在被计量所改变。

同样，预计计量最低的地区将显示最大的消耗减少(表4.2)。同样，除了一个关键因素，即水表安装率超过60%(两个wasc和两个WOCs)，降低幅度为14%~15%外，计量水平和用水量减少之间没有显著的关系。负担耗水的“白色”家居产品(没有计量的家庭，及其对电费的影响)的能力，更不用说使用它们(计量家庭)，很可能是约克郡(Yorkshire)和UU低用水量(计量用户用水量减少31%)的驱动因素，而在较为繁荣的地区，如东南部和东北部的地区，则是高用水量的驱动因素。

计量优先级受到外部事件的影响。2004~2005年，泰晤士河水务的计量比例为5%，预计到2029~2023年，这一比例将上升至40%，到2034~2035年，这一比例将上升至80%(Godley et al，2008)。由于2006年的一场干旱，到2029~2030年，这一数字有效地提前实现了全覆盖(超过90%)(Thames Water，2014)。虽然水利局没有对智能计量的具体支持，但自2008年以来，允许用水压力地区的公用事业公司强迫用户使用水表，确实标志着监管机构在做法上的重大变化。

表4.2总结了英格兰和威尔士的表现现状。除非另有说明，计量率为2015年的。高于90%(通常为93%~97%)的点被视为水表安装的成本效益拐点。计量的影响体现在2014~2015年计量房产和未计量房产耗水量差异上。在英格兰和威尔士，在安装传统水表约15年后，安装可选水表的需求下降了9%~21%，安装强制电表的需求下降了10%~15%(NAO，2007年)。环境署在2012年的评估中将6家公司列为面临严重水资源压力的公司，在2013年的最终评估中，这些公司被降级为不严重(EA/NRW，2013)。截至2013年，19家公用事业公司中有7家面临严重的水资源紧张，其中5家采用强制计量政策，10家安装或试用AMR技术，1家(泰晤士河水务公司)目前安装的AMR水表设计升级为AMI。这一点将得到发展。例如，2016年6月，Anglian Water宣布，将在4年时间内，在萨福克州纽市场及其周边地区的家庭和非家庭客户试用Sensus和Arqiva的7500个智能电表。该试验旨在优化客户满意度，消除爆裂或泄漏，并将耗水量减少到80L/(人·d)。水表读数最初将每小时一次，并在试验后设置为15min/次(WWi，2016)。

从表4.3中可以明显看出，平均(计量和未计量)生活用水量存在很大差异，而减少用水量的目标之间也存在较大差异。减耗指标与计量指标之间没有明显的关系。环境署将130L/(人·d)作为这一时期的实际消费目标。考虑到英格兰和威尔士17家水务公司中有7家的计量用户在2015年14月20日每天的用水量低于120L/(人·d)(英国水务公司，2015年)，这似乎是保守的做法。

表 4.3　家庭消耗——25 年水资源管理计划

企　业	2015～2016/[L/(人·d)]	2039～2040/[L/(人·d)]	降耗/%
Anglian 公司	130	114	12.3
塞温特伦特自来水公司	129	117	9.3
剑桥水务	140	125	10.7
South Staffs 公司	137	128	6.6
Bournemouth 公司	152	132	13.2
Affinity 公司	169	139	17.8
布里斯托尔	159	140	11.9
朴次茅斯	157	149	5.1
South East 公司	163	149	8.6

摘自：Based on Engineer，2015。

4.1.3　收费结构

全球水资源情报机构(Global Water Intelligence)自 2007 年以来对城镇进行了全球水价调查。可以合理地假设，根据 GWI 调查的公用事业将服务于大量城镇，并具有相对复杂的运营。这反映在 2%～3%的被调查者要么只收取固定费用，要么根本不收费。对于部分计量的公用事业(如英格兰和威尔士)，使用计量收费。

表 4.4 是根据全球水资源情报机构在 2010 年系统地纳入了关税结构(全球水情报机构 2011 年、2010 年和全球水情报机构 2016 年)后对全球各地城市的市政关税调查得出的。

表 4.4　GWI 调查的城市收费结构

收费	2010 年	2011 年	2012 年	2013 年	2014 年	2015 年	2016 年
递增	141	163	165	177	185	199	207
先增后减	0	3	3	3	3	3	3
线性的	122	144	145	146	145	149	155
递减	6	11	11	11	12	11	11
固定的	4	6	5	6	6	4	4
免费的	3	4	4	4	4	4	4
总计	276	331	333	347	355	370	384

摘自：GWM 2011，2010 and GWI，2016。

总的来说，93%～95%的公用事业公司的收费要么是线性的，要么有递增(不断上涨的区域)。以线性收费(44%～40%)为基础，提高收费(51%～54%)的幅度很小。

4.2 水表的种类

水表一般有三种类型。传统的机械式(或“哑巴式”)水表是通过物理测量来连续计量水流量和读数的。此外还有不需要手动检查的自动抄表(AMR)和高级计量设备(AMI)，AMR系列实际上集成到数据收集和处理网络中，后者是智能电表。

数据记录有三种方式。传统的累积式水表记录了自上次读数(通常每三个月、六个月或十二个月)以来的用水量。脉冲计记录流过一定体积的水(例如100L)所用的时间，并记录这些时间间隔的读数。间隔表记录在给定的时间段(例如一小时或一天)内流过多少水。间隔计连续工作，而脉冲计只有在一定量的水通过时才被激活。脉冲测量仪和间隔测量仪都可以通过更小的设置体积和时间间隔分别提供更多的数据。数据越细，解释的精细度越高。

水表本身也在进化。与传统的桨式流量计不同，电磁流量计和超声波流量计不与水接触。缺少运动部件意味着它们的使用寿命显著延长，维护成本降低，但它们确实需要电源。因为智能电表的定义是需要一个电源，这不是一个具体的问题。

4.2.1 AMR 抄表类型

数据仍需从AMR水表中收集，可以由带到房屋的手持装置收集，也可以使用经过房屋的远程装置收集。手持式读数是基于触摸的，其中水表读数器通过探针与水表相连，或者当读数器在经过一系列水表时足够靠近装置。与累积式电表不同，一次AMR访问可以传输大量数据，而不是一次读取。

在驱动式系统中，操作员开车到一个区域，从其传输范围内的水表中下载水表数据。每个水表都有自己的标识符代码，因此不需要以任何顺序访问属性。

4.2.2 智能计量——从 AMR 到 AMI

AMR读数比传统电表要快得多，尤其是在使用“经过式”水表时。它还允许收集更多的数据。但是，无论实际数据有多详细，这些数据都只是定期收集的，而且水表和用户之间没有交互。

智能水表系统通常采用远程数据传输，因此公用设施接收信息的频率很难(如果不是不可能的话)通过访问水表来实现，即使使用“经过式”读取，由于涉及人力成本，无线系统使用各种协议将数据传输到公用设施和用户需要的地方。

虽然最初的自动抄表系统涉及自动抄表数据传输，但后来开发的自动抄表系统允许传输各种各样的数据，包括活动模式和泄漏警报、电表和电池状况以及使计费系统能够满足特定客户需求的灵活性。与通信网络的连接在这里起了作用，这些水表被正确地视为智能水表，并与高级计量设备(AMI)一起工作，因此这些水表被称为 AMI 系列。

更高级的 AMI 方法使用家庭局域网络(HAN)，它允许将电表数据发送给用户和电力公司，并实现全双向通信。此外，电力公司还可以通过 HAN 与电表和客户通信。例如，使用数字蜂窝网络的双向通信允许远程更新电表。这对于维护系统的安全性和完整性尤为重要。

通信可以通过建立在数据共享基础(piggy-back)上的移动数据网络和电力网络进行，最大限度地减少了复制设备的需求。在更偏远的地方，局域网 HAN 可能使用卫星通信。在一些城市应用中，使用专用的数据传输网络。

智能电表和水表的一个重要区别是前者有随时可用的电源。因此，人们通常认为智能水表每天会传输一个或一组读数，或传输频率更低，以最大限度地延长电池寿命。在某些情况下，将使用更频繁的传输。

4.2.3 智能水表与需求管理

在需求管理方面，智能计量是需求管理中最受认可和最为人熟知的。虽然智能计量在智能用水整体上的作用有限，但可以将其视为智能用水的公众表达，因为在某种程度上，这是公众最有可能遇到的方面。智能计量的设计目的是通过告知客户他们的用水量和水费账单之间的明确联系，以及水费和能源账单之间的隐性联系，来改变客户的行为。

智能计量在实践中包括定期测量水流量，并将此信息传输给用户和公用设施。用户界面应至少每天提供有关用水量及其成本的数据。进一步的信息级别可以包括预测账单、与对等组比较使用情况、异常用水量警报、远程关闭供水的能力以及设备级别的数据。

从理论上讲，提高区块电价应该鼓励需求管理，因为水价是根据每月或每年的用水量来制定的。这也是为了提高可负担性，因为基本用途(卫生、烹饪等)的单位成本低于非基本用途(花园、洗车和游泳池等)的单位成本，因此使用的非基本用水越多，其边际价格就越高。人性化管理也很重要，在使用费用不断上涨的地区(Millock and Nauges，2009)，有证据表明，客户将其用水量“博弈”到每个水费水平的上边缘。这就产生了一种激励，使每个收费区内的水的利用率实现最大化。

4.2.4 智能计量的成本

传统电表是一个独立的单元，而智能电表需要一个通信基础设施才能运行。这就是为什么智能用水计量系统通常比传统的水表部署成本高出很多的原因。

根据英国泰晤士河水务公司(Thames Water)的数据，传统水表的平均60年净现值(NPV)为580英镑，而AMR电表为630英镑，AMI固定网络为750英镑。随着计量技术的使用，净现值的收益也随之增加，从传统的80英镑到AMI的400英镑，更先进的系统是最具成本效益的，尽管NPV的成本比收益高350英镑。许多好处来自智能计量在流域管理计划层面的需求管理中发挥的作用(Slater，2014)。

这些数据是根据每处房产的平均费用计算的。AMI的例子包括16年的电表安装和管理合同，2015年安装的电表一直服务到2030年。如果能够与AMI同步推出电力公用事业，尤其是在共享通信基础设施方面，也会带来更多的成本效益。此外，通过通用数据平台为客户实现跨领域节约的能力也有所提高(Slater，2014)。

表2.27总结了Arqiva、Artesia和Sensus在英格兰和威尔士的研究。它试图量化技术选择如何影响水务公司、消费者和环境(Hall，2014)。

AMR和AMI之间在节水和碳节约方面的巨大差异是由于传统和AMR计量之间的消耗差异，与通过AMI服务获得的进一步节约相比，前者很低。后面的表4.11总结了这些内容。

对于各种AMI网络元件的成本有各种各样的估计。这在一定程度上取决于每个分类中包含的内容以及每次推出中涉及的水表数量。表4.5总结了美国的三种成本细分。比彻姆研究所(Sierra Wireless，2014)推广AMR的城市所推广应用的水表可能比其他两种情况更多。

表4.5　美国智能水表基础设施的成本分解　　美元/户

项　目	East Bay[1]	Various[2]	Santa Barbara[3]
水表	80	102~163	111~155
信息发射器	75~100	6~11	6~32
箱盖及连接器	20	—	23
安装	70	34~89	44~59
信号收集网络	20	12~23	1~24
总计	260~285	154~286	204~287

摘自：[1] EBMUD(2012)；[2]Beecham Research(Sierra Wireless(2014))；[3]Westin(2015)。

智能水表本身就占了总推广成本的28%~66%，规模越大，比例越高，每个家庭的通信基础设施成本越低。

表4.6总结了欧洲、澳大利亚和北美的14个智能设备部署。它强调了所涉及的项目的多样性，所有这些项目，无论是从传统的还是AMR表开始，都包括一定程度的改装。在Orland的案例中，AMI基础设施的成本为2600个表安装点

的 61 万美元，或每个水表安装点 233 美元，而每个水表的成本差异是由升级到 AMI 的水表数量所驱动的。对哈利法克斯(Halifax)来说，第一个数字是投标的价格，第二个数字是实际支付的价格。这突出了各种投标和报价之间的区别以及实际上可以支付的款项。

表 4.6　智能水表和基础设施部署的成本

客户端	项　目	水表数	每个水表成本
美国麋鹿林[2]	哑巴式表到 AMI	12296	257 美元
美国威奇托瀑布[8]	哑巴式表到 AMI	34000	471 美元
澳大利亚宽湾[9]	哑巴式表到 AMI	26500	A226 美元
美国旧金山[15]	哑巴式表到 AMI	178000	337 美元
美国奥兰德[4]	哑巴式表到 AMI(更换超过 10 年水表)	2224	676 美元
美国奥兰德[4]	哑巴式表到 AMI(更换超过 15 年水表)	1047	1051 美元
英国泽西岛[11]	哑巴式表和无水表到 AMI	36600	205 英镑
加拿大哈利法克斯[3]	哑巴式表/AMR 到 AMI	82336	C210 美元
加拿大哈利法克斯[7]	哑巴式表/AMR 到 AMI	82336	C305 美元
美国布伦瑞克公司[12]	哑巴式表/AMR 到 AMI	34041	257 美元
美国奥兰治[5]	哑巴式表/AMR 到 AMI	21240	282 美元
美国锡达山[12]	哑巴式表到 AMI	16000	563 美元
美国圣达菲[14]	AMR 到 AMI 改造	36000	167 美元
马耳他[10]	AMR 到 AMI，水和电	245000	163 欧元
美国汤森港[1]	AMR 到 AMI 改造	4661	432 美元

摘自：[1]Honeywell(2013)；[2]Carey(2015)；[3]Halifax Water(2014)；[4]Carey(2014)；[5]DS&A(2016)；[6]M&SEI(2011)；[7]M&SEI(2016b)；[8]M&SEI(2016a)；[9]Waldron(2011)；[10]OECD(2012)；[11]Snowden(2013)；[12]BCU(2015)；[13][Hamblen(2016)；[14]Miller(2015)and[15]Wang(2105)。

在圣达菲(Santa Fe)，AMI 系统取代了 10 年前安装的基于 AMR 的系统。小规模的试验和有限的部署如奥兰德(Orland)将比渥太华(Ottawa)的大规模部署具有更高的人均成本。AMR 到 AMI 的改造得益于现有的电表单元通常保持不变，AMR 组件被 AMI 单元取代。

AMR 单元在 7 个案例中(三个部分替换和四个完全替换)被 AMI 取代，这一事实强调了一种技术的暂时性，这种技术在数据收集和存储方面提供了增量改进，而不是完全智能化。这也引发了搁浅资产的问题，即公用事业公司投资于一项技术，并在其经济寿命结束前花更多的钱来替代这项技术。

4.2.5　智能水表的运作成本

智能电表的成本主要集中在数据的传输、管理和显示上，而不是数据的收集。与水表接触越少，收集数据的成本就越低，如表 4.7 所示。虽然通过读取机械水表只能收集到一项数据，但是从 AMR 读取一次数据就可以提供相当数量的数据。同样，每天的 AMI 读数实际上可能包含至少每 15min 的读数。

表 4.7　按技术划分的水表读数成本　　欧元

项　　目	公寓	住宅	商用
无声—走近读数	1.000	3.000	10.000
AMR—触摸式	0.700	1.200	5.000
AMR—走近收集数据	0.200	0.500	2.000
AMI 智能	0.003	0.003	0.003

改编自戈德利等(2008)引用的 Sensus 欧洲数据。

假设每天的 AMI 读数、三个月的 AMR 读数和六个月的传统电表读数，在此基础上，房屋的年度电表读数成本传统电表为 6.00 欧元，AMR 为 2.00~4.80 欧元，AMI 为 1.10 欧元。

相比之下，内珀维尔镇(Naperville)(美国伊利诺伊州)的服务合同为每年 1.13 美元，每半年进行一次 AMR 巡查，或每次 0.19 美元(Bookwalter，2016)。在加利福尼亚州圣达菲市(Santa Fe，California)，36000 台 AMI 电表包含在一份价值 200 万美元的 10 年服务合同中，其中包括该期间每户每年 5.56 美元的水表保险(Miller，2015)。

Fathom(gwfathom.com)是 Global Water Resources(gwresources)位于亚利桑那州的一家供水分公司，专门为北美水资源有限的地区供水。Fathom 演示了 AMI 生成的数据如何为 AMI 专家提供现金流，以及如何通过其应用程序创建进一步的业务。

从公用事业的角度来看，Fathom 产生 AMI 收入的基本费用为每年每表 1.50 美元，比传统的手动抄表或 AMR 电表读数便宜得多，并涵盖所有标准数据要求。通过鼓励客户和公用事业公司转向更复杂的服务，可以获得更多的收入。由于公司可以访问订阅实用程序生成的所有客户数据，因此这可以成为一项独立的业务。它们可以提供数据比较，并有可能在公用事业之间进行基准测试。美国安装了 400 万个 Fathom 智能水表(Symmonds，2015)。

4.2.6　迄今为止的智能电表部署

截至 2014 年底，美国估计安装了 6700 万台 AMR 和 AMI 电表，4200 万台 AMR 和 2500 万台 AMI 电表。一直以来，AMI 的发展趋势不断，2005~2009 年，2390 万件出货量中，AMI 占其中 830 万件；2010~2014 年，2810 万件出货量中，AMI 占其中 1700 万件(The Scott Report on AMR and AMI Deployments，2015，quoted in DS&A，2016)。2014 年，在美国发现了 10 个“值得注意的”AMI 产品(EB-

MUD，2014），覆盖288万个用户，已安装246万个电表。其中五家有可操作的web界面，其他5个正在计划中。

一项调查显示，2009~2013年间，在澳大利亚和新西兰推广的19个试验项目和在世界其他地区的15个项目（Boyle et al.，2013）中，有134万台AMR和61万台AMI国产电表。这可以看作是智能计量部署的一个起点（Boyle et al.，2013）。2014年年底，澳大利亚和新西兰共进行了20次试验（8~5000台智能水表）和6次水表推广（超过10000台水表），2013年年底分别进行了12次和5次推广。2013年覆盖152000台水表，2014年上升至205000台（Beal and Flynn，2014）。

4.2.7 计量部署、发展和公用事业现金流

从移动计量到智能计量，将面临许多障碍。大多数公用事业公司都是以现金流为基础运营的，因此，任何有可能改变先前精心管理和预计的现金流账单的活动，其本质上都会带来风险因素。在不使用电表的情况下，公用事业公司对其未来现金流有相当精确的预期，因为唯一的变量是被计费的房产数量和每个房产将支付的费用。

通过计量，公用事业公司在收到账单数据之前，无法同样程度地知道它的现金流是多少。在手动读取收集系统或AMR系统中，用水数据由公用事业公司在计费周期结束时上传，因此在每个计费周期内，数据收集与计费系统保持断开连接。客户在每个计费周期结束时对其消费成本作出反应。

在AMI网络中，用水数据不断地发送给公用事业公司和用户。这意味着可以在一个计费周期内影响客户行为。由于公用事业公司不断收到这些数据，因此它可以在计费周期内监控水的消耗和现金流的发展。当消费和计费数据实时或接近实时时，它变得更加可预测，因为公用事业公司将控制这些数据，不需要在正式读数之间进行假设。这是一个适应不同数据方案的过程。

由于公用事业中的计量系统通常分一系列阶段推出，这意味着公用事业客户群的不同部分将同时处于采用过程的不同阶段。从无计量到任何类型的计量，或从手动或AMR计量过渡到AMI时，都会出现这种情况（Symmonds，2015）。

4.3 智能计量的实践

4.3.1 数据对公用事业单位及其客户意味着什么

当涉及客户消费时，供水网络数据存在一个本质上的不对称，公用事业公司可能知道得太多，而客户通常知道的太少。公用事业管理者需要区分收集的大型数据和它提供的信息的相关性。前者关注的是生成信息，有时是对如何使用信息

的不完全理解。相比之下，信息是以一种有利于接收者的方式应用数据。因此，当对超大数据进行适当的管理和解释时，它对客户和公用事业公司都有价值。对于客户来说，这意味着向他们提供信息，让他们能够快速理解并欣赏信息对他们的价值。

评估顾客的行为以及什么能激发顾客的行为取决于可靠的证据。这就需要为所有后续的比较和分析制定合适的基准或基线。这意味着公用事业公司需要了解其目前在如何理解其客户、他们将要做什么以及当其完成这项工作时，他们的服务将是什么样子才有可能改变客户的行为(McCombie，2014)。

4.3.2 评估客户行为的必要性

客户和公用事业公司在消费和计费数据方面的参与度不断提高，这要求双方都了解所涉及的实用性，特别是在公用事业公司了解客户将如何看待这些变化方面。对客户行为的详细了解是水务管理领域最近迅速发展的一个方面。

对社会规范的关注可以与知识、意识和经济因素相结合来激励顾客行为。这可以通过断断续续的反馈来实现，每月(通过信件)告知客户他们每天消耗多少水，与所在地区的类似家庭进行比较(同行比较)，或者通过连续反馈(通过数字设备)，每小时更新消耗数据。在后一种情况下，还可以生成诸如每小时用水量以及每日和每周用水量之间的比较等信息(Javey，2016)。

同样重要的是，对于任何给定的价格能给客户带来多少切合实际的利益(Smith，2015)。当计量是更广泛地与客户节水计划相关时，才更可能被客户接受。客户不太可能被公用事业公司有很高的水损失的计量方案打动。同样，客户需要充分了解计量，这是一种既省钱又省水又不占用客户大量时间的方法。如南部和泰晤士河水务案例研究(案例研究 4.4 和 4.6)所示，需要对客户进行细分，以满足其特定需求。

与国有企业相比，私营企业迫使客户改变行为的范围要小得多，不能在允许的地方安装水表。这一点在 2008~2011 年由威塞克斯水务公司(Wessex Water，2011，2012)进行的季度费用报告中被强调。除此之外，还需要合作和教育。例如，2008 年，水务消费者委员会(代表英格兰和威尔士水务公司客户利益的法定利益相关者机构)调查的客户中，40%支持强制计量，25%反对，35%尚未决定。60%的人认为计量是最公平的计费基础，15%的人认为应按照房屋税差异收费较公平，25%的人认为不公平。60%的人支持更多的计量，20%的人反对，20%的人未决定(Lovell，2016)。水务消费者委员会还发现，如果使用量和价格数据清晰可用，并提供价格比较，超过 50%的客户会使用智能计量系统减少用水(Smith，2015)。

4.3.3 水的计量和需求管理

水表是需求管理的有力工具。他们告知客户他们的用水量，并鼓励他们修改用水量。计量有两个层面的影响。传统的水表每3个月、6个月或12个月通知客户一次他们的总用水量。然后，客户可以选择通过对其耗水量进行一些广泛的改变来应对这一问题。同样的情况也适用于AMR电表，尽管客户有更多的数据作为决策的依据。AMI水表可以确保客户获得更及时、更详细的耗水量信息，让他们看到每次干预的影响。

除一个例外(怀特岛试验)(the Isle of Wight trial)外，表4.8中的示例并未排除通过计量确定的内部泄漏造成的水损失，从1988年怀特岛(Isle of Wight)到2015年南方水务公司(Southern Water)。

表4.8 计量对生活用水的影响

公用事业单位	国家	变化	类型	服务
Southern Water[1]	英国	-16.5%	AMI	新安装
Wessex Water[4]	英国	-17.0%	智能	新安装
Southern Water-IoW[8]	英国	-10.0%	哑巴式	新安装
England and Wales [2]	英国	-11.0%	哑巴式	新安装
Literature review[3]	全球的	-12.5%	哑巴式	新安装
Southwest Water[5]	美国	-16.0%	哑巴式	新安装
East Bay, California[9]	美国	-15.0%	AMI	推行
Sunnyvale, California[6]	美国	-12.0%	AMI	推行
Cedar Hill, Texas[12]	美国	10.0%	AMI	推行
Four trials[7]	澳大利亚	-10%~-13%	AMI	推行
Riyadh[11]	沙特阿拉伯	-9%~-10%	AMI	推行
Dubuque, Iowa[10]	美国	-6.60%	AMI	推行

摘自：[1]Ornagi and Tonin(2015);[2] WSA(1993);[3]UKWIR(2003);[4]Wessex Water(2012);[5]Pint(1999);[6]Javey(2016);[7]Beal and Flynn(2014);[8]Smith and Rogers(1990);[9]EBMUD(2014);[10]IBM(2011);[11]Elster(2010)and[12]Hamblen(2016)。

这些例子表明，当使用传统水表时，耗水量减少了10%~16%，当传统水表被AMI系统取代时，耗水量进一步减少了7%~15%。如果将AMI(或以威塞克斯水为例，一种提供家庭AMI水平数据的设备)用于以前未计量的家庭，则减少了16%~17%。

早期的研究显示节约更多。美国更大的节约至少在某种程度上是由较低的花园灌溉驱动的。为加州城市水资源保护委员会(A&N Technical Services, 2005)准备的一项调查指出，在1946~1972年进行的试验中，美国和加拿大的水消耗减少了13%~45%，美国(1958~1965年)减少了20%~40%，以色列(1970年)减少了 14%~34%，瑞典马尔默(1980 年)减少了 34%。这项调查确实指出，这些数据的质量应被视为较差的(A&N Technical Services，2005)。数据质量差至少部分是由于对水流的理解薄弱造成的。

这里典型的 AMI 部署是通过 Badger Meter(badgermeter. com)实现的。在其 AMI 系统中，数据从家庭收集并通过 Orion 蜂窝终端传输到公司的信息云系统，然后传输到公用事业公司进行处理，然后返回到云系统，并通过数字设备(EyeOnWater)或信件(Water Focus Reports)传输给客户。加利福尼亚州桑尼维尔市的初步调查结果显示，在 AMI 系统取代传统水表后，需求量减少了 12%。尽管改变消费者行为是主要目的，但很大一部分减少来自改进的客户端泄漏检测。

在一个典型的城市配水系统中，25%~30%的配水损失发生在家庭范围内，而不是管网内。如果不进行计量，这通常不会被发现，除非客户注意到泄漏。通过检测异常用水量，计量可以在解决这一问题上发挥重要作用。对怀特岛数据的进一步分析(Godley et al.，2008)指出，由于家庭消费下降，消费实际上下降了 10%~11%，而由于内部泄漏降低，消费又下降了 10%~11%。

智能计量将影响内部泄漏，因为异常耗水量将提前实时检测到，而不是通过定期读取周期性比较数据，并且耗水量变化较小时也变得明显。

泰晤士水务公司(Thames Water)发现，在用水量方面存在很大差异。2013~2014 年，11%的客户每人每天消费量低于 100L，61%为 100~200L，21%为 200~300L，5%为 300L，2%为 400L 以上(Nussbaum，2015)。

4.3.4 多用途计量

案例研究 4.3 指出，当消费数据更直接地提供给消费者时，电力需求就会下降。这与上述关于计量方法和生活用水的观察结果一致。下一步应该是告知客户用水对客户能源账单的影响。

据估计，英国与水相关的二氧化碳排放的 89%是由家庭用水加热产生的，或占总温室气体产生量的 5%(Energy Saving Trust，2013)。节能信托(Energy Saving Trust，2013)从 2010 年开始研究了英国用水对电费的影响。他们发现，16%的家庭能源成本与水有关，即每户家庭的能源账单 228 英镑。相比之下，被调查者平均用水和污水总费用为 369 英镑。在美国，2009 年 18%的能源账单是用水加热(EIA，2013)。改变淋浴习惯说明了能源和水的联系对家庭账单的影响。通过将淋浴时间缩短 1min，英格兰和威尔士的普通用户每年将减少 22 英镑的电费和 26 英镑的水费。

向用户提供这些数据可以通过将单独的水表中的水和电消耗信息集成到一个公共显示器上，也可以通过水表来实现，水表可接受相关公用设施的电力和天然气使用成本，并根据用户的用水情况进行调整。

4.3.5 Wessex Water——季节性水费试验

更频繁的抄表和直接向客户传输数据为公用事业公司调整收费以平衡供需提供了可能性。例如，夏季用水量可能比冬季高，而供应量可能与冬季类似或更低。威塞克斯水务公司(Wessex Water)在 2008~2010 年对 6000 户家庭进行了一项智能水表试验(Wessex Water，2011)，用户(不包括对照组，他们使用水表，但按房屋税值收取费用)有四种收费标准：标准(固定费率)、上升时段(较低的费率，然后高于给定点的单位收费)、简单的季节性(夏季单位收费较高)或季节性高峰期(高于冬季消费标准的每单位消费收费明显较高)。

使用智能计量系统后，平均持续用水量由每栋房屋每天 34L 降至 15L；对于低流量(厕所漏水和水龙头滴水)，下降幅度从 22L 到 13L；高流量(花园软管)从 12L 到 2L(Wessex Water，2011)。用水量平均下降 17%，每台水表在需求高峰期上升到 27%(Wessex Water，2011)。当使用季节性收费时，消费量进一步下降了 6%(Wessex Water，2012)。然而，由于季节性收费导致的客户满意度下降，公司认为这一降幅超过了额外节约的水(Wessex water，2012)。还有人注意到，一些客户认为，由于威塞克斯是一家私人控股公司，所以改变收费是为了提高利润。一个特别的挑战是，与 22%的其他家庭相比，33%的受调查低收入家庭需要支付更多的季节性收费。

4.3.6 美国的智能水表和公用设施规模

在美国，大多数公用事业的规模相对较小，这使得为智能计量系统的开发提供资金变得困难，因为收集和监测数据所涉及的成本相当于部署至少 10000 台智能水表。这不会对传统或 AMR 计量产生相同程度的影响。

在美国，自来水公司是分散的，规模广泛。根据《斯科特报告》(Scott Report)(Symmonds，2016)，10431 家公用事业公司管理着 8840 万个计费账户。其中 95 个水务公用事业公司管理超过 10 万户，平均 24. 32 万户；1581 公用事业公司，服务于 10001~100000 个计量账户，平均 38. 2 万个账户；8755 个公用事业单位，服务于 1000~10000 个计量账户，平均 3 万个账户。大型公用事业公司关心效率，小型公用事业公司则更关心成本。

4.3.7 污水计量——流入什么，流出什么

在许多城市污水管网中，人们对哪些建筑物以及建筑物范围内的哪些下水道与雨水管系统相连、哪些与污水管系统相连以及哪些实际上是联合系统(无论是意外还是设计)了解甚少。城市化进程的不断加快，加上城市景观中硬地的采用，意味着住宅区，尤其是仍有花园的住宅区，在雨水排入下水道系统之前，对留住

雨水至关重要。

房屋一级的污水计量可以让公用事业管理人员了解实际的水流量，以及污水和其他进入污水管网的水之间的关系。它还将成为鼓励水回收和收获的工具。

除一些商业和工业废水外，污水或雨水排放到建筑物里，都不进行计量。例如，在英格兰和威尔士，污水处理仍按 1989 年的房产税值计算。非住宅物业可根据其表面积进行评估，以反映进入污水系统的降雨径流，或通过测量污水流量(只要不含固体)及其污染负荷来进行(Wheeldon，2015)。

下水道计量可以提醒客户，当涉及雨水排放时，他们正在为他们不需要的服务付费。例如，使用雨水或灰水作为花园用水的客户，支付了水和污水的费用，但没有产生他们所支付的废水，因此对他们的污水排放进行监控是一种好处。这也是公用事业的一个好处，因为它减少了雨水排入雨水管网的负荷，并使通过集水区的雨水流趋于平坦，因为雨水被保留在花园中，而不是立即排入污水管网。

由于地表硬度的增加，增加表面径流影响下水道系统。需要增加排水管网，以应对暴雨期间增加的峰值流量[例如泰晤士河堤道方案(tideway. london)，以将雨水和污水联合排入泰晤士河]，或需要实施大规模可持续城市排水系统(SUD)项目。前者是资本密集型的(泰晤士河堤隧道为 42 亿英镑)，后者由于规划延误和土地使用冲突，在一大片高度城市化的地区实施起来可能比较缓慢。通过对用户的雨水输入到下水道网络中的准确收费，可以激励客户减少其住宅地面硬化，并考虑雨水收集。是否有污水和雨水联合排水网络，或者这些网络之间的互联有没有充分，理解这一点特别重要。

实际的下水道计量将阻碍污水流动，因为任何阻碍其流动的东西都会因固体物质被冲入污水管网而堵塞。该技术不能进行物理接触，必须能够检测低流量，以便检测泄漏和物业外部的潜在水流。

动态流技术有限公司(dynamicflowtech. com)开发了一种微波监测仪。在韦斯克斯水务公司(wessexwater. co. uk)和埃尔斯特水表公司(Elster. com)的支持下，在拉夫堡大学进行了初步开发。由于微波的特性在土壤、空气、水和管道之间发生变化，这些都需要考虑进去。动态流技术(Dynamic Flow Technologies)开始于一系列阿尔法(alpha)原型，能够每秒检测 15 次。该系统能够以 0. 02L/s 的速度检测流量，相当于 1728L/d。

该仪表使公用事业公司能够比较每天的供水量、废水排放量和降雨量。下雨时，排出的废水比用水量多，而在干燥的天气，排入污水管网的水略低于消耗的水。当污水排放和消耗很多，这可能是由于游泳池(蒸发)或园艺造成的。这也可能意味着内部泄漏。永久的网络流量监测将允许客户了解他们的雨水和污物连接的完整性，并了解这些实际上是互联的。使用实时数据，每一次冲水都可以被监控，与智能水表一样，水表应该能够识别其他事件，如浴缸被清空、淋浴、洗衣机和洗碗机循环。

对客户来说，供应管理信号可以鼓励他们安装一个水桶或一个渗水坑来为花园储存雨水，而不是花钱让雨水通过污水管网排放。

对于英格兰的非住宅物业而言，2017 年起的零售竞争将创造一个潜在市场，尤其是对于拥有大量硬资产的客户。通过测量流量和悬浮固体以及化学需氧量，还可以开发废水质量计量。这将产生一个“莫格登”流量计(公用事业公司评估工商业污水收费的公式)，该流量计可提供按废水负荷计算费用的数据。这将使公用事业公司能够根据实际产生的废水和污染负荷准确地向客户收费。

有一个安装下水道仪表的费用问题。这将取决于收益，特别是通过将这些数据与污水网络和污水处理系统(WWTW)连接以便它们具有流量数据。对于污水处理系统(WWTW)来说，异常的水流可能会导致重大的运营挑战，而且它们是造成大量污染事件的原因。

实际上，最早在 2020~2025 年之前，智能废水计量的商业开发不太可能产生重大影响，但它可能会对整个系统运营以及单个客户产生重大影响。

4.3.8 面向商业客户的智能计量和检漏

总部位于悉尼的 Water Group(watergroup.com.au)成立于 2006 年，为大型用户提供一系列计量、用水监测和管理服务，保证减少用水量和降低公用事业费用。客户包括公用事业公司、超市和购物中心、大学、办公室和养老院。表 4.9 显示了澳大利亚商业客户通过智能电表干预每天节约的水和水费的例子。

表 4.9 商业客户泄漏检测和节水的例子

客户	确定存在问题(用水浪费)	流量/(m^3/d)	金额/(澳元/d)
超市	屋顶洒水喷头开着	35	135
超市	阀门故障	14	40
超市	阀门故障	16	55
超市	屋顶冷却系统泄漏	66	220
大学	热水系统泄漏	216	650
办公区	识别到三个单独的泄漏	53	195
疗养院	管道泄漏	230	700

摘自：Water Group case studies。

4.4 生活用水

4.4.1 家用设备

家用设备有四种功能：监测用水情况，提醒业主与水有关的风险，收集和再利用水，管理和尽量减少用水。

许多用于集水和再利用以及管理和减少用水的应用程序本身并不“聪明”。它们只是使用比以前消耗更少水的技术和技巧，或者使水能够得到有益的再利用。他们的“智能”要素在于他们的使用是由智能用水计量产生的数据驱动的。数据生成的频率越高，客户与数据交互的能力越强，就越有动力最大限度地减少用水。第4.4.7节讨论了互联网连接设备创建家庭智能网络的潜力。

对1999~2011年间发表的四份英国研究报告(表4.10)进行的一项调查发现，与传统家用设备相比，节水型家用设备的潜在节能范围广泛。

表4.10　家用电器节水潜力

设　备	研究报告	节水潜力/[L/(人·d)]
洗衣机	4	30~106
淋浴	3	36~46
马桶	3	43~111
水龙头(带曝气)	2	7~35

摘自：Percili and Jenkins(2015)。

4.4.2 监测水的利用

第4.2节和第4.3节介绍了家庭智能用水计量。另外两个方面值得注意，智能用水计量应用程序的开发和在设备和水龙头水平上的计量的应用程序的开发。下面讨论的四个示例都处于开发阶段。

FlowGem有限公司是一家早期开发公司，通过智能手机和平板电脑应用程序远程监控家用设备泄漏和用水情况。监视器(附属设备)与主截止阀旁的家用管道相连。专用FlowGenie应用程序从监视器收集数据，并以数字和图形方式显示，以提供历史水流数据以及泄漏和用水历史，用于检测任何异常用水。2016年8月，英国天然气的母公司Centrica以1300万英镑收购了FlowGem。Centrica正寻求在2020年前投资5亿英镑用于家庭物联网的使用和服务。预计FlowGem的原型设备将被开发出来，以适应Centrica其他远程公用设施监控和管理系统。

另一种方法是开发一种仪表，它能够分解单个设备的用水量，并在此基础上产生用水量数据。流体实验室(Fluid Labs)(fluidwatermeter.com)正在开发一种流体智能计量装置，它连接到主水管，并连接到 WiFi，数据传输到智能手机或平板电脑。通过管道的超声波测量可以对水流进行非物理测量。一个专门的应用程序允许用户同步仪表与各种家用设备。每个设备(盥洗室、淋浴器、洗衣机等)都可以通过其流量特征(例如，从冲水盥洗室到洗衣机循环的运行速率和持续时间)进行识别。这使得仪表能够识别每个设备及其使用时间(Magee，2015)。它还提醒用户水管爆裂引发的用水模式。

AquaTrip 家用漏水检测系统(aquatrip. com. au)是继家用水表之后安装的一个装置。它可以监测进入油田的所有水流，并由用户编写程序来检测异常水流。也可提供硬线或远程控制面板。如果检测到有异常的水流，阀门会自动关闭管道。峰值/避开峰值和居家/离家模式增加了监测的灵敏度。该系统还可以显示消费和计费数据。

Goutra(en. Goutra. com)是一家阿尔及利亚公司，正在开发带有内置仪表和由仪表装置改装的水龙头、盥洗室和淋浴设施。这些设备允许实时测量每个设备的单个实例和一段时间内的用水量，通过监视器提供数据分析和解释。其目的是根据用户的情况将实际耗水量与"理想"耗水量相匹配。数据可以在水龙头和家庭层面以数字或图形的形式呈现，并且可以定制显示多用户家庭中的单个用户。这也是一个有益的提醒，智能用水创新至少不局限于传统上工程和 IT 卓越的国家。

4.4.3 水的收集和再利用

有各种各样的装置和系统用于收集雨水和再利用灰水(洗澡水、淋浴水和一些洗涤水)。在这两种情况下，水是由一个专门的系统收集的，它可以用来冲洗厕所或用作花园浇水。由于这两种类型的水通常都排放到家庭污水系统中，将有一个特别的发明引入智能污水计量，来部署其中一种或两种(见 4.3.7 节)。

一些优雅简单的灰水循环利用的例子已经被开发出来，用于整合盥洗室和洗脸盆的水。Sanlamere 的 Profile 5(Sanlamere. co. uk)和 Roca 的 W+W(Roca. com)在水箱正上方有一个洗手盆，这样洗手水就可以直接进入水箱。

另一种方法是在热水管道有一段时间没有使用时，有效地利用管内的冷水。Enviro 节约用水系统(Enviro Manufacturing，Enviro. net. au)可以自动将热管网中的冷却水引流，通过冷水管网或冷水储罐重新使用。它宣布可以减少 10%的家庭用水量。其他的例子包括 Winn's Water Saver(Winn's Folly，winnswatersaver. com)，它宣布可以节省高达 20%的家庭用水，以及 Redwater Diverter(Redwater Australia，redwater. net. Au)，称可以节省 9.3%。

4.4.4 减少水龙头耗水量

家庭智能用水管理的效用有限，除非消费者有一套设备来帮助他们尽量减少用水。这样的应用程序可以被反馈到一个循环中，通过该循环，智能手机生成的关于各个设备有效性的新信息会进一步影响使用情况。

可以通过有效使用节水装置或通过监测和操纵装置中的水流来管理家庭用水。目前正在制定更具体的办法，或限制单个水龙头的水流，或通过水龙头告知用水情况。

4.4.5 优化水龙头的水流

Waterblade(Waterblade. co)是一种 ABS 塑料喷嘴，设计用于浴室和衣帽间水龙头，主要用于办公室、商业单位和休闲部门。它是在布莱顿大学开发的。一个小的水流被塑造成一个薄薄的薄片，流量为 2.5~3.0L/min，而标准喷嘴的流量为 10~20L/min，同时提供了同样的好处。对于一个大量使用的水龙头，如果用温水洗手，每年可以节省高达 75 英镑的水和能源。一个每天运行 5min 的家用水龙头每年可节省 13.6m^3水和 28~46 英镑[2015~2016 年的计量水费(包括废水费)按照泰晤士河水务公司为 2.05 英镑/m^3，西南水务为 3.40 英镑/m^3]计算以及 15 英镑的能源成本。在英国，根据使用情况，每个水龙头 7.50 英镑的投资回报将在两到三个月内实现。

4.4.6 家庭防汛

另一个领域，防洪，正成为家庭物联网应用的早期例子。这是为了防止水管爆裂或水管或家用电器泄漏造成内部洪水。在英国，修复家庭泄漏(漏水)的平均费用为 2000~4000 英镑，而水管冻结导致的破裂则要花费 7000 英镑。英国每年的水泄漏索赔金额在 7.3 亿~9.12 亿英镑之间(ABI，2013，ABI，2011)，2010 年的家庭泄漏索赔为 37.1 万英镑(ABI，2011)。2014 年，家庭和商业的水泄漏索赔金额约为 9.8 亿英镑(ABI，2015)。

基于互联网的家庭数据采集和控制中心已被许多公司采用，提供包括泄漏检测在内的一系列专用服务。Z-Wave hub 标准(Z-Wave. com)已经被 325 家制造商采用。与水相关的 Z 波启动装置包括用于远程关闭供水的水阀(EcoNet-econet-controls. com；WaterCop Pro-Flood Cop. com)，通过单独的报警装置(Aeon Labs-aeotec. com，Everspring-Everspring)检测泄漏和洪水的泄漏传感器或专用应用程序(Fibaro-Fibaro. com，Fortrezz-Fortrezz. com)。Insteon(Insteon. com)系统基于一个集线器中央控制器(80 美元)，它收集家庭数据，并通过应用程序和图形界面将数据传输给用户。这允许用户部署从移动探测器到远程调节开关的设备。这些单独的漏水探测器(每个 35 美元)被设计成放置在房屋内更容易漏水的地方，比如洗衣机或盥洗室旁边。可以增加更多的装置，以建立一个全面的泄漏探测器网络。该设备每天发送一个“心跳波”来指示它正在运行。否则，当检测到泄漏并向用户发送电子邮件时，它将被激活。

独立系统仅用于检测水的存在。WaterCop(floodcop.com)是一个独立的泄漏/洪水检测和报警系统，带有一个专用截止阀。WaterCop Pro 可支持 45 个无线传感器和 8 个有线传感器以及中继器单元，以覆盖更大的房屋。

美国亚拉巴马州的 Ark 实验室(thearklabs.com)开发的 Ark 水监控装置安装在热水器或家用水管上，既可以监控水流，也可以在检测到异常用水时，通过应用程序提醒客户允许他们触发阀门，因此，在水管工解决故障之前，可以防止进一步的水损失或损坏。该装置还允许远程切断水，例如，如果水龙头错误开启(Breken，2016)。

4.4.7 节水设备

节水设备本身提供了渐进式的改进，当它们结合在一起时，可以显著减少水的消耗。目前，各种各样的家用电器正在开发中，以提高用水效率为目标。在本节中已经概述了一些。花园灌溉系统将在第 7 章讨论。

这些设备大多设计成节水装置，使消费者能够对智能电表产生的数据作出反应。有些还包含智能元素。当节水效果降低时，人们对各种供水“高效”装置的实际有效性就产生了质疑，例如，配置不当的低流量淋浴，当用户通过长时间淋浴进行补偿时，其影响将被抵消。无论是在淋浴、洗碗或洗衣服时，节水型设备都必须是一种令人满意的“客户体验”。

淋浴时节约用水有三种方法：①通过淋浴头的送水少，但让使用者能感觉这是一个正常的淋浴；②通过限制淋浴时间；③通过创建一个闭路淋浴系统。在案例研究 4.12 中，详细介绍了迄今为止最好的闭路系统，即轨道智能淋浴系统。Kelda technology 是低流量淋浴头的一个例子，详见第 4.4.8 节。淋浴计时器已经被一些公司开发出来了。例如，Showerguard 装置(Showerguard Limited，Showerguard.com.au)将淋浴时间限制在预先设定的 2~10min，冷水脉冲作为一分钟的警告，没有可选的延长时间。淋浴缩短器(Davinda Innovations，Davinda.com.au)提供 3min、5min 或 7min 的预设淋浴，并提供 1min 的延长时间。

虽然马桶的重点是低冲洗和双冲洗系统，但一些公司采用了更激进的方法。例如，在 proplair(propelair.com)装置里，空气和水均装在两段式水箱中。在冲洗前，盖上盖子以形成密封，空气将马桶的内容物推入污水管。这意味着 1.5L 的冲洗液可实现所有应用。管道不需要修改。对于商业应用而言，这意味着在大量使用这些装置的情况下，可以获得快速的回报。WRc(wrcplc.co.uk)的试验发现，水资源节约了 84%，能源节约了 87%。在需要更大冲洗的商业应用中，必要时可以添加一个单元来生成偶尔的更大冲洗。

4.4.8 商业及市政应用

同样的智能推广也适用于商业和市政消费者。下面总结了四个有代表性的例子，包括淋浴、盥洗室、洗衣机和洗碗机。在其中一些情况下，家庭版也正在开发中。对于学校、办公室和其他公共建筑，智能用水管理扩展到智能喷泉等区域，这些区域根据使用模式进行管理，以最大限度地减少电力消耗。当建筑关闭时，他们进入冬眠期，等待重新开放。

4.4.8.1 低流量喷头

Kelda Technology(keldatechnology.com)为酒店、健身房和学生公寓等场所提供低流量淋浴。这些装置可以提供2.4倍于传统淋浴喷头相同水流的喷雾力。空气和水在喷头的雾化室中混合，形成一个由五个喷嘴投射出来的喷雾。空气通过安装在淋浴喷头后面的独立控制和供应系统注入室内。该系统设计用于翻新和新建。这意味着4L/min的流量相当于传统淋浴9L/min的效果。南安普顿大学工业研究所已经对水滴中的水空气的混合比例比进行了测试和开发，并将其与水流和"喷雾动量感知"(也被称为"淋浴感觉")联系起来。该公司认为，全球淋浴市场每年价值130亿英镑。

4.4.8.2 真空马桶

喷气式马桶(jetsgroup.com)最初是为邮轮和飞机开发的。该公司的真空泵推动空气和少量的水通过密封的马桶部件。真空由泵产生，组件通过排出阀密封。这些装置现在销售给火车和公共汽车公司，以及办公室、住宅和商业客户，自1986年以来已经安装了20万套。

巴西圣保罗联合大学(Uninove University)在2007年安装了720套设备，将用水量从420m^3/d减少到60m^3/d，在学期期间每天节省1480美元，15个月即可收回成本。桑坦德银行(Banco Santander)圣保罗办事处安装了412套设备，后来扩大到508个，每年节省16.5万美元。作为一个新建项目的一部分，墨尔本水务公司在澳大利亚的总部已经安装了72套设备，这些设备每次冲水消耗0.8L水，相当于每天比使用传统的低冲水马桶少消耗24.4m^{3}水。

4.4.8.3 洗衣用水量最小化

Xeros(xerosclean.com)使用聚合物珠作为专用洗衣机中大多数水和清洁物质的替代品。这些珠子可以使用数百次，然后再更换。一个25kg的商用洗衣机将使用50kg的珠子，总共150万颗。该技术还可以实现更高的回收率(染色布不能重复使用)，使用更低的洗涤温度，减少织物磨损。对于商业洗衣房，耗水量减少75%~80%，能耗减少50%。该公司目前正在开发一款家用洗衣机。

4.4.8.4 餐饮业用玻璃器皿清洗机

冲洗水通过反渗透进行清洗和再循环，不需要漂洗，可将每次冲洗的用水量限制在 2.0~2.5L，而传统装置每次冲洗的用水量为 9~10L。一系列程序确保清洗周期与被清洗的玻璃器皿类型相匹配，例如，Bracton MR/BR2 玻璃器皿清洗机（Bracton Group，Bracton.com）和 Winterhalter Classeg/Winterhalter UC [Winterhalter(澳大利亚)Pty，Winterhalter.com.au]。

4.5 制定用水效率标准

有许多地方、国家和国际的家用和商用节水电器标准制度。有三种方法值得注意：第一种侧重于批准特定产品为节水型产品(第 4.5.1 节和第 4.5.3 节)；第二种设定了水效率水平，产品可归入其中(第 4.5.2 节)；第三种规定了强制性或自愿性的效率标准(第 4.5.4 节)。

4.5.1 澳大利亚——节水效率标准

Smart Approved WaterMark(smartwatermark.org)计划旨在认证节水设备。它最初于 2004 年在澳大利亚开发，作为应对长期干旱的一系列措施之一，并于 2015 年在欧盟建立。这是通过将国家计划合并到 Smart Approved WaterMark(Smart Approved WaterMark)来实现的，比如英国的 Waterwise 推荐 Checkmark(waterwise.org.uk)。西澳大利亚的水务公司(watercorporation.com.au)在 Waterwise 产品计划下，将 Smart Approved WaterMark 与自己的 Waterwise 标准结合使用。

2016 年 9 月(smartwatermark.org/products)，共有 88 种获批产品，41 种用于家庭应用，25 种用于商业用户，22 种用于游泳池。产品包括土壤改良剂(15)、灌溉设备(21)、清洗和清洁系统和化学品(13)以及节水器(6)。

4.5.2 葡萄牙、新加坡和欧盟的节水效率商标

Certificacão da Eficência Hídrica de Produtos 是 2008 年在葡萄牙启动的一项国家自愿标准计划。表 4.11 列出了主要类别。此外，对于双冲水系统，A++的低水量冲水必须是 2.0~3.0L/次冲水，A+到 B 的低水量冲水必须是 3.0~4.0L/次冲水，C 的低水量冲水必须是 3.0~4.5L/次冲水(Benito et al.，2009)。

表 4.11 葡萄牙——厕所节水标准 L/次冲水

类别	双冲水	变水量冲洗	全流量
A++	4.0~4.5	—	—
A+	4.5~5.5	4.0	—
A	6.0~6.5	4.5~5.5	4.0~4.5
B	7.0~7.5	6.0~6.5	4.5~5.5
C	8.6~9.0	7.0~7.5	6.0~6.5
D	—	8.5~9.0	7.0~7.5

摘自：Benito et al.，2009。

新加坡的水效率标签计划(WELS)于2006年在自愿的基础上推出，自2009年起成为强制性的，见表4.12。这是一个进步的计划，所有适用的商品必须至少满足“良好”标准，自2015年以来，“非常好”已成为最低标准。“好”在标签上打一个勾，“非常好”打两个勾，“优秀”打三个勾。标签告知消费者使用每台设备节省了多少水。2011~2012年，37%销售的洗衣机符合优秀标准，2012~2013年上升到54%，2013~2014年上升到70%(Benito et al.，2009；pub. gov. sg/wels)。

表4.12 新加坡——WELS计划

设　备	好	非常好	优秀
淋浴/(L/min)	7~9	5~7	<5
马桶(全冲洗)/L	4.0~4.5	3.5~4.5	<3.5
马桶(低流量冲洗)/L	2.5~3.0	2.5~3.0	<2.5
洗衣机/(L/kg)	12~15	9~12	<9

摘自：pub. gov. sg/wels。

4.5.3 欧洲用水标签

欧洲用水标签(europeanwaterlabel. eu)的节水效率项目于2007年启动，2009年更名为水资源标签(Water Label)。该项目推出了一套标准，通常给出六个级别的节水效率。水龙头、淋浴和抽水马桶一直受到重视。2009年，标签下的产品约有1000种，到2015年年底，从97家制造商增至11051种。5%的产品接受外部审计，以保持计划的完整性(Orgill，2015；Orgill，2016)。以下三个表(表4.13、表4.14和表4.15)是2014年底的数据。

表4.13 欧盟节水标准：脸盆和厨房水龙头

节水标准/(L/min)	脸盆/(L/min)	厨房水龙头/(L/min)
>6.0	1213	87
6.0~8.0	219	45
8.0~10	404	80
11~13	39	19
<13	274	123

摘自：Orgill，2015。

表4.14 欧盟节水标准：淋浴阀和淋浴手动调节开关

节水标准/(L/min)	淋浴阀/(L/min)	淋浴手动调节开关/(L/min)
>6.0	205	70
6.0~8.0	175	99
8.0~10	75	170
11~13	125	79
<13	542	146

摘自：Orgill，2015。

表 4.15　欧盟节水标准：抽水马桶和冲水水箱

节水标准/(L/次冲水)	冲水水池/(L/次冲水)	抽水马桶/(L/次冲水)
>3. 5	24	201
3. 5~4. 5	368	507
4. 5~5. 5	161	82

摘自：Orgill，2015。

此外，180 个洗手盆的供水量低于 3. 0L/min。厨房水龙头是用来填满厨房水槽的，因此流量限制(55%的水龙头每分钟的流量小于 10L)意味着，当水龙头持续使用时，需要降低消耗量。

整个欧洲的水压差别很大(例如在英国，水压通常较低)。淋浴节水阀通常用于新建建筑，而手动调节则用于更换和翻新。总共有 51%的淋浴阀的流量低于 13L/min，而手动调节的这一比例为 74%。

在英国，马桶作为一个整体出售。在欧洲其他大部分地区，冲水水箱是分开出售的。26%的马桶的冲水量小于 3. 5L，而冲水水箱的冲水量为 4%。

4. 5. 4　自愿及强制性计划

表 4. 16 概述了标准是如何随时间发展的。特别令人感兴趣的是各种欧洲“生态标签”标准，这些标准在 1993~2010 年经历了三个版本。

表 4. 16　一些用水效率标准的演变

项目	日期	类型	标准
马桶			
意大利(乌尔比诺)	1997	M	单冲 5~8L，双冲 3~5L
英国	2001	M	单冲 6L，双冲 4L
西班牙(马德里)	2006	M	单冲 6L
英国	2007	V	单冲 4. 5L，双冲 3L
意大利(阿维利亚纳)	2007	M	单冲 6L，必须有双冲
美国	2007	V	单冲 4. 9L
欧洲	2015	V	单冲 4L，双冲 3L
淋浴			
西班牙(马德里)	2006	M	最大流速 10L/min
英国	2007	V	最大流速 13L/min
意大利(萨萨里)	2008	M	最大流速 10L/min
欧洲	2015	V	最大流速 8L/min

续表

项目	日期	类型	标准
洗衣机			
斯堪的纳维亚	1989	V	16L/kg(棉质，60℃)
欧洲	1993	V	12L/kg(棉质，60℃)
欧洲	2005	V	9.4~19L/kg(棉质，60℃)[1]
欧洲	2010	V	8.0~13L/kg(棉质，60℃)[1]
洗碗机			
斯堪的纳维亚	1989	V	1.2L/仓格
欧洲	1993	V	1.2L/仓格
欧洲	2005	V	0.7~1.4L/仓格[2]
欧洲	2010	V	0.7~1.1L/仓格[2]

类型：M=强制性的；V=自愿的；[1]取决于负载；[2]取决于仓格数量的设置。

摘自：Benito et al.，2009，EU 2013a；EU 2013b；EU 2010a；EU 2010b。

4.6 案例研究：智能家用计量器的出现

本文介绍了13个案例研究。六个案例考虑智能计量的驱动因素，作为需求管理工具应用在泰晤士水务公司(Thames Water)(案例研究4.6)、日本(案例研究4.1)和美国(案例研究4.8和案例研究4.10)智能计量的准备工作，智能计量在苏格兰和英格兰零售竞争中角色的扮演(案例研究4.7)，以及从能源公用事业的角度(案例研究4.3)的智能计量。三个例子是马耳他(案例研究4.5)、泽西(案例研究4.11)和南水(案例研究4.4)智能计量的推出情况。三是考虑智能计量对家庭用水量(案例研究4.2和案例研究4.9)的影响，以及一个案例是关于家庭/商业淋浴，两者都包含智能元素，旨在最大限度地减少用水(案例研究4.12)。案例研究4.13是一种工具，用于使公用事业部门能够向客户报告信息。

4.6.1 案例研究4.1：日本的智能水表

日本的人口预计将大幅减少，从2010年的1.28亿人减少到2060年的8500万人，这是不寻常的，这意味着公用事业公司需要为其系统未来的萎缩做出规划。所有有家庭连接(>97%)的住宅都有水表，通常一年读六次。日本的水务事业是在城市和城镇层面组织的，1400家水务事业公司为5000多人提供服务。1976~1998年，在东京对48000处房产进行了AMR部署。自2000年以来，AMR已被广泛应用，覆盖了30%的人口。自2014年以来，已经进行了三次AMI部署。在东京，这涉及每处房产的可视读数和异常用水的电子邮件警报。在横滨，

200处房产被用来检查数据传输和处理。在横滨，AMI水表和电表使用一个通用的变送器，其效率和可靠性与正在进行的手动读数进行了比较。另一项试验将于2017年在神户开始。由于大多数手动水表相对较新，更换这些水表和AMR装置将产生巨大的前期成本。随着2025年普及AMI电能计量，目标将是在此后部署AMI水表，专注于需求预测、压力管理和泄漏检测(JWRC，2016)。

4.6.2 案例研究4.2：家庭用水

英国能源节约信托基金(Energy Savings Trust)对英国的家庭用水量进行了两次调查，2013年的《居家用水》(At home with water)(Energy Savings Trust，2013)基于86000名受访者在线提供的数据。2013~2014年的第二次调查《居家用水2》(Energy Savings Trust，2015)对泰晤士河水域的69户家庭进行了更详细的分析，考察了消费者行为。此外，第二次调查对家庭一级的水流量进行了为期两周的调查，使用一个专用的仪表，每秒读取一个读数，以评估各个设备的用水情况。

4.6.2.1 居家用水

最初的调查集中于广义的水和与水有关的能源消耗数据。房屋内54%的用水量用于加热(浴室和淋浴33%，浴室热水龙头7%，洗碗机和洗衣机10%，手洗碗4%)，68%用于浴室和马桶(淋浴25%，浴室8%，马桶22%，热水龙头7%，冷水龙头6%)。

无论是计量家庭还是无计量家庭，仍有很大的提高客户用水效率的空间，教育的潜力不可小觑。例如，20%的按表计费的顾客在刷牙时让水龙头打开。只有8%的受调查者意识到水资源使用在他们的能源账单中所起的作用，因此有许多工作需要让他们了解这种联系并促使其意识到减少水资源和能源使用以及账单降低费用(McCombie，2014)。

共有49%的受调查家庭使用低效淋浴喷头(31%的标准混合器，18%的标准动力淋浴)，其中35%的家庭使用更高效的电动混合器，16%的家庭使用高效淋浴喷头(5%的环保动力和11%的生态混合器)。淋浴时长差异很大，45%的家庭使用1~5min，42%的家庭使用6~10min，12%的人洗10~20min澡，1%的人洗20min以上。

随着新标准的逐步采用，厕所越旧，冲水量就越大。6%的盥洗室建于1940~1980年，36%的盥洗室建于1980~2001年，58%的盥洗室建于2001年之后。共有41%的马桶采用双冲水装置，几乎所有的马桶都是从2001年开始安装的，59%的马桶采用单冲水装置。

4.6.2.2 居家用水2

第二次调查(McCombie，2015)发现，消费者对无水表计量家居产品和马桶的用水量的评价很弱。洗衣机通常被视为最大的用水者，厕所冲洗被大大低估。

未安装水表的家庭往往忽视其用水，认为这是无关紧要的。无论是计量家庭还是未经计量的家庭，考虑到其消费量，水的排名都低于能源。这反映了他们对低费用账单的看法，以及对两者之间如何联系缺乏认识。在考虑相互竞争的优先事项时，用水量和水费也往往被忽视。

智能水表建议项目(The Smart Meter Advice Project)根据实际能耗(热水)提供定制的能源使用建议。数据流的双向特性超越了计量信息的范围。传统上，公用事业公司除了向客户发送账单外，不会向客户他们提供服务。例如，在英格兰和威尔士，客户的参与开始发展，1995 年干旱期间供水中断的威胁(没有实施)导致公众和政治上的敌意反应，尤其是约克郡水务公司(Yorkshire Water)，该公司的整个董事会因此被迫辞职。当时，这 10 家供水和污水处理公司已经私有化 5 年，公众对服务提供的预期随着收费的提高而上升。相比之下，1976 年的旱灾期间，普遍出现了断水现象，并使用了公共消防管网，但公众的期望值明显降低，当时这些公司都是国有企业。

客户参与已经变得越来越复杂，从基于广泛的细分市场和房屋类型的建议转变为基于广泛的因素定制建议。这些指标包括有花园或露台的住户、市区住宅或乡村房屋、住户类型(公寓、大厦和房屋)、住户是否按计量消费或房产税收费计费、住户人数和构成以及最近的地区差异、宗教和种族因素与客户参与度(McCombie，2015)。

客户参与的挑战包括感知到的生活方式妥协，如影响他们的选择或乐趣。开发的设备尺寸能适应标准尺寸的房产也是一个问题，特别是在当前小型新建和细分房产市场发展的趋势下。

在生成大量数据的情况下，只有在能够将其转换为对实用程序或客户有意义的信息时，才应该使用它。此外，客户需要并回应信息，而不是术语。因此，需要仔细检查所有通信的可理解性。对于客户来说，这意味着要了解他们在家庭层面的支出，以及从中可以节省多少。这可以用来考虑设备的潜在节约。有趣的是，接受调查的人洗澡和淋浴的次数(每人每周 3.9 次)比他们说的要少(每人每周 5.4 次)。

降低个人用水量被视为不优先考虑的问题，因为人们不愿意在个人舒适度上(长时间淋浴和深浴)妥协，也不愿在减少用水上花费时间和精力。另一个抑制因素是节水装置性能差或损坏，以及这种装置不能按预期运行的感觉。显然，不能低估客户的怀疑态度。

其他障碍包括对节水装置的实际效果持怀疑态度，对正确使用它们缺乏信心，以及担心供水公司泄漏太多的水给个人消费造成影响。费用也是一个抑制因素，人们认为信息呈现得很糟糕，难以理解，而且 6 个月一次的账单没有充分地告知客户如果不改变当前的消费行为会对当前费用带来的影响以及潜在的影响。

人们对信息感兴趣，只要这些信息对他们有意义。能源节约信托(The Energy Savings Trust)(EST)发现，与客户沟通降低消费的最有效方法是通过向他们讲述的用水量及其后果来开始这个过程。当人们适当地了解到少用水是正确的、必要的和可以实现的，人们就愿意接受。从那里，顾客可以得到建议，在不牺牲他们的生活方式的情况下，他们可以在家里做什么。EST 的水能计算器被发现很受欢迎，因为它允许个人了解每个设备的耗水量，并了解冷水和热水的成本影响。这需要开发强大的基线信息，以便客户知道他们从何处开始，如何改变这一点，以及与其他人相比他们的消费量和消费方式(McCombie，2015)。

4.6.3 案例研究 4.3：从能源效用角度看智能计量

由于智能电能计量在发展和部署上远远领先于智能水能计量，因此考虑其影响是有益的。美国节能经济委员会(ACEEE)的一项研究发现，能源数据越具体、越及时，节约的能源就越多。表 4.17 概述了 ACEEE 报告如何表明，如果信息接近实时，则可以获得 9%~12%的能量降低(Ehrhardt-Martinez et al.，2010)。

表 4.17 与标准计费相比节能效果

增强计费	3.80%	实时反馈(楼宇提级)	9.20%
估计反馈	6.80%	实时反馈(设备级)	12.00%
每日/每周的反馈	8.40%		

摘自：Ehrhardt-Martinez et al.，2010。

当根据最新的智能电表数据向客户提供可操作的信息(“具体体验”)，告诉消费者他们在哪里花费能源(和金钱)，这会导致观察和理解，然后他们就可以尝试节约用于供暖的能源和水(“主动实验”)(Rentier，2014)。

在荷兰，一家水和能源公用事业公司 Delta(Delta.nl)试图了解如何在荷兰智能仪表要求(Dutch Smart Meter Requirements)的技术设置下改变消费者的行为。在这里，消费者只能根据近乎实时的信息得出自己的结论并据此采取行动。这是在没有宣传活动或宣传册的情况下实现的，只是给每个消费者写了一封信。当被问及是否能够从他们得到的数据中分辨出更大的能源消耗的主要原因时，48%的消费者表示他们可以。这凸显了在实施节能计划之前，需要开展适当的宣传活动，以及是否可以在合适的社交媒体平台上获得能源和水的消耗和成本数据。这意味着它需要在智能手机、平板电脑、笔记本电脑或 PC 上方便地使用。正如 ACEEE 的研究结果一样，数据越接近实时，其影响就越大。

消费者通常会欣赏额外的数据，只要它们被组合在一个简单的图形里，而不需要在任何页面之间进行导航。如果每一小时刷新一次数据，其影响更低，因为一旦客户注意到能源使用的变化，就没有机会对特定信息采取行动。实时数据在实时欣赏时最有效。

4.6.4 案例研究 4.4：南方水务公司的智能计量推广

南方水务公司（Southern Water）（southernwater. co. uk）在推出智能计量系统之前，采用了全面的利益相关者参与流程，这包括以前获得过节水奖的学校、当地商店的促销活动、社交活动及其与合作伙伴的积极合作；世界自然基金会（WWF，World Wide Fund for Nature）；水智慧（Waterwise，一个旨在减少英国用水量的非营利组织）；设计委员会（the Design Council）；节能信托（the Energy Saving Trust）；地面工程公司（Groundwork）（这五个实体是涉及能源和节水效率各个方面的非政府组织，Groundwork 专门向客户宣传环境意识）；阿拉德（Arad）（智能水表）；Balfour Beatty（仪表安装）。

在计量系统推出之前，78%的受访客户支持计量，主要认为公平比成本更重要（Earl，2016）。2009 年 10 月获得正式批准，到 2015 年，计量覆盖率从 2010 年的 40%增加到 90%。该公司的目标是通过计量和提高公众意识（Fielding－Cooke，2014），在 2020 年（Earl，2016）人均家庭消耗量减少 15L/d。

通用计量项目组成立于 2009～2010 年，成立过程超过 8 个月，由 40 名专业人员组成，由公司内部成员担任董事会主席。南方水务公司发现，他们需要加强内部沟通，这比他们预期的要多，这也涉及规划过程的规划，并考虑到客户端在安装这种规模的仪表时所涉及的实际情况。

对于个别客户，如其他情况所示，有必要告知他们的收费将如何从房产税率（RV）更改为水表计量，以及他们如何降低成本。成本和收益将因经济状况、年龄和家庭类型等而有很大差异，这种差异需要在一开始就加以理解和沟通，并使用智能数据帮助客户掌握其水（和能源）消耗。

目前正在进行用水效率审计，以帮助弱势群体，特别是消费量至少比平均水平高出 20%且费用占家庭收入 3%以上的家庭。计划在 2015～2020 年间进行 28000 次审计，目标客户还将拥有一个智能水表和反映其用水量的账单，以反映他们的用水情况，以及他们使用的组合锅炉和电动淋浴的用水情况。这是一项策略的一部分，以避免未来弱势群体客户产生的每户 147 英镑的坏账（Earl，2016）。

2010 年首次推出，包括了 35 万台新表，更换了 6 万台现有水表。此外，自 2010 年以来，绿色医生（Green Doctor）客户节水就诊 3 万人次，在安装前 8 周、安装前 4 周和安装当天分三期播出了“节水、节能、省钱”或“节水就是存能源存钱”的信息。该方案已成为与客户和其他利益攸关方就智能计量及其他活动进行接触的重要机会，并利用这一机会提高与客户沟通的透明度。这是一个前所未有的面对面客户参与度的有益影响，而不是沿着传统渠道。

用户的负担能力是通用计量引入后的一个突出问题。迄今为止，60%的联网家庭的账单每月平均下降了12英镑，而40%的家庭的账单每月上涨了14英镑。还需要进一步努力帮助后者减少水的消耗，并制定有针对性的计划来支持低收入家庭。自2010年以来，南方水务公司(Southern Water)在联系客户有关收费抵免和派发福利时也使用了收入最大化(IncomeMAX)，该计划已确保向符合条件的客户支付200万英镑。

南方水务公司的智能计量效果如何？Ornaghi 和 Tonin(2015)调查了54664位客户的用水量，从安装前的水表到安装后的第五个半年账单。他们发现，在第一张账单之前，消费下降了12.5%，这是“预期效应”，在一年半的时间里，消费下降了16.5%，并一直保持不变。从本质上讲，智能计量技术被视为“惊人的”，但实际上，它的好坏取决于用户，以及用户是如何被告知和激励使用它的。

4.6.5 案例研究4.5：马耳他智能水表的推出

马耳他水务公司(WSC，WSC.com.mt)的智能水表和智能电表方案在第5章中也有详细介绍。本案例主要介绍其在智能水表方面的经验。2003~2006年有两个AMR试点项目，但在2009年，WSC决定采用完全智能的AMI方法，并将其与岛上的其他公用事业相结合。此外，还决定更换所有超过10年的水表。共有80%的客户支持智能水表计划，WSC的目标是及时赢得另外20%的客户。安装射频发射器和水表需要公众支持(PACE，2014)。

通过比较凌晨2点到4点的实际水流和假设水流(合理的夜间消耗量)，确定并量化泄漏。在这里，智能计量允许公用事业区分小型和大型客户泄漏。数据配置文件用于了解异常客户行为发生的位置。2012年8~9月为期一个月的家庭智能水表读数戏剧性地显示出节约的潜力。在通过水表记录的29537L总消耗量中，泄漏量为19344L，而实际消耗量为10193L，65.5%的水费实际上是浪费的。

使用传统的水表，读取过程的成本为120万欧元/a。智能系统的年现场维护成本为42万欧元，年许可费为8万欧元，升级费用为5万欧元/a，折旧费用120万欧元/a，年成本为173万欧元。传统的电表也有维护和折旧的成本，虽然没有给出，但突出了不必手动读取水表的好处。每年的实际效益为160万欧元，包括改善客户服务、减少客户干扰(没有完成抄表而进行的访问)和减少账单纠纷、改善消费者分析、更有效地检测篡改的水表和内部泄漏检测。通过两个月的计费周期改善现金流，并消除了客户预估账单，每年可改善现金流100多万欧元。案例研究5.6从公用事业的角度考虑了马耳他的智能用水方案。

4.6.6 案例研究 4.6：泰晤士公司智能计量和需求管理

4.6.6.1 计量的需要

泰晤士水务公司(Thames Water)(thameswater.co.uk)服务于伦敦和英格兰东南部的部分地区，该地区40%以上的可再生水资源已经被开采。1989年泰晤士水务私有化时，大伦敦的人口已从1939年的861万下降到1988年的670万。2011年，人口为863万，创下历史最高水平(GLA，2015)，预计2050年人口为950万~1340万，中值为1130万(Tucker，2014)。与此同时，英格兰东南部的人口在2001~2011年增长了8%，达到860万(ONS，2012)。与此同时，自20世纪80年代以来，客户使用量增加了30%。因此，泰晤士河水务公司预测，到2020年，干旱年的需求短缺将达到$13.3\times10^4m^3/d$，到2040年，需求短缺将达到$41.4\times10^4m^3/d$。

大部分的分布的网络状况不佳，公用事业公司目前面临着数据质量差、计费和IT系统不灵活等问题。转向智能计量被视为解决这些不足的核心要素。2015年，该公司为24%的伦敦家庭提供传统水表，泰晤士河流域为44%；智能仪表完全安装覆盖率为30%。传统计量用户的用水量比无计量用户减少12%(Baker，2016)。

4.6.6.2 水表的有效利用

对泰晤士水务公司来说，智能计量项目被视为一个机会，以更新他们的客户对他们的看法，并能够与他们就水效率的重要性进行交流。该公司计划通过逐步推广，到2030年，水表覆盖率至少达到80%。2012年获得强制安装电表的法定权力。2011年安装了1457台Arquiva和2551台Sensus Homerider智能水表，2012~2015年在5台DMA上进行了试验，其中两台分别在伦敦和雷丁，一台在斯温顿。这些试验发现，一个正确安装和管理的固定网络系统可以通过Temetra抄表器提供95%以上的数据收集成功率(Arqiva和Homerider的数据收集成功率分别为95%和80%，两者都在随着时间的推移而提高)。

正式的强制性水表推广计划始于2014年，从伦敦贝克斯利的4100台开始。2015年初，泰晤士河大约安装了300000个自动抄表器。2015~2016年，安装了40000台，2015~2020年的目标是44.1万台，到2030年，安装100万台。包括选装、更换和新连接，到2030年，将总共安装300万台智能水表。

4.6.6.3 固定网络试验结果：2012~2015年

一项针对826位客户的试验发现，随着计量频率的增加，耗水量下降，从每60min读数一次的186L/(人·d)($n=398$)下降到每15min读数一次的138L/(人·d)($n=123$)。同样，消费量也随着时间的推移而下降，从7d后的177L/(人·d)($n=315$)下降到30d后的162L/(人·d)($n=238$)。

正如预期的那样，定期生成的数据在识别客户端侧泄漏(CSL)方面被证明是有效的。根据60min的数据，当连续14d流量超过25L/h时，就会触发此类泄漏信息。对于不活跃的账户来说，这是一个特别的好处。同时，发现实际客户用水量高于预期，表明先前对客户侧泄漏的估计过高(Baker，2016)。

4.6.6.4 准备从AMR迁移到AMI

该网络最初的设计目的是支持具有电子寄存器和固定网络数据采集系统的AMR仪表，并在整个网络中采用通用标准。它以本地通信设备为基础，与水表配对，当检测到无线电信号时自动切换到固定网络模式。无线电信号从覆盖97%以上的发射塔发送。数据包括缺陷管理通知、故障报告和KPI(由Ofwat设置的实用关键性能指标)性能报告。

2015年，AMR网络主要用于抄表和计费，在特定试验之外，对其他功能的使用有限(Hall，2015)。该系统能够升级到完整的AMI而无需任何后续的现场访问。与Arqiva和Sensus的合同有效期为15年，有5年的中断条款。水表至少在合同期限内保证使用寿命，从而最大限度地减少了进一步实地考察的需要(Baker，2016)。在试验期间，每15min读取一次仪表读数，每4h上传一次数据。该公司准备在推出和AMI迁移完成后，每年从300万个智能水表接收350亿个读数。平均每40min读一次(Baker，2016)。

4.6.6.5 客户参与度和意识

告知客户并让他们参与进来，是任何直接影响到他们的强制性介绍计划的重要组成部分。泰晤士水务公司通过向客户提供了解和勘测预约来解决这一问题。所有的客户联系都是在一个共同的品牌下进行的，有一个敬业的员工团队。为了建立对即将实施的方案的信心，必须尽早与所有确定的利益攸关方团体和当地媒体接触。这也意味着在每次正式推出之前，所有与客户的沟通材料都需要经过测试。很明显，任何打算实施强制性智能水表推广计划的公用事业公司都不应低估以维护和提高客户信誉的方式提供该计划的成本和复杂性。水务公司还必须充分认识到，智能家庭计量始于能源行业，他们在这一服务的大多数方面仍遥遥领先。

考虑到水对许多信仰的重要性，同样有必要对与顾客的互动进行调整，以反映他们的特定信仰，并在试验期间开发和传播具体的信息，以便在主要推广过程中开发出更全面的方法。

泰晤士水务公司借鉴了英国电视数字转换活动的经验，从2005年在一台发射机上进行试验开始，并在2007~2012年在全国范围内推广。最初的联系方式是通过信函和说明性传单，随后是客户访问。在2014~2015年的智能家访试点期间，泰晤士水务公司完成了6046次智能家访，典型的家访时间为30~45min，安装了15903台节水节能设备。因此，通过安装水表，他们发现，安装了水表后，总共节省了446956L/d(163139m^3/a)，相当于每户73.9L/d(27m^3/a)或每个装置28.1L/d(10m^3/a)。这相当于通过减少热水使用，每年节省55英镑的水费和50英镑的电费。

在延续至2016年的试验中，约有70%的家庭接受了智能家访服务。这包括在进步计量项目下，在伦敦地区进行的3万次智能家访，以及在泰晤士河流域的7000次智能家访。共有86%的受访客户回忆收到有关计量的信息，80%的客户熟悉计量的好处，这表明可以开发一个广泛的客户接受的强制性计划。到2017年，访问的6万人次每天节省了250×10^4L，即每个房产每天节省42L(Brockett，2017)。

当水表安装完毕后，客户会收到一张"您的新水表"传单，并完成一份调查问卷和可访问的家庭卡。在电表投入使用后，用户将收到一封激活信、一封介绍智能水表计费成本和好处的信函。接下来是智能家居访问，告知客户可用的节水设备。

作为准备过程的一部分，一旦水表被激活，客户可以进入一个虚拟的水表账户，与标准的非计量账户进行比较，并且他们可以选择尽早切换到水表账户。客户可以通过TW的门户网站和安全链接获取他们的数据。客户仪表板按月记录每天的使用情况，并将其纳入成本和节约中。总的来说，需要考虑安装后两年的客户过渡期。

提供节水"TAP App"应用程序，提供有关漏水、设备和耗水量一般信息的交互式建议。TAP App应用程序输出也可以是特定于设备的。例如，对于洗衣机，通过输入使用频率和温度，可以告知客户该设备的水和能源成本以及如何改进。TAP App应用程序节水报告也可以通过电子邮件或邮寄给客户。TAP应用程序还可以向泰晤士水务公司发出报告，介绍客户的进展和进一步节省的空间。

客户数据输入包括供暖类型、居住人数和房产类型。输出可以分解为水和能源成本，以及房间和设备对水、能源和碳的影响，以及如何提高效率。将用水量与全国平均水平和基于确定的节约量的潜在目标进行比较。

4.6.6.6 确定的好处

迄今确定的好处包括，通过提高数据质量和相关的费用，提高公用事业作为一个品牌和形象的认知。需求管理在一系列层面上受到影响，包括识别和管理客户侧泄漏；通过客户消费观察，让客户参与需求管理；更好地评估水在网络中的流动。主动泄漏控制也减少了需求，干线更换方案可以开始与实际需求相关，而不是假定的网络质量。

随着数据可用性的提高和网络覆盖范围的扩大，随着所接收信息质量的提高，客户端和配电网的泄漏预计都将逐步减少。通过改进对客户用水数据的访问，可以制定更多更具体的需求管理计划，例如，"漏水厕所"(Leaky Loo)固定网络试验。这种详细程度和接收速度只能通过智能计量获得，通过维修漏水的厕所，平均节省405L/d(148m^3/a)，大致相当于一个普通家庭的正常消费。

客户可以从改进的、更准确的计费中获益。同时，还可以根据网络的实际性能(而不是假定的性能)改进服务，以及在客户意识到故障之前对故障作出反应。从账单中消除客户方泄漏的成本几乎肯定会得到客户的支持。可以制定更准确的反映客户关切的水价，从而提高客户支付意愿和促使客户修改用水计划。反过来，通过“我的水表”网页与客户的用水数据进行互动，可以长期定制他们收到的数据，从而改善用户互动。在一个极端情况下，在试验期间，在伦敦东南部的一个客户的房产中发现两处泄漏，每天损失50000L水(Brockett，2017)。

4.6.6.7 要考虑的风险

强制性计量计划存在风险，主要是它强调了潜在的负担能力，它不可避免地消除了客户的选择，而且这样一个激进的举措意味着几乎没有察觉到错误的空间。对于自来水公司来说，只要犯一个错误就会破坏客户的体验。

泰晤士水务公司已经得到了水务办公室的“一定的支持”，他们指出，他们的做法似乎是“这就是规则，现在按照规则运行”，而不是监管机构在实际操作中提供的具体支持。

4.6.6.8 展望未来

推进客户参与和性能改进将着眼于如何保持和提高节约用水；需要多少客户参与度；什么样的信息提供给客户，提供什么样的激励措施最有效。另一个需要持续优先考虑的事项是将客户方减少的用水量与积极采取的节水效率措施区别开，识别和处理客户方的泄漏以及使用安装新水表的简单效果。

4.6.7 案例研究4.7：英格兰和苏格兰的零售竞争

自2008年以来，苏格兰水务公司一直向零售业开放，与15.2万名非本地客户展开竞争。苏格兰水务公司是一家国有公用事业公司，通过Business Stream在这一领域提供供水服务。2013年，有四家公司参与市场竞争，其市场份额为98%；2013年6月，有八家新的竞争对手进入市场，四个月后，其市场份额为95%(WICS，2013)，到2015年，其市场份额降至75%。2015~2016年，共有23家公司提供零售服务(Scottish Water，2016)。

已经制定了双重客户记忆策略，使用高频率、低深度的互动，如广告(保持客户认识)和公司网站。中频率、中深度的互动包括协助客户联系基础设施，低频、高深度的互动包括客户服务电话，以确保客户对价格和服务水平的满意度，以及个人访问。2008年之前不存在客户联系，现在主要关注的是保持公司在现有客户群中的存在和价值(Wallace，2015)。

在英格兰，自2017年4月起，120万非生活用水和/或污水处理客户将被允许选择其零售服务供应商。在威尔士，这仅限于每年耗水量超过50ML的客户。在苏格兰，两个主要的驱动力是通过提高效率和更好的客户服务来帮助客户节水。在这两种情况下，智能计量都是一种工具。英格兰和威尔士的水监管机构Ofwat也在寻求开放家庭市场，让零售业参与竞争。如果发生这种情况，最早在2020~2025年之前不会发生。

4.6.8 案例研究4.8：美国智能水表推广准备

得克萨斯州圆岩市有11万人口，35000户，面积26.3km^2。公用事业公司决定将AMR电表升级为AMI，以改善客户服务，降低配送失水率并提高运营效率（Zur，2015）。

在一年多的时间里，安装了Allegro AMI网络和Harmony MDM（仪表数据管理）软件。双向AMI系统提供24h读数和服务中断警报。

该基站的射程为3~4$mile^2$（1$mile^2$=2.58999×10^6m^2），可以处理多达75000个单元。每个基站都与5~7个中继器相连，其范围为7~8$mile^2$，能够读取1000个仪表单元的数据。竣工后，合格率为99.6%。安装团队每天总共安装200台。

实施工作分六个阶段进行：

1）确保业务连续性，特别是在客户账单方面。

2）招聘所需人员，包括IT、计费、水资源、客户支持和现场团队。

3）调整产品以确保其符合确切要求，例如，警报、报告和仪表板。

4）员工培训。

5）为客户和公用事业公司提供即时价值。这包括一个电话应用程序和一个互联网门户，以及为客户提供简单的警报，如家庭漏水和失水，以及管理现场团队。

6）创造长期价值。这主要针对公用事业公司，包括开发自动化监控和管理流程、客户信函和警报、工单管理、通过泄漏检测和DMA解决非收入用水问题以及完整的系统分析模块。

4.6.9 案例研究4.9：减少墨尔本的用水量

2012年，澳大利亚墨尔本有三家公用事业公司为420万人供水，包括160万本地客户和15.3万商业客户。人均耗水量从2000~2001年的247L/（人·d）下降到2005~2006年的208L/（人·d）、2007~2008年的166L/（人·d）、2010~2011年的147L/（人·d），2011~2012年略有上升到149L/（人·d）（Gan，Redhead，2013）。

用水量的减少反映了一些需求管理举措。到2012年，72%的淋浴器流量低于8.0L/min，89%的马桶为双冲水，60%的马桶最大冲水量不超过6.0L。总共有36%的洗衣机和19%的洗碗机至少有四星评级。夏季用水量增加了26%，反映了花园浇水和蒸发冷却器的影响。每增加一个家庭成员，每户用水量增加94L，这意味着家庭规模越大，人均用水量越低，从一人家庭的240L/(人·d)下降到五人或五人以上家庭的120L/(人·d)。

4.6.10 案例研究4.10：美国智能电表的实用前景

在参加2014年和2015年智能水务网络峰会(Smart Grid Summit's Smart Water Summits)的美国水务公司中进行的民意调查提供了一些有关公用事业公司对智能计量态度的见解。可以假定，派代表参加这些活动的公司比没有参加的公司更有可能对智能用水感兴趣(Zpryme，2014；Zpryme，2015)。

2014年，49%的公用事业公司使用AMR，24%的公用事业公司使用AMI，24%的公用事业公司两者都不使用。42%的人表示他们计划使用AMR，58%的人表示他们不打算使用AMR，20%的人不打算使用AMI。大多数计划的AMR部署是中期的，89%的AMR在未来两年内没有部署；52%的计划部署在下一年内，其余的在以后(Zpryme，2014)。

相比之下，在2014年的调查中，仪表数据管理系统存在明显的不确定性；31%的受访者已安装系统，9%已部分安装，3%计划安装。共有38%的受访者不希望安装仪表数据管理系统，19%的受访者不知道仪表数据管理系统(Zpryme，2014)。

目前，智能计量被视为一种实用工具，而不是通知客户的工具。在向客户提供管理用水的能力方面，2014年，住宅客户占公用事业的3%，商业客户占1%。这是为40%的住宅和39%的商业客户规划的，而不是为57%的住宅和60%的商业客户规划的(Zpryme，2014)。

2014年对智能计量的关注(Zpryme，2014)主要是成本(占公用事业的78%)26%~36%的公用事业公司关注数据收集、通信系统、计费、IT支持和智能计量网络。其他问题包括客户接受度(19%)和缺乏熟练员工(14%)。

4.6.11 案例研究4.11：泽西水务公司AMR和AMI使用情况

泽西水务公司通过38000个连接点和580km的供水网，每天向10万人供水19ML。该公司有120d的储水能力，并依赖于地表水资源。与此同时，人口不断增加，公用事业面临采用新的供应方法(海水淡化)或需求管理(Smith，2015)。

计量是逐步发展起来的。2003年，所有的新连接都必须有一个仪表，整体使用率低于10%。到2009年，开始有了变化，所有住户开始改用计量仪表，计量率上升到30%。2010年，实施了全面计量计划，从2010年的36%开始，到2015年上升到84%，目标是在2016/2017年实现全面覆盖。

目前采用的网络使用80%的无线电水表和20%的编码水表(通过AMR运行)。该系统设计是为了在需要时，接受更先进的需求、客户和网络管理方法。

4.6.12 案例研究4.12：轨道系统——一种节水型动力淋浴

轨道系统(Orbital-Systems.com)淋浴器是由Mehrdad Mahdjoubi基于美国宇航局(NASA)之前火星任务的节水系统项目开发的。淋浴系统在一个封闭的循环中重复使用5L水，只要系统打开，水就会经过过滤和再加热。该公司总部位于瑞典马尔默，2013年开始在马尔默进行公开试验。2014年12月开始向休闲和医疗运营商进行商业销售，并于2015年3月筹集了500万美元的早期融资。

一次典型的淋浴需要15L的水，而10min的淋浴需要150L的水(瑞典的标准)，相当于15L/min。这款淋浴器每分钟可提供15~22L的水，与电动淋浴器相当。启动系统需要消耗5L水，飞溅和水被过滤器吸收会造成进一步的浪费。在一个典型的应用中，该公司声称它比产生相同水量的传统淋浴器少用90%的水和81%的能源。

一种微胶囊可以去除沙子、皮屑和灰尘等较大的污染物，售价20欧元，可以处理1.5×10^4L水(每次淋浴0.02欧元)。一个纳米胶囊可以处理50000L水中的病毒、细菌和污染物，更换费用为80欧元(每次淋浴0.04欧元)。

淋浴器有三个智能元素。在基本单元中监测淋浴水的质量，以确定是否需要对其进行处理，以及何时在淋浴结束时将其冲走。当胶囊到期更新时，淋浴单元地板上的LED板会发出警告。一个专门的应用程序可以监控淋浴用水数据(和节省水数据)，以及胶囊的处理水状态。

根据Orbital公司的数据，在伦敦，一个家庭单位(泰晤士水务公司)每天进行4次7min淋浴，每年可以节约$146m^3$的水(3.18欧元/m^3)和4.85MW·h的电力(210欧元/MW·h)，每年可以减少1089欧元的综合公用设施账单。节约的成本取决于用户的水电费价格以及淋浴的次数、温度和时长。由于哥本哈根的水价高，它的排第一的国际订单是在2015年12月在哥本哈根的一个公共浴场。

新浴室售价4295欧元，一个可改装的洗浴舱售价5295欧元。该公司的目标是在2019年投入量产后，将成本降至约2800欧元。在哥本哈根的一个本地的楼房单元将在17~21个月内(根据选择的单元)偿还该设施的成本和过滤器更换费用，相比之下，伦敦需41~52个月，公用事业费用明显更低(Hickey，2016)。

4.6.13 案例研究4.13：通过实用程序实现通信抄表

Droopcountr(dropcountr.com)最初于2013年开发，并于2014年正式立项。该服务于2014年9月在加利福尼亚州福尔松市启动，为期一年，随后延长至三年。Dropcountr使用实用程序管理仪表板，该仪表板分析原始使用数据，使实用程序能够实时监控水的使用情况。它既可以用于智能仪表，也可以用于传统仪表。客户的水预算是通过每处房产的数据来计算的，包括灌溉用水和水设备的使用，其总用水量在计费栏中显示。在使用智能水表的地方还提供泄漏警报。

客户包括 Tustin、Rialto、Loma Linda、Fullerton、Austin Water(得克萨斯州)和 Liberty Utilities(一家投资者拥有的实用程序公司);共有 10 家实用程序公司,拥有 50 万个客户账户。在加利福尼亚州的福尔松市,使用 Dropcountr 的用户与不使用 Dropcountr 的用户相比,耗水量降低了 8%,而使用更高耗水量的用户则上升到 12%。

Dropcount 不在的地区的客户可以使用"实用程序按钮"(utility poke)应用程序来定位客户的地理位置,并告知实用程序公司客户对该服务感兴趣。这项服务可识别高用水量用户,识别哪些地址在其地区内参与了折扣计划。较长期的目标是在地址级别开发水资源预算,而不是期望标准使用量减少。

2015 年 9 月,OmniEarth(onmiearth. net)与 Dropcountr 建立了合作关系,向圣安娜流域项目管理局(SAWPA)的客户提供数字水资源保护信息,该项目由加州紧急干旱补助计划资助。OmniEarth 正在分析客户的用水量,以确定那些最有潜力节约用水的客户。它将通过 Dropcountr 的移动技术直接向客户提供个性化的节水建议,并为客户提供用水建议。这也将减少用于监测实现节约用水目标进展情况的费用。

要想该服务更有效,读数更快速,可以使用每月的电表读数,最好是通过 AMI,2016 年,20%的客户使用 AMI。收入来自实用程序,最终用户可以通过 Android 或 iPhone 免费下载这些应用程序。该平台允许实用程序公司的工作人员将他们的账户过滤成有针对性的通信群组。客户联系方式取决于抄表频率,这些抄表频率会转化为消耗量和价格,以及对等比较。对于后者,仅对相似的性质进行比较。该服务还包括节水建议,包括室内和室外用水返利(Lohan,2016)。

4.7 结论

本章从一定程度上考虑了生活用水计量、智能水表及其对生活需求管理的影响,特别是对节水型家居产品的开发和完善。如第 3 章所述,水表不一定是智能水网的一部分。相反,它是一个信息收集设备,而且"智能"的水表,可以从每个设备获得更多的信息。与此相反的是,人们认为智能电表是几乎所有公用事业客户在实践中体验智能网络的手段,其主要作用是影响消费者行为,特别是通过需求管理来发挥其主要作用。一个既有智能生活用水又有下水道计量的网络提供了更多的信息,特别是关于家庭用水以及家庭一级雨水和管道水之间的相互作用。智能污水计量在国内很可能会缓慢而有选择地推广,但它是潜在的强大的水和废水数据生成来源。

智能计量需要合适的定价,以激励消费者改变其用水行为,价格越高,激励就越大。在丹麦，哥本哈根的水费是世界上最高的。因此，尽管成本很高，但仍可以开发出内部循环淋浴器等高效消费品(案例研究4.12)。

AMI确实依赖于每个实用程序的各个部分之间的协作，以确保在提供和解释智能计量方面与客户有一致的关系，特别是智能计量在实际中如何工作。特别重要的是，确保客户了解到智能水费不一定涉及额外的复杂性。在客户寻求更详细信息的地方，以及数据可以在某种程度上定制以满足其利益，这样的复杂性确实是可行的。反过来，这意味着客户服务必须更快速响应，使用改进的信息流来帮助客户，并向他们展示这是如何受益的。这就需要从被动的形式转变为更积极的客户参与形式，并将改进的沟通作为建立客户信任和确实支持的平台。客户关系可能会很好地发展，直到实用程序公司及其客户更充分地了解智能计量为他们提供的服务之前，他们改变的方式将不会明显，因此，实用程序需要随时准备随着情况的变化修改他们对客户的方法。

生活用水和污水计量是智能用水计量的两个方面。在第3章中，提到了区域计量，第5章将更详细地介绍这一点。它是了解和识别计量区域内局部水损失的工具，也是进行水压管理以优化每个区域内配送失水率的工具。

家用水表的影响也反映了收费结构将如何演变。季节性甚至白天/晚上的水费会影响用水模式，例如，一方面鼓励在夏季更有选择性地灌溉花园(将在第7章中讨论)，另一方面则鼓励在24h周期内平滑每日需水量。除了家庭整体失水外，通过在家庭区域网络中开发水监测系统，还可以使用室内设备检测内部漏水。所有这些措施还导致更详细的数据循环，以进一步优化用水。

此外，污水表用于绘制城市污水管网，并采用城市雨水计量进行城市雨水管网测绘，确保城市的抗洪能力，并为消费者提供下水道负荷的潜在警告。

参 考 文 献

[1] ABI(2011)UK swimming in household leaks. Association of British Insurers, London, UK.

[2] ABI(2013)Burst and frozen pipes(escape of water). Association of British Insurers, London, UK.

[3] ABI(2015)Key Facts 2015. Association of British Insurers, London, UK.

[4] A&N Technical Services(2005)BMP Costs and Savings Study. A Guide to Data and Methods for Cost-Effectiveness Analysis of Urban Water Conservation Best Management Practices. A&N Technical Services Inc., Encinitas, USA.

[5] Baker S(2016)Thames Water Smart Metering Programme. Potable Water Networks: Smart Networks, CIWEM, 25th February 2016, London, UK.

[6] BCU(2015)Case Study for Metering and Sub-metering. Brunswick County Utilities.

[7] Beal C D and Flynn J(2014)The 2014 Review of Smart Metering and Intelligent Water Networks in Australia and New Zealand. Report prepared for WSAA by the Smart Water Research Centre, Griffith University, Australia.

[8] Benito P, et al. (2009) Water Efficiency Standards. Bio Intelligence Services and Cranfield University, Report for European Commission(DG Environment), 2009.

[9] Bentham D(2015)SMART Water: The UK Business Case. SMi Smart Water Systems Conference, London, April 29-30th 2015.

[10] Bookwalter G(2016)Naperville water meters too costly to read remotely, director says. Naperville Sun, 24th February 2016.

[11] Boyle T, et al. (2013)Intelligent Metering for Urban Water: A Review. Water 5: 1052-1081; doi: 10.3390/w5031052.

[12] Breken T(2016)Ark Labs hopes to make a difference with new water conservation device. Tech Alabama, 3rd August 2016.

[13] Carey P E(2015)AMR/AMI Feasibility Study. MC Engineering, Orangevale, USA.

[14] Carey P E(2014)City of Orland. Meter and Water Loss Management System Report. MC Engineering, Orangevale, USA.

[15] CIWEM(2016)Water efficiency: helping customers to use less water in their homes. CIWEM, London, UK.

[16] DS&A(2016)Advanced Meter Infrastructure(AMI)Feasibility Study. Report to Orange Water and Sewer Authority. Don Schlenger and Associates, LLC, New York, USA.

[17] EA/NRW(2013)Water stressed areas, final classification. Environment Agency, Bristol, UK, Natural Resources Wales, Cardiff, UK.

[18] Engineer S(2015) Water efficiency past and present. Presentation at Water Efficiency, Past, Present, Future, Waterwise Conference, London, 19th March 2015.

[19] Earl B(2016)Smart Water Efficiency and Affordability. Presentation at Accelerating SMART Water, SWAN Forum, London, 5th-6th April 2016.

[20] EBMUD(2014)Advanced Metering Infrastructure(AMI)Pilot Studies Update, East Bay Municipal Utility District, Finance-Administration Committee, East Bay, USA.

[21] Ehrhardt-Martinez K, Donnelly K A and Laitner J A(2010)Advanced meter reading initiatives and residential feedback programs: A Meta-Review for Household Electricitysaving Opportunities. The American Council for Energy-Efficient Economy, Washington DC, USA.

[22] Elster(2010)Multi-Jet hybrid supports water conservation objectives in Saudi Arabia.

[23] Elster Meter, Mainz-Kastel, Germany.

[24] Energy Savings Trust(2013)At home with water. Energy Savings Trust, London, UK.

[25] Energy Savings Trust(2015)At home with water 2, Energy Savings Trust, London, UK.

[26] EU(2010a)Commission Regulation(EU)No 1015/2010 of 10 November 2010 implementing Directive 2009/125/EC of the European Parliament and of the Council with regard to ecodesign requirements for household washing machines.

[27] EU(2010b)Commission Regulation(EU)No 1016/2010 of 10 November 2010 implementing Directive 2009/125/EC of the European Parliament and of the Council with regard to ecodesign requirements for household dishwashers.

[28] EU(2013a)Commission Decision of 21 May 2013 establishing the ecological criteria for the award

of the EU Ecolabel for sanitary tapware(2013/250/EU).

[29] EU(2013b)Commission Decision of 7 November 2013 establishing the ecological criteria for the award of the EU Ecolabel for flushing toilets and urinals(2013/641/EU).

[30] Fielding-Cooke J(2014)Inside looking out. SMi, Smart Water Systems Conference, London, 28-9th April 2014.

[31] Gan K and Redhead M(2013)Melbourne Residential Water Use Studies. Smart Water Fund, Melbourne, Australia.

[32] GLA(2015)Population Growth in London, 1939-2015. GLA Intelligence, Greater London Authority, London.

[33] Godley A, Ashton V, Brown J and Saddique S(2008)The costs and benefits of moving to full water metering. Science Report-SC070016/SR1(WP2)Environment Agency, Bristol, UK.

[34] Halifax Water(2014)AMI Technology Assessment and Feasibility Study. Halifax Regional Water Commission, Halifax, Canada.

[35] Hall M(2015)What is the transition from AMR to AMI? SWAN Forum 2015 Smart Water: The time is now! London, 29-30th April 2015.

[36] Hall M(2014)Pioneering Smart Water in the UK. SMI Smart Water Systems Conference, London, April 28-29th 2014.

[37] Hamblen M(2016)Cedar Hill, Texas, relies on wireless meters and customer software. Computerworld, 21 July, 2016.

[38] Hickey S(2016)The innovators: looped water system for Earth friendly shower. Guardian Sustainable Business, 21 February 2016.

[39] Honeywell(2013)Water Meter AMI Project proposal for the City of Port Townsend. Honeywell Building Solutions.

[40] Hooper B(2015)20 years of water efficiency. Presentation at Water Efficiency, Past, Present, Future, Waterwise Conference, London, 19th March 2015.

[41] Iagua(2010)Informe AEAS sobre'Tarifas y Precios del Agua en Espana'.

[42] IBM(2011)Dubuque, Iowa and IBM Combine Analytics, Cloud Computing and Community Engagement to Conserve Water. IBM, New York, USA.

[43] IB-Net(www.ib-net.org)accessed April 2016.

[44] Javey S(2016)Managing water use demand with feedback. Presentation at Accelerating SMART Water, SWAN Forum, London, 5th-6th April 2016.

[45] JWRC(2016)Smart Water Metering in Japan. Japan Water Research Centre, Tokyo, Japan.

[46] Kelly F(2016)Roll-out of water metering under review. Irish Times, 14th May, 2016.

[47] Lohan T(2016)An App That Helps You Save Water and Money. Water Deeply, 24th March 2016.

[48] Lovell A(2016)Customers and Tariffs. Presentation to Water Efficiency: Engaging People, Waterwise Annual Efficiency Conference, London, 2nd March 2016.

[49] Magee C(2015)FLUID Is A Smart Water Meter For Your Home. Tech Crunch, 15th September 2015.

[50] McCombie D(2014)At home with water. SMi, Smart Water Systems Conference, London, 28-

29th April 2014.

[51] McCombie D(2015)Thinking outside the box-smart water links to energy. SMi Smart Water Systems Conference, London, April 29-30th 2015.

[52] Miller E(2015) Water Wiser: New smart water meters aimed at spotting leaks before bills climb. Santa Fe Reporter, 1st July 2015.

[53] MandSEI(2011)City of Ottawa launches water AMI program. Metering and Smart Energy International, 12 April 2011.

[54] MandSEI(2016a)US city agrees to roll-out of 34, 000 units. Metering and Smart Energy International, 4 February 2016.

[55] MandSEI(2016b) Canadian utility secures regulatory approval for AMI roll-out. Metering and Smart Energy International, 11 October 2016.

[56] NAO(2007)Ofwat-Meeting the demand for water. National Audit Office, London, UK.

[57] Nussbaum D(2015) Why Water Efficiency Matters. Presentation at Water Efficiency, Past, Present, Future, Waterwise Conference, London, 19th March 2015.

[58] OECD(1999)The Price of Water: Trends in OECD Countries, OECD, Paris, France.

[59] OECD(2007)Financing water supply and sanitation in ECCA Countries and progress in achieving the water-related MDGs. OECD, Paris, France.

[60] OECD(2012)Policies to support smart water systems. OECD, Paris, France.

[61] Ofwat(2000)June Return for 2000. Ofwat, Birmingham, UK.

[62] Ofwat(2005)June Return for 2005. Ofwat, Birmingham, UK.

[63] Ofwat(2010)June Return for 2010. Ofwat, Birmingham, UK.

[64] Orgill Y(2016)European Water Label Annual Review, Water Label, Keele, UK.

[65] Orgill Y(2015) European Water Label, Scheme, Roadmap and Vision 2015, Annexes A-Water Label, Keele, UK.

[66] ONS(2012)Census 2011 result shows increase in population of the South East. Office for National Statistics, Press Release, 16th July 2012. ONS, London.

[67] Ornaghi C and Tonin M(2015)The Effect of Metering on Water Policy Consumption-Policy Note. Economics Department, University of Southampton, Southampton, UK.

[68] Pace R(2014) Managing Non-Revenue Water in Malta: Going Towards Integrated Solutions SMi, Smart Water Systems Conference, London, 28-9th April 2014.

[69] Percili A and Jenkins J O(2015)Smart Meters and Domestic Water Usage: A Review of Current Knowledge. Foundation for Water Research, Marlow, Bucks.

[70] Pint E M(1999)Household Responses to Increased Water Rates During the California Drought. Land Economics, 75(2): 246-266.

[71] Priestly S(2015)Water meters: the rights of customers and water companies. House of Commons Library, Briefing Paper CBP 7342, House of Commons, London.

[72] Rentier G(2014)How smart water meters can help consumers save energy. SMi, Smart Water Systems Conference, London, 28-29th April 2014.

[73] Scottish Water(2016)Scottish Water, 2015-16 Annual Report and Accounts. Scottish Water,

Dunfermline, UK.

[74] Sierra Wireless(2014) Unlock the Potential of Smart Water Metering with Cellular Communications.

[75] Slater A(2014) Smart Water Systems-Using the Network. SMi, Smart Water Systems Conference, London, 28-29th April 2014.

[76] Smith A L and Rogers D V (1990) The Isle of Wight Water Metering Trial. Water and Environment Journal 4(5): 403-407.

[77] Smith H(2015) Universal Metering in Jersey. SMi Smart Water Systems Conference, London, April 29-30th 2015.

[78] Smith T(2015a) How water efficiency can empower people to reduce their bills. Presentation at Water Efficiency, Past, Present, Future, Waterwise Conference, London, 19th March 2015.

[79] Smith T(2015b) Understanding the Customer's Perspective. SMi Smart Water Systems Conference, London, April 29-0th 2015.

[80] Snowden H (2013) Impact of metering non customer supply pipes in Jersey. SBWWI Annual Meeting and Leakage Conference, Intelligent Networks, December 2013.

[81] Symmonds G(2015) The Challenge of Transitioning from AMR to AMI. Presentation given at the SWAN Forum 2015 Smart Water: The time is now! London, 29-30th April 2015.

[82] Symmonds G(2016) Broadening the base: Expanding the potential of smart water. Presentation at Accelerating SMART Water, SWAN Forum, London, 5-6th April 2016.

[83] Thames Water (2014) Final Water Resources Management Plan, 2015-40. Thames Water, Reading, UK.

[84] Tucker A(2014) Smarts and Water Efficiency. SMI Smart Water Systems Conference, London, April 28-29th 2014.

[85] Tucker A(2015) Smarts and Water Efficiency. SMi Smart Water Systems Conference, London, April 29-30th 2015.

[86] UKWIR(2003) A Framework Methodology for Estimating the Impact of Household Metering on Consumption-Main Report(03/WR/01/4) UKWIR, London, UK.

[87] US EIA(2013) 2009 Residential Energy Consumption Survey(RECS), US Energy Information Administration, Washington DC, USA.

[88] Waldron T, Wiskar D, Britton T, Cole G(2009) Managing Water Loss and Consumer、Water Use with Pressure Management. Water Loss 2009 Conference, Cape Town, South Africa.

[89] Water UK(2014) Industry facts and figures 2014. Water UK, London.

[90] Water UK(2015) Industry facts and figures 2015. Water UK, London.

[91] Wallace C(2015) Building Trust with Customers. SMi Smart Water Systems Conference, London, April 29-30th 2015.

[92] Wang U(2015) Water Meters Begin to get Smarter. Wall Street Journal, 5th May 2015.

[93] Wessex Water(2011) Towards sustainable water charging. Wessex Water, Bristol, UK.

[94] Wessex Water(2012) Towards sustainable water charging-conclusions from Wessex Water's trial of alternative charging structures and smart metering. Wessex Water, Bristol, UK.

[95] Westin(2015)City of Santa Barbara, AMI Business Case, Westin Engineering Inc. , USA.

[96] Wheeldon M(2015)The beginning of Smart Wastewater Systems? SMi Smart Water Systems Conference, London, April 29-0th 2015.

[97] WICS(2013)Water and sewerage services in Scotland: An overview of the competitive market. WICS, Sterling, UK.

[98] WSA(1993)Water Metering Trials, Final Report. Water Services Association, London, UK.

[99] WWi(2016)Anglian Water targets zero bursts in new trial. WWi, June-July 2016, p. 9.

[100] Zpryme(2014)Smart water survey report 2014, Badger Meter, Milwaukee, USA.

[101] Zpryme(2015)Smart water survey report 2015, Neptune Technology Group, Tallassee, USA.

[102] Zur T(2015)Migrating from AMR to AMI. Presentation at the SMi Smart Water Systems Conference, London, April 29-30th 2015.

5 优化水和废水管理模式

最有效的水和废水公用事业单位是那些通过优化其活动，以最低的成本提供最高质量服务的单位。这涉及有效利用用户的智能水表(未来可能也包括智能排污表)生成的数据，并将其与实用程序的提取、处理和分配系统生成的数据相结合。它还关注如何平衡其水和废水处理资产与当前和预测的处理需求，并确保它们以最有效的方式运作。

第 3 章介绍了优化水资源管理的一些实例。案例研究 3.1 强调了诺森伯兰水务公司(Northumbrian)区域控制中心实现的成本节约，而案例研究 3.3 和案例研究 3.4 则考虑了 Aguas de Cascais 非收费用水量的减少以及通过 Aguas de Portugal 智能水表改善服务的情况。本章着眼于在更广泛的意义上优化水和废水管理。

在客户负担得起、维持可持续的价格的前提下，提供最高的服务质量的同时，公用事业单位应旨在降低其经营的资产密集度。这将确保供应的安全与建立客户对这些操作的信心结合起来，既能可靠地交付满足客户和监管要求的饮用水，又能安全地去除和处理污水。

5.1 传统技术和期望

传统上，因为公共卫生方面的考虑，水管理者是不愿承担风险的，公众对服务失败(甚至是感知到的缺陷)的容忍度比其他公用事业服务更低。同样，数据收集也被认为是缓慢的、局部的、劳动密集的，同样表现在对事件反应上。由于大多数资产位于地下，公用事业公司通常对其状况或性能的了解有限。这导致了通过过去的经验来应对新挑战的能力较差。

在公用事业公司的管理层能够理解其资产的表现之前，管理层很难对需要处理的运营的任何方面做出明智的决定，更不用说如何对这些方面做出响应和确定优先级了。更明智的公用事业公司也能够做更多的投资，以改善和扩大其活动。泄漏是一个特别令人关注的问题，因为它往往被视为公用事业公司业绩的公众形象。

在英格兰和威尔士，在 1989 年私有化之前，漏水并没有被视为优先事项。准确的漏水报告只出现在 20 世纪 90 年代初，并在 1995 年干旱之后成为一个政治问题，当时水务局(Ofwat)行业监管机构在1997年制定了目标，到2002~2003年将泄漏量降低到“经济水平”(进一步降低将提高总体成本)。由于之前的泄漏评估不准确，低估了实际泄漏量，因此在1995年之前，配送失水率被认为在上升(Stephens，2003)。泄漏仍然是英格兰和威尔士许多公用事业的问题，但已经取得了进展。确定的泄漏量从1992~1993年的4781ML/d上升到1994~1995年的5112ML/d，1999~2000年减少到3306ML/d，2015~2016年为3087ML/d。水务局建议在2020~2025年期间减少15%的泄漏量(Ofwat，2017)。

泄漏或配水损失应该被视为是用于处理和输送饮用水的钱，而不是收费的。这意味着要么需要更多的资产和运营支出来提供所需的水，要么可能被客户购买的水在到达之前就已经流失(Slater，2014)。

2010年，对主要服务于发展中经济体的5.13亿人的公用事业进行了调查(IB-NET data，Danilenko et al.，2014)，发现非收入用水(NRW)的中位数为28%，而2000年为31%，用水量295.9×$10^8 m^3$，总收入为239.6亿美元。如果配送失水率减少到20%，这将进一步提供23.7×$10^8 m^3$的水，进而产生19.2亿美元的额外收入。参与IB-NET计划的公用事业公司是中低收入国家中发展较好的公司之一，通过降低配送失水率，在全球范围内节省的空间将明显大于此。

1995~2007年期间，对两个发达国家和八个发展中国家的10个NRW、UFW(不明原因的水)和减少渗漏方案进行了调查，从中可以看出改善供水的范围，配送失水率从35%~61%降至15%~37%($n=5$)，UFW从45%~52%降至24%~43%($n=3$)，配送失水率从28%~35%降至10%~23%($n=2$)。这些项目从第一年持续到第11年(Ardakanian，Martin-Bordes，2009)。防止泄漏在避免额外投资方面也发挥着重要作用(见第2.3节)。

5.2 生活在实时世界中

实时信息收集使公用事业管理者们能够在事件开始后不久就接触到事件，而不是在事件造成一定影响时才注意到。这将事件对服务中断和基础设施损坏的影响降至最低。它还使管理者们能够更好地了解这些事件，并提高他们预测和应对未来此类事件的能力。

水资产监测包括了解整个水和污水管网及其相关处理设施在任何时候的运行情况。这些数据越详细、越及时，其价值就越大。这还包括能够融入任何适用的外部数据，如天气、河流流量和水质。当这些服务不断产生大量数据时，就其重要性进行有效的表述，并强调需要干预的地方。这些数据也是持续反馈回路的一部分，旨在进一步提高公司的运营效率。

5.2.1 为什么我们需要更多的测试–用水强度

水资源短缺往往与水质问题有关，例如地下水盐碱化侵蚀和维持河流和湖泊等可再生资源完整性的需要。这就需要更详细的内陆和地下水质量数据，包括可用性和质量。如果处理过的废水被重新引入河流系统或地下水(含水层补给)用于间接饮用，这也需要适当地监测。

资源压力越大，对水质检测的需求越大，在英格兰东南部，41%的可再生资源目前正在被提取(EEA，2009)。这对内陆水质有重大影响，意味着需要定期监测地下水位。

5.2.2 为什么我们需要更快的测试–预测而不是响应

事故发生与处理之间的时间差越大，造成的损害就越大。水的渗漏会冲走坚硬表面下的土壤，从而破坏路面和人行道。下水道泄漏也会通过出口到地下水和维护不善的水管污染水源。

5.2.3 家庭智能计量在公用事业信息化方面的作用

家用智能水表是智能基础设施中的最后一个元素，用于监测通过每个 DMA 的水流。它可以告知公用事业有多少水离开每个 DMA，或有益地消耗或由于客户网络泄漏损失。正如在第 4 章中所讨论的，这也是公用事业公司与客户沟通用水情况的切入点。

5.3 网络监控与效率

水流量监测应从输配网络引入客户处开始，以便预测并对资产状况的任何恶化作出反应。污水管网也是如此，在污水处理方面，监测还可以让公用事业机构了解雨水和污水实际上流经暴雨和污水管道的位置，以及联合污水管道实际上是如何运行的。

5.3.1 泄漏检测和定位

由于可能导致交通中断，在城市地区挖掘道路以寻找泄漏处越来越不被人们接受。最大限度地减少服务中断和明显的漏水是改善客户对公用事业业绩的认知并证明其收费使用得当的工具。远程和精确的泄漏检测可以快速准确地定位泄漏，最大限度地减少所需的挖掘和破坏，以及有效地避免非法开挖。

未检测到的泄漏也是公用事业有效履职的长期障碍。传统上，检测慢性潜在泄漏需要基于声学检测的手动检查。这类工作的劳动密集性意味着，较小的泄漏通常只有在进行预先计划的定期检查时才能检测到，这可能需要数月甚至数年的时间。这可以通过遥感声波来解决。下面概述了三个此类方法的例子，包括雪兰莪州、里昂和米兰。

在马来西亚，SYABAS(syabas. com. my)为雪兰莪州的750万人提供服务。其中一个紧迫的挑战是区外计量地区的管道泄漏。Echoshore声波泄漏监测系统作为一系列节点被推出，通过本地移动通信网络将数据发送到安全服务器。噪声记录器由Guttermann Zonescan(en. Guttermann-water. com)沿着网络放置，相邻的记录器之间的声信号相互关联。在190d的时间里，共检查了1461km的管道，发现154处泄漏，其中135处已立即修复，平均泄漏量为125m^3/d(Bracken and Benner，2016)。

威立雅公司正在里昂试用5500台监测器。在安装首批4400台监测器期间，新发现的泄漏超过260处。通常情况下，监测器之间的距离为30~40m，泄漏识别的相互关系可以在定位泄漏时实现更高程度的准确性。谷歌街道视图用于显示泄漏位置。读数的自动相关性明显比不支持的噪声水平测量更敏感，并改善了假警报的抑制。数据反馈将及时增加泄漏位置的敏感度，消除更多的假警报(Traub，2016)。

ICe项目(2013~2015年)开发了一个泄漏、消耗和流量压力的实时决策系统。该阶段集中于开发和实施实时监控、警报和运营支持。它是由米兰水务公司(medtropolitanmilan. It)MM Spa开发的。MM的Abbiategrasso试点研究优化了泵的调度，将平均泵的能量强度从0. 443kW/h/m^3降低到0. 388kW/h/m^3，每年节省能源成本104681欧元，而泄漏减少计划将夜间泄漏减少了22%，进一步节省111493欧元。该项目的回报时间为1. 5a(Lanfranchi，2016)。

在每一个案例中，重点都是使公用事业公司能够以一种比以前可行的更少的劳动密集型方式解决潜在的损失。

5. 3. 2 评估资产状况

有效、经济的管道维修依赖于对管道状况的准确判断。水和废水资产设备主要位于地下，这意味着人们对这些资产的了解很少。因此，它们可能被允许恶化到无法接受的程度，或者在它们实际上应该被取代之前先被进行更换，或者它们的使用寿命可以延长。

随着时间的推移，水管衬里会受到各种各样的物理、化学和生物反应的影响，包括腐蚀、原生动物的聚集，以及管道表面的侵蚀和脱落。存在于管道中的生物膜需要得到适当的管理。对于客户来说，网络劣化的典型表现是水变色。公用事业公司需要了解和管理管道内的黏结层，并拓展他们对管道的了解，比如它们的状况、使用年限、材料和直径。

管道清洁是昂贵的，并且只有在至少一年内没有明显的生物膜再生时才能被证明是合理的。管道保健是一种可行的低成本替代方案。为了了解这种情况，可以使用 PODDS(配送系统变色预测)预测模型(Boxall，2016)(表 5.1)。

表 5.1　使用 PODDS 可形成的成本节省

公用事业单位	干线长度/km	工程计划/万英镑	PODS 替代/万英镑
威塞克斯	4	抽汲—49	冲洗—22.7
威塞克斯	7	抽汲—53	保健—15
威塞克斯	6	更换—200	保健—4
威塞克斯	10	冲洗—130	保健—4
NWG 公司	4	高压清洗—30	保健—0.5

摘自：oxhall(2016)。

到 2020 年，NWG 将在 923km 的主要干线上部署 PODDS。一个自动化管道管理系统将覆盖 350km 的主要干线，耗资 600 万英镑，将在 2018 年到位。预计这将使管道清洗成本从 170 英镑/m 降至 17 英镑/m(Baker，2016)。

PODDS 基于实时或近实时的水质分析，包括流量和浊度监测，使用的是长期时间序列数据。模型可以模拟管道表面物质层的迁移和积累，再生速率是水质的函数。这意味着可以对生物膜再生进行精确的长期模拟。在智能网络中执行此操作时，它还可以提供根据当前和预测的管道条件管理流量。

5.3.3　水压管理及检漏

供水管网内的压力越大，从管道中泄漏的水就越多，管道的有效寿命也会因其所产生的应力而降低。在检测泄漏时，如通过弯曲或撞击管道等物理干预措施也会加速管道老化(Dunning，2015)。一种侵入性较低的方法是使用压力尖峰，当压力尖峰通过网络时可以被监测。严重的压力瞬变会损坏管道，也会使管道外的水进入管网内的异常低压区域(Jung et al.，2007)。这种瞬态活动可能是由阀门故障引起的，通过早期识别和更换，可以平滑网络压力，以最大限度地延长管道的使用寿命(Dunning，2015)。

压力管理可以通过确保分配系统内的压力不超过其最佳水平来减少泄漏，特别是在白天和季节之间需求有明显变化的情况下。2008～2010 年，在 Severn Trent、Portsmouth Water 和 United Utilities 进行的 i2o(i2owater.com)oNet 试验分别使泄漏减少了 26%、29%和 36%。当在雪兰莪州安装 200 套系统时，它们每天减少了 35000m^3 的泄漏，并将管道爆裂率降低了 48%(见第 5.3.1 节)。与安格里安水务公司(Anglian Water)目前签订的一份合同旨在到 2020 年将总泄漏量从 2014～2015 年的 19.2×10^4m^3/d 减少到 2×10^4m^3/d，水管爆裂减少 40%，泄漏量减少 35%。在中国广东省，广东水利局的昌平工业区的一个相对较新的供水网络使渗漏减少了18%。

有两种广泛的泄漏检测和监测方法：一种是将配送系统划分为区域管理区域（DMA），另一种是根据他们认为最好的方式查看整个或部分网络。案例研究3.4和3.5分别研究了Aguas de Cascais和Aguas de Portugal中的DMA方法。DMA主要见于欧洲，特别是法国、英国、威尔士和葡萄牙，以及以色列、新加坡、澳大利亚、智利和巴西，而DMA很少使用的国家包括美国、德国和许多发展中国家。

近年来，DMA方法在印度、中国和菲律宾得到了应用。例如，2008~2014年，由Miya（Miya-Water.com）管理的马尼拉西区（Maynilad Water，mayniladwater.com.ph）配送失水率项目将压力管理和1500个DMA区域管理的泄漏检测相结合，配送失水率从1580ML/d下降到650ML/d（2850~800L/每个连接处/d），泄露点从350处降至40处，修复了277000个泄漏。水资源利用率的提高使Maynilad water的客户数量从70万增加到116万，同时提高了收入，平均水头压力从4m上升到19m，每天供应时间从15h增加到24h（Merks et al.，2017）。在2008~2014年，Maynilad投资了4.1亿美元用于减少北威州泄漏，其中1800万美元用于Miya，这导致了4.41亿美元的额外收入（Miya，2015）。

DMA方法生成高质量的数据，但它是资产密集型的。它还与压力管理有关。使用检查和声学测量而不使用DMA的方法进行实际泄漏检测而不是系统损失。通过传感器、仪表数据分析和专用软件系统开发虚拟DMA（VDMA）的混合方法也正在出现（Hays，2017）。案例研究5.3着眼于耶路撒冷的DMA发展。虽然DMA方法不一定需要家庭计量，但当与智能家庭计量相联系时，它会更快更准确。

非DMA方法通常使用声波泄漏检测来确定泄漏发生的位置，同时使用网络检查来决定是否进行更常规的管道维护和更换。声波泄漏检测从监听管道泄漏和泄漏的声波开始，通过分析水网内的声波和声波脉冲产生的数据，发展成多种方法。这些方法越来越需要对泄漏作出更快速响应、更准确地定位泄漏以及判断泄漏的性质。Utilis（utiliscorp.com）开发了一种新方法，利用卫星图像来检测环境中处理过的水的存在，方法是通过算法分析确定其光谱特征，并将数据覆盖到地图上，以便公用事业公司确定泄漏发生的位置。数据每3、6或12个月更新一次。当这些数据被提供给地面的泄漏处理小组时，他们的工作效率从每人每天检测不到1.76次泄漏提高到了6.1次以上。泄漏检测的强度也有所提高，平均每人每天每0.19mile发现一次泄漏，而以前是每1.9mile发现一次。该系统似乎对较大的泄漏更敏感，例如2016年6月在费拉拉（意大利）进行的Grupo Hera（grupohera.it）现场试验，发现大泄漏（6处，超过30L/min）、71%的中等泄漏（14处中的10处，5~30L/min）、44%的小泄漏（16处中的7处，0.1~1.0L/min）和32%的微泄漏（22处中的7处，低于0.1L/min）。2015年在博洛尼亚全境为赫拉进行的测绘工作确定每年可节省$150\times10^4m^3$水。

5.3.4 优化泵送

压力管理的另一个方面是确保泵被以最有效的方式使用。优化水泵的智能系统在降低水务部门的能源消耗方面具有巨大的潜力。根据 Grundfos(Riis，2015)，泵占全球能源消耗的10%，目前使用的90%的泵没有得到优化。泵运行优化包括使用传感器在配送管网内传输压力数据，以支持使用算法的智能泵系统。这些可以实时地在任何时刻建立配送管网所需的理想压力。

由于能耗占水泵总成本的大部分，因此在开发新的配送系统或管理现有设备时，将水泵效率、部署和管理视为首要优先事项是有意义的。泵的管理需要考虑能源使用，因为就泵的寿命周期成本而言，5%用于购买设备，10%用于维护和保养设备，85%用于电力消耗。本章引用的例子(案例研究 5.5)说明了能源如何占到水务公司运营支出的 20%(Fargas-Marques，2015)到 24%(Carvalho，2015)。在典型的配水系统中，水泵占能源消耗的 89%，办公室、系统和照明占 6%，过滤器反洗占 5%(Bunn，2015)。

Derceto 公司(现在是苏伊士集团的一部分)的 Aquadapt 软件旨在通过优化与资源可用性和电价相关的抽水活动时间来降低水务公司的能源需求。在 2000~2001 年，涉及新西兰大惠灵顿水务 60%网络的试验能源成本降低了 12%。该服务于 2008 年推广到网络的其他部分。WaterOne(weaterone. org)服务于美国堪萨斯城的 40 万居民，通过管理 32 台水泵和 6 个流量控制阀，每年降低了超过 100 万美元的能源账单，减少了高达 4MW 的峰值电力需求。

水泵效率分析的基础是测量泵的吸入和排出压力，以及泵站的总流量和能耗。这个数据应该得到验证，因为直到最近，它变化很大。当两个或多个泵一起工作时，泵效率分析也需要考虑在内。这提供了与单泵完全不同的能量分布。泵效率的下一步将是在单个泵和泵组之间、在水务公司一级的泵之间以及最后在国际一级对泵进行基准测试。

以最有效的方式运行泵，需要变频驱动器来控制泵的转速，并需要一个多泵控制器来在一个网络中进行泵的整体管理。当泵系统管理与主动供水管网压力管理相连接时，可以减少多达 20%的能源需求，并减少多达 20%的网络分配损失。

最佳泵使用水平可使能源效率提高 11. 5%(Bunn，2015)。这与所需的泵送量和一组泵的部署有关，以便在任何时候使用的泵都能以有效的方式使用。例如，通过从一个小泵切换到两个小泵，或从三个小泵切换到两个大泵，当这导致泵以其最高效率水平使用时。

5.3.5 数据处理

公用事业单位面临的挑战之一是其当前或计划中的数据系统是否能够管理增

加的数据量和确保数据处理速度。首先，特定供应商开发的 MDM（仪表数据管理）平台通常不是为处理多个数据源而设计的。它们也通常是特定于 AMR 或 AMI 的，没有跨平台互操作的能力。此外，很少有公用事业系统被设计用来实际使用这些平台产生的高度特定的数据。设计为每月进行两次数据读取的系统不太可能有能力处理由 AMI 系统生成的 720 次（h/次）到 2880 次（15min/次）的客户数据读取（Symmonds，2015）。

因此，生成的数据量与以前不同，如果要使用，就需要对其进行管理。例如，巴西的 Cachoeiro de Itapemerim 市由一家公用事业公司提供服务，该公司有 55309 个计量连接，每天每个连接的失水量为 185.6L（巴西平均每天每个连接的失水量为 366.9L）。在该系统中，在 20 个 DMA 之间有 1956 个数据点。每个数据点每天生成 5.18×10^{6} 个单位的数据，或者每天生成 1.01×10^{10} 个单位的数据，每年约 3.70×10^{12} 个单位的数据（Sodeck，2016）。需要对这些数据进行处理，通过有效使用以前收集的数据来消除间隙、零点、峰值和常量值。在这种情况下，30min 报告一次与前 30 天内偏离预期系统性能的情况，并以图形形式显示，以及其他潜在相关数据（例如，压力、水库水位）和最小夜间流量。

5.4 饮用水——水质

水系统的完整性对其用户至关重要，2014 年以来在美国密歇根州弗林特市遇到的铅污染问题就戏剧性地证明了这一点（Dingle，2016）。很明显，引发这场危机的主要原因之一是该镇设施和网络的水质检测质量差。

饮用水质量由世界卫生组织（WHO）的《饮用水质量指南》（2011 年第 4 版，2020 年第 5 版）推动。通过网络对水质进行有效监测，可确定哪些地区的输水管道正在恶化，以及哪些地区的水质会受到影响。实时监测还可以使公用事业公司处理其水，以确保所有适用的质量标准，而无需过度处理。例如，减少氯化，可以改善水的味道，同时节省化学用剂成本。

5.4.1 饮用水——饮用性、美观性和公众信心

人们对服务提供的期望不断提高，以及审美和公共卫生标准不断提高，这就给监测和满足客户需求带来了更高的要求，需要增加支出。公众支付服务费用的意愿与服务质量有关，特别是在对服务可靠性的认知上。

在这里，公众对提供服务的信任度很低，越来越多地采用替代方法。第 6 章对此进行了详细讨论，包括使用点（PoU）和进入点（PoE）家庭水处理装置和瓶装水，而不管后者的实际质量如何。这一点通常在发展中经济体最为明显，尽管在墨西哥以及越来越多的美国部分地区，如加利福尼亚州，瓶装水支出可能超过自

来水公司的收入。在这里，消费者把钱花在了水上，但这些钱没有花在基础设施或服务发展上。

5.4.2 回到源头——流域管理

基于流域的水资源管理是基于对流经每个水系统的水从其来源到其消耗和排放的特性的充分了解。通过与农民、高海拔地区水利设备管理者和其他利益相关者合作，可以通过更大的能力吸收上游的异常降雨(Indepen，2014)来改善下游水质，增强抗洪能力，并有可能提高农业效率，降低洪水影响，降低与饮用水、废水和内陆河道水质有关的成本。

分布问题越早被发现，其影响就越小，其位置就越精确。对于供水设施来说，这在一定程度上是由外部因素驱动的，因为气候变化导致内陆水温上升，季节性流量的较大变化为隐孢子虫等水传播感染的增长创造了更适合的条件，隐孢子虫可从高地水源进入配水系统。

迄今为止，上游流域管理的重点是采用物理干预措施改善下游成果。监控是被动的，强调的是长期的结果。随着硬件成本的降低，上游迁移监测可以将重点放在上游数据可以对下游可能出现的潜在问题提供早期预警的领域，使作业者能够在第一时间评估和解决这些问题。智能流域管理包括考虑如何缓解农业和公用事业公司之间日益增加的水资源冲突。

5.5 水利设施和更广泛的环境

污水处理设施的责任延伸到将处理后污水排放到内陆或沿海水域。更灵敏和快速地检测污染事件和污水负荷意味着公用事业必须更及时地应对任何当前或潜在的污水排放问题。更快速的检测能力使公用事业单位能够更有效地响应，最好是在事故产生任何重大后果之前。

5.5.1 河流和地下水质量评估

当进水点的原水的状态得到适当的监测和评价时，水处理可以得到优化。这延伸到水如何可能受到外部因素的影响，包括与适当的环境机构或内陆水管理实体合作，以评价流经网络的水的质量。这包括河水流量、温度、浊度、生化需氧量和各种潜在污染物的存在。对已接受的规范的任何扰动越早发现，就越有可能尽量减少污染事件的影响。

5.5.2 洪水探测与管理

虽然公共事业公司在预防和管理洪水事件方面的作用有限，但它们与洪水事件密切相关，在公众眼中，它们是任何受影响地区的供水和排水服务的日常提供者。在许多地区，洪水发生的频率和强度都在增加，城市化进程在一定程度上加剧了这一情况。在城市地区，85%的降雨变成了地表径流，而这些径流必须被排水系统吸收。外部因素的作用，例如暴雨前的土壤含水量和地表径流，直到最近才被充分考虑到洪水风险监测中。

2000~2012 年，欧盟每年的洪水损失平均为 49 亿欧元。到 2050 年，随着主要洪水事件的频率从平均每 16 年一次增加到每 10 年一次，这一数字可能会增加到 235 亿欧元(Jongman et al.，2014)。在全球范围内，如果不采取适应措施，假设到 2100 年全球海平面上升 25~123cm，预计每年将有全球 0.2%~4.6%的人口被洪水淹没，导致全球 GDP 每年损失 0.3%~9.6%。全球海岸保护成本将在 120 亿~710 亿美元/a 之间(Hinkel et al，2014)。1995~2015 年的洪水造成的经济损失估计为 6620 亿美元，每次洪灾为 2.16 亿美元(Jha et al.，2011)，而 10 年来的经济损失估计已从 1950 年的 50 亿美元增加到 1980 年的 400 亿美元和 2000 年的 1850 亿美元(CRED/UNISDR，2016)。最近全球洪灾造成的经济损失有两个 20 年的数字，每年的损失范围为 108 亿美元(CRED/UNISDR，2016)到 198 亿美元(Jha et al.，2011)。

洪水管理通常涉及大规模的“硬”防御，而不是考虑避免和改善洪水，以及在最需要的地方更有效地部署防御。例如，在英格兰，每年有 15 亿英镑用于土地管理，这些土地管理在洪水易损性方面是中立的或更糟糕的，而 4.18 亿英镑用于缓解洪水事件，2.69 亿英镑用于硬洪水防御，6.13 亿英镑用于洪水后修复(Wheeler et al，2016)。

2016 年 1 月在英国发生洪水事件，当时新安装的防洪设施表现良好，但被异常的河流淹没，展示气候变化是如何挑战我们对极端天气事件本质的理解，以及它如何影响洪水发生和管理的模式。

内陆洪水有两种类型：雨洪(河水和/或地下水位上升)和山洪暴发(向河流和溪流大量排放水)。沿海地区的洪水也与海水有关，有时与风暴事件有关。智能洪水管理可分为七个阶段：首先，绘制并分析特定区域(如流域)的洪灾易损性。然后，可以通过适当程度的抗洪措施，对这些易损性制定应对措施。这可以包括防洪(增加洪区内或洪区之前的自然或工程吸收能力)，以及在房产和区域层面上发展防洪。水流和天气会被实时监测，数据会被反馈到地图上，以提高地图的准确性和扩展其预测能力。随着水位和气候模式的变化，这些地图也在不断更新，以突出当前或正在出现的脆弱性。在此基础上，对潜在的洪水事件进行预测，以触发防洪部署，并尽可能提前警告受灾地区的人们。在一些城市地区，还可以警告人们在关键时期改变用水(浴缸、洗衣机等)，以降低对雨水管道泄洪能力的影响。下水道洪水检查在第 5.7.1 节中进行了阐述。

智能洪水管理包括对当前和未来洪水脆弱性的实时和局部评估，以及在地方和区域层面对这些脆弱性的最有效响应。案例研究 5.9(英国朴次茅斯)和 5.11(法国波尔多)考察了如何在流域层面建立两个智能洪水预警和管理系统。以下两个例子概述了在地方一级乃至家庭一级识别这种脆弱性的可能性。

Pytera(PyTerra.co.uk)是一家早期公司(由 Concepture Limited 所有)，旨在为英国市场开发智能用水资源风险管理系统。水风险绘图传统上基于历史数据，专注于单一风险问题。Pytera 的目标是通过其内部优化系统，将广泛的水风险数据整合到基于 GIS、卫星图像、大数据和水文模型的公共平台上。输出设计可以在任何新的适用数据收集后进行实时更新。

获取与水相关的全面和可理解的数据对于风险管理和考虑计划开发的可行性都是一个制约因素。对于涉众参与来说尤其如此，因为风险的本质很难沟通。PyTera 系统通过开放数据的基本层提供了一个单一的、统一的事件视图，所有利益相关者都可以免费获得这些数据，从而寻求规避这一问题。然后，具有商业利益的各方可以通过订阅获得高级数据工具。他们的智能用水地图允许用户与他们正在寻找的特定数据进行交互。设想的应用包括为农民提供灌溉，为房屋开发商提供洪水补偿，以及为环境监管机构和机构提供的《水框架指令》(2000/61/EC)合规工具。

IMGeospatial(IMGeospatial.com)隶属于智能建模公司，为洪水管理市场开发智能产品。数字地形模型(DTM)使用当前可用的数据(包括地图、卫星图像和规划应用程序)来创建包含路缘、树篱、栅栏、墙壁和桥梁以及建筑物和道路等特征的洪涝灾害地图，修改地表水流以创建该地区洪水风险的模型。它被设计成通过远程访问新的相关数据源(不断发展的 DTM)进行自我更新。当记录可能影响洪水脆弱性的房屋或道路建设等变化时，将创建警报。这可在规划过程中应用，以考虑拟议发展的潜在影响。然后，DTM 集成到城市水流路径中，如池塘、水槽、连接路径和下水道。由此，可以确定易受洪水影响地区的水流路径，并了解地表水流和下水道水流之间的关系，以预测与管网容量和不同天气事件相关的实际洪水事件可能发生的位置。通过模拟水流通过模型系统，客户能够了解实际系统在各种条件下的性能。随着与真实和模拟事件相关的更多数据的可用性，并被集成到模型中，IMGeospatial 的目标是将其发展成为一个主动洪水预警系统。

另一种方法是考虑可持续排水系统的潜力。这两者都包括城市地区的可持续排水系统(SuDS)方法及其在农村地区的广泛应用，并结合集水区管理。SuDS 方法通常用于局部规模，作为其他城市排水系统的补充。在更广泛地部署 SuDS 时面临的困难在于各种可用的方法以及在比较它们时生成的数据量。由 Atkins 开发的 SuDS Studio(atkinsglobal.co.uk)用于对 Anglian Water 集水区内 1900km^2 的土地进行各种方法的研究。该系统使用 GIS 数据绘制潜在的 SuDS 区域，同时确保潜在的冲突区域，如列出的建筑物、洪水区和不正确的地形。在分析的区域内，确定了 1350 万个潜在项目，其中 550 万个是具有成本效益的(Todorovic，Breton，2017)。在此基础上，基于非智能方法无法实现的详细程度的数据库，可以进行更详细的分析。

针对沿海地区的风暴潮监测系统也在开发中。新加坡国立大学(National University of Singapore)开发的风暴潮预报系统“风暴”(Stormy)将天气预报与风暴潮、海面压力及海平面数据结合起来，每天以图形形式发布六至七天的风暴潮警报，警报级别从 0.3m 至 0.5m 以上。该系统覆盖了南海新加坡海峡(Luu et al.，2016)，成功预测了 2013 年和 2014 年的两次风暴潮，精度均为 0.05m。该系统目前正在升级，以纳入潮汐振荡，并扩大其地理覆盖范围。

5.5.3 浴场用水监测

传统上，对浴场水质的监测是被动的，测试结果在有关的度假胜地公布之前，需要几天或几周的时间，年底对每个海滩的水质进行全面评估。根据欧盟修订的沐浴水指令(2006/7/EU)，数据可以在专门的网站上轻松获得，测试延迟最小。这样可以持续监控沐浴水的水质，并在出现问题时突出显示问题，以便潜在的游客能够对事件作出反应，并在必要时让当局关闭海滩。由于浴场水质受降雨(雨水和厕所污水合流管溢流)的影响，及时监测和数据发布非常重要。

虽然该指令是在 2006 年通过的，但在智能用水管理可能包括此类领域之前的一段时间，需要实时和接近实时的数据收集和传播，特别是在偏远地区，如民间社会组织，意味着随着该指令在 2015 年完全生效，智能用水管理的需求和能力的演变与它们潜在的互惠互利相一致。

5.6 废水和污水

5.6.1 污泥状况及处理

当污水处理工程在最佳操作参数范围内进行时，其效率最高。该参数是根据了解流入污水处理厂的水量及其污水负荷而定的。

对污水处理厂运作参数的改变作出反应，有可能导致未能遵守规定的风险。例如，对硝化作用的过度处理(在非高峰期)是一种能量的浪费，可以提高总氮排放，而在风暴期间的处理可能导致高氨排放。实时监测可以测量工厂的实际处理能力，以及输入负荷和出水质量。数据驱动两个控制回路，对任何变化作出反应的前馈和在污水排放前纠正这些变化的反馈。在 25×10^4t/a 聚乙烯装置的水处理系统(60000m^3/d)中进行的试验发现，高峰期氨排放量减半，曝气所需的能源节省了10%~20%。详细监测的使用使处理过程第一次变得透明化，便于有效管理。这种方法可以部署在新的构建或改造现有系统(Haeck，2016)。

5.6.2 作为可再生资源——水和废水再利用

废水是一种资源，而不是需要处理和处置的东西。通过从废水中回收水、养分和能量来创造价值也提高了运营和开发废水处理系统所需的现金流。水可以直接(直接饮用，尤其是在纳米比亚的温得和克)或间接(间接饮用，例如在新加坡，新水被排放到水库，在水库中与河水混合，然后进行处理)返回家庭网络，并直接向工业用户销售非饮用水，澳大利亚、印度和中国正在广泛采用这一方法，在这些国家，工业用户的非饮用水收入可以有效地支撑该项目。有限的化肥库存正在推动养分的回收，能源回收在降低公用事业能源成本和减少其碳足迹方面发挥着越来越重要的作用。必须严格控制废物处理过程的各个阶段，以优化资源回收，特别是污泥消化。

5.6.3 暴雨污水溢流检测与响应

另一个优先事项是确保污水管网和雨水排放系统有效互动，确保污水处理工程不超载。

暴雨污水流量监测和建模的首要任务是早期发现和预防问题，其基础是在阻塞、污染性CSO溢流和内部和外部洪水影响系统性能之前确定它们。这就要求在适当的地方安装适当形式的自动遥测流量和液位监测器。对于压力深度测量，最好使用超声波液位传感器其工作效果更好，除非环境受限(例如小腔室或高超载水平)。2005~2015年间，英国安装的大量显示器已经出现故障，因为它们的性能没有得到监测，也没有得到维护。有效的监测意味着使用至少10~15a不需要维护的装置，并自动评估和报告其运行状况。

在干旱时期，下水道堵塞通常始于暴雨下水道网络中材料的堆积。当材料通过管道时，降雨会造成堵塞，水就会积聚起来，然后回流就会造成污染。进一步的降雨将清除堵塞，当天气再次干燥时，循环就会恢复。

这可以通过预测分析来解决，这种分析基于将预期事件与当时正在发生的事情相结合。例如，控制室中的天气报告分析用于生成触发警报，确定站点优先级，维护团队响应并更新系统，当这些信息可用时，将与新的天气数据结合。2014年，约克郡水务使用了预测分析，通过事件预防，污染事件减少了21%(Harrison，2015)。

暴雨溢流，特别是在潜在的敏感水域，需要监测和管理，包括针对暴雨水域的病原体策略。水或废水中的病原体减少量定义为将病原体的存在减少99.9%(a

“3 log kill”)至规定浓度(每 100mL 病原体单位)所需的紫外线(UV)剂量。紫外线剂量通过一系列现场试验进行验证，考虑到实际流量和使用的紫外线模块数量(Dinkloh，2016)。英国的奇切斯特港是根据欧盟贝类水域指令(2006/113/EC)指定的，暴雨水流需要适当消毒。2014 年 3 月，Southern Water 部署了一个 Wedeco Duron(xylem. com)雨水紫外线系统，该系统使用 10 个紫外线模块沿着一个流出通道向下，以处理 1086m^3/h 的雨水。通过监测紫外线的透射率和强度，操作者可以间接测量所施加的紫外线剂量和设施的有效消毒性能。对紫外线剂量的实时、连续监测可确保排放符合要求。

智能下水道监测的广泛采用仍处于早期阶段。2017 年 2 月，英国 Severn Trent 向 WWM(hwmglobal. com)授予了一份全系统监控合同。合同针对 700 Intelligens 流量监测系统(污水流速和深度)、3000 Intelligens WW 和 SonicSens 超声波传感器(管道内污水流量)和 1130 Intelligens 洪水警报系统(下水道水位警报)。这些装置通过 GPRS 调制解调器进行通信，可远程升级和重新校准，并且设计为自动运行至少 5a。这被认为是迄今为止最大的此类项目(Water Active，2017)。

5.6.4 废水作为公共卫生监测工具

废水是人们健康和生活习惯的潜在信息来源。避孕药中的炔雌二醇(EE2)扰乱了接受处理废水的内陆水域的雄性鱼类内分泌系统(Owen，Jobling，2012)，降低了它们的生育能力。Zuccato 等(2008)发现，通过测量苯甲酰 cgonine(一种仅在可卡因使用者尿液中发现的化合物)的浓度，他们估计意大利波谷地区每天消费 4 万剂可卡因，而不是先前假设的每月 1.5 万剂。废水处理厂排放的药品也日益受到关注(Kostich et al.，2014；Liu，Wong，2013)。由于基因组测序的收敛性、记录 DNA 数据的能力以及以合理的成本快速分析、传输和整合这些信息的能力，现在可以获得关于废水中物质流动及其携带的信息，特别是关于遗传数据的信息。

一个特别有趣的领域是疾病的早期发现。疾病的症状通常在潜在感染开始后的某个时候变得明显。这些疾病的潜伏期可能长达数天甚至数周。如果 DNA 或代谢物在此之前排出，在外部症状出现之前，就可以对这些疾病的发病发出早期警告。理想的情况是生物传感器能够实时检测病毒爆发。能够检测到这种变化也将使流行病学家能够更好地了解疾病是如何在城市中发展和传播的。实际上，这将成为对约翰·斯诺的“幽灵地图”的实时重温，正是这些地图使 1854 年伦敦霍乱爆发的源头得以确定和隔离(Johnson，2006)。同样，监测使公共卫生研究人员能够了解所有类型药物的实际使用情况(Ratti et al.，2014)。

“地下世界”是一个智能下水道监测系统，由麻省理工学院的 MIT Senseable 城市实验室(underworlds. mit. edu)开发，旨在对城市污水的组成进行近实时的数据分析。其中一个目标是看看每个城市是否都有独特的生物特征，以及如何利用这些数据来制定近实时的公共卫生策略(Common，2016)。在现实中，最需要这些服务的城市，将是那些最不具备采用这些方法的设施的城市，因为它们的排水系统范围有限。那些住在非正式住区的人将从这种方法中获益最多，但除了一些例外情况(例如巴西的公寓卫生设施和巴基斯坦卡拉奇的 Orangi 试点项目)，非正式住区的特点是没有下水道网络。

监测流行病早期预警的费用需要与能够以更快和更积极的方式应对疾病暴发而避免的经济和人力方面的费用相平衡。同样，可能会出现各种各样的结果，既有预期的，也有意想不到的。这可以用来检测合法和非法的毒品消费。这将引发大量有关隐私和公民自由的问题。这些将在第 9 章中讨论。

正在开发的另一种方法是智能厕所，它可以识别家庭中个人的 DNA 序列，并进行生物标记物和微生物群分析。日本 Toto 公司开发了一种简单的尿液分析方法。如果要在很大程度上部署此类方法，规模、成本和速度都是挑战(Ratti et al.，2014)，目前，这意味着这些设备将由早期采用者购买。在某些个人情况下，早期发现某些疾病可能需要花费必要的费用，尤其是在美国等医疗费用高昂的国家。

5.6.5 智能污水处理能力优化

污水水位监测和警报系统使公用事业能够防止来自合流式污水管溢流(CSO)排放的污染事故，并确保污水管网内没有溢流(和堵塞)。智能 CSO 使用溢流监视器，与远程紧急切断阀、控制面板和雨量计相连。这成为更广泛的流量管理方法组合的一部分，将天气数据、实际和预测的降雨量以及雨水管网到流域的性能结合起来。

污水泵站可通过流量监测和管理进行优化。例如，变频驱动器允许优化功耗与阻塞和不断更新的网络清理周期相关的性能。传感器检测泵室中的空气和由于化学反应形成的气体，同时诊断吸入区域的堵塞并监测系统压力。泵状态监视器保存与实时时钟相关的系统内存，带有用于数据记录的以太网接口。

在网络中，有必要确定工作优先顺序的关键领域。同样，工作需要与天气数据相结合，以确保在天气紧急事件期间可以推迟。展望未来，主要在于发展更灵敏、反应更快的传感器，并将其与实时网络控制和水力模型应用(Kaye，2015)以及当前和预测的天气条件和其他事件联系起来。

如果社区化粪池升级为污水处理系统，保留化粪池的储存容量为优化网络和处理效率提供了相当大的潜力，特别是在处理需求方面。澳大利亚已经有了污水和化粪池的集成的例子。东南水务服务于墨尔本的莫宁顿半岛。莫尔顿半岛是该市最繁荣的郊区之一，其房屋传统上只有化粪池。由于污水泄漏造成的污染，提议为25000处住宅修建一个排水系统，费用为5.07亿澳元(每处住宅20280澳元)。这里的主要挑战是由于住宅入住率的季节性而导致的使用高峰(GWI，2016a)。

利用现有化粪池拦蓄污水，使污水顺利流入污水系统，开发了智能化污水管理系统。每个小区都安装了一个专属的One Box控制装置，可监察污水流入化粪池的情况、污水的水位，以及污水如何及何时排入污水网络。由于污水泵平均每天运行8min，因此它们有灵活使用的空间。One Box系统还能识别堵塞以及化粪池无意中连接到雨水下水道的地方。因此，该系统允许在家庭一级进行积极的污水管理。当预计会有降雨时，可将污水截留在化粪池中，直到通过雨水管网的降雨流量减少为止。峰值流量的降低意味着该系统的安装成本为2.55亿澳元(每处房产10200澳元)，占预期成本的51%，同时提供了更高效、管理更严密的服务(GWI，2016a)。

智能污水处理涉及对整个污水处理系统的行为和性能进行系统的了解，对整个污水处理、污水网络和处理系统以及民间社会组织等排放点的污水流量和其他运行参数进行综合监测。

事件持续时间监测(EDM)包括监测和记录CSO排放和其他合规的风暴溢流何时发生以及持续多长时间。英格兰有15000多个合规的合流式污水管溢流口，89%排放到内陆水域，10%排放到海岸和河口，1%排放到地下水。1995~2015年，6800个合流式污水管溢流口得到改善(Hulme，2015)。到2040年，气候变化和城市增长将使洪水相关的下水道容量增加51%。需要对合规的合流式污水管溢流口进行适当管理，环境署已要求供水和污水处理公司在2020年前监测其“绝大多数”合流式污水管溢流口(Hulme，2014)。需要监测的合规的合流式污水管溢流口是那些每年发生一次以上溢流的地方和便利场所，或欧盟《栖息地指令》(94/43/EEC)所涵盖的地方。自2015年起，由于符合修订后的《沐浴水域指令》(2006/7/EU)所需的标准，合流式污水管溢流口向欧盟指定的沐浴水域排放污水的情况也在发生。EDM监测包括在合适的地方进行体积测量和遥测。在AMP6(2015~2020年)期间，监测了8784个合流式污水管溢流口。对于指定地点(具有社区重要性的地点)，这意味着每隔两分钟监测一次泄漏(1405个合流式污水管溢流口，在适当情况下进行流量监测)，并在必要时通知所有地方和国家当局。对于不太敏感的地区(7379个合流式污水管溢流口)，15min/次的监测频率是合适的(Hulme，2014)。

5.7 避免过度投资

上面的例子主要考虑了智能网络在提高效率方面可以实现什么。对现有和计划中的网络和设施采取明智的做法，也可以推迟或减少对新资产的需求。

5.7.1 让现存的网络发挥更大作用

如果现有资产可以有效地部署以满足公用事业公司当前和未来的需求，那么构建新资产可以推迟或根本不需要。第 5.1 节指出，已制订了一项减少泄漏的方案，以防止利雅得需要大量的海水淡化能力。在第 5.6.5 节中展示了如何将现有的资产(化粪池)集成到一个新的污水管网中，以降低系统的最高处理能力。智能方法用于确定在每个公用事业公司的特定情况下需要做什么。

下面的例子(澳大利亚的水、英国的下水道洪水和澳大利亚的下水道)说明了需求管理、了解财产层面的洪水脆弱性以及充分利用下水道网络的容量如何降低用以维护、加强和扩大服务的基础设施的成本。

需求管理可以降低水资源成本，并且在现有资产能够继续提供适当水平的服务时，可以避免开发新资产。澳大利亚需求管理的例子(Beal, Flynn, 2014)包括每月高峰需求减少 10%，允许将 1 亿澳元的新基础设施延期四年，净现值为公用事业节省了 2000 万澳元。在第二种情况下，在需求增长减少后，将 2000 万澳元的水处理厂升级推迟 7 年，可节省 790 万澳元的资本支出；将 500 万澳元的管道升级推迟 5 年，可节省 160 万澳元的资本支出。

让一个脆弱的财产免受下水道洪水的影响是昂贵的。在英国，防止下水道洪水的五种不同方法的平均成本为 1.5 万~5.8 万英镑(Keeting et al., 2015)，因此下水道洪水预防和管理策略应集中在那些最脆弱的房屋。由 Innovyze (Innovyze.com)子公司 MWH Soft 开发的 InfoWorks CS 污水和洪水风险评估模型与 16 个流量监测器相结合，对英国布莱克本地区的 4500 处房产中的 916 处进行了检测，这些房产被认为存在污水淹没风险。因此，风险登记册减少到 118 个，洪水风险预测的置信度更高，保险附加费风险更低(Innovyze, 2010)。

雅拉谷水务公司服务于澳大利亚墨尔本的一部分地区。据预测，Mernda-Doreen 郊区的房屋数量将从 2008 年的 6000 套增加到 2030 年的 20000 套。InfoWorks CS 被用于研究该地区未来的污水处理需求，并确定了优化现有污水处理系统的方法，其成本为 100 万澳元，而不是按计划的 1000 万澳元(Innovyze, 2009)。InfoWorks CS 用于评估法国波尔多和加拿大渥太华的实时控制系统，以尽量减少满足废水管理标准所需的资本支出。该系统使渥太华所需的新基础设施节省了 67% (6500 万美元)，避免了修建新的下水道隧道，同时将雨水产生的废水的收集率从 74%提高到 91%。在波尔多的路易法格盆地节省了 63%的成本(6200 万欧元)是通过提高网络储存废水的能力而实现的(Innovyze, 2008)。

5.7.2 有效部署水表和监视器

计量和监测本身并不是目的，它们是产生所需数据以实现预期结果的手段，而多余的监测设备或数据几乎没有什么用处。通过使用达尔文采样器(bentley.com)程序，可实现对压力记录器、水质监测器和流量监测器的最佳布置。这可以通过最小化安装仪表区域内所需的采样器数量或最大限度地利用一组传感器的覆盖率来实现。对于水质传感器的放置，达尔文采样器发现额外传感器数据的返回量减少。一个传感器在DMA内实现30%的覆盖率，四个覆盖率达到50%，15个传感器覆盖率达到75%，40个传感器覆盖率为90%。在此之后，额外的传感器没有获得额外的覆盖(Zheng，2015)。

例如，取代了传统的经验法则放置22个水系统记录器的方法，使用优化的放置，用6个记录器在相同的区域内实现了96%的覆盖率。在消火栓流量测试和冲洗速率覆盖率的情况下，根据经验选择的8个消火栓的冲洗速率覆盖率为32%，而达尔文采样器选择的消火栓的冲洗速率覆盖率为66%(Zheng，2015)。

此外，达尔文校准器可用于网络模型的校准。这包括检测长期和难以发现的泄漏以及新的泄漏，并在网络中的数千个阀门中识别少量未知的阀门设置。

在一项试验中，联合公用事业公司(UU，UK)在17个DMA中部署了75个额外的传感器，以使用达尔文采样器确定网络覆盖的最佳数量。每个DMA有5个传感器，达到了预期的网络覆盖率(至少80%)，UU目前正在研究标准取样DMA中泄漏的宏观位置，并使用埃克塞特大学开发的事件识别系统将其与过度取样DMA中泄漏的微观位置进行比较。这将与泄漏定位系统(LLS)相结合，该系统使用统计过程控制来比较随时间变化的压力相关数据。初步结果表明改进了泄漏的识别和定位(Romano et al.，2016)。

Berliner Wasserbetribe(bwe.de)是一家服务于柏林370万人的公用事业公司，拥有7917km的主干管和150个泵站。网络压力由50个传感器管理，以尽量减少电力公司需要处理的数据量(Freyburg，2017)。

5.8 案例研究

下文介绍了11个案例研究，其中6个是关于供水的，3个是关于污水处理的，2个涉及洪水预警和管理。

5.8.1 案例研究5.1：哥本哈根快速泄漏检测

丹麦政府几十年来一直积极寻求有效的水资源管理。1994年，政府开始征收供水税，以鼓励水务公司尽量减少渗漏。自1998年以来，如果渗漏超过公用事业总供水的10%，则损失超过这一数额就征收5.0丹麦克朗/m^3(Lambert，2001；OECD，2008)，随后升至6.13丹麦克朗/m^3(Merks et al.，2017)。虽然收费对丹麦的渗漏产生了重大影响，但2014年报告的48家公用事业公司中，有12

家水务公司配送失水率仍高于10%(Reschefski et al., 2015)。2002年，引入了通用水表，2005年推出了双冲水厕所，2008年采用雨水回用。大哥本哈根的水和污水处理服务由HOFOR(HOFOR.dk)提供。在哥本哈根，人均用水量从1987年的171L/d下降到1995年的135L/d，再到2010年的108L/d和2015年的100L/d(Skytte, 2016)。

高水费(2016年哥本哈根的水和废水综合水费为6.21美元/m^3，为世界最高)意味着渗漏的经济水平明显低于英国或美国。2010~2014年，丹麦的配送失水率在全国范围内为8.1%~9.6%，自2011年以来呈下降趋势。丹麦公用事业泄漏指数得分在0.1~1.6，是世界上最低的。哥本哈根高于这一水平，泄漏指数为2.5，但仍被归类为配送失水率为6%的高效网络(Reschefski et al., 2015; Pedersen, Klee, 2013)。

2005~2014年，哥本哈根的管道更新率为每年0.9%，76%的管道使用年限超过60a(Pedersen, Klee, 2013)，这表明，如果管理得当，旧管道网络可以有效运行。早期泄漏检测还可以避免与损坏道路和其他基础设施相关的成本。可以避免的成本差异是通常的2000英镑的50~200倍(Fisher, 2016)。

泄漏监测过去是通过移动Permalog+声波探测装置通过HOFOR的水网络进行的，周期为三年。自2009年以来，HOFOR一直在哥本哈根安装永久数据记录器，2009~2014年间安装了185台。记录器通过Leif Koch(almosleak.com)的ALMOS LEAK(声波泄漏在线监测系统)连接到互联网，使用谷歌地图在其专用网站上突出显示记录器附近管道的状态。状态可以是蓝色(正常)、红色(泄漏)或黄色(需要进一步调查)，每天晚上都会搜索和检查泄漏。为了尽量减少对记录器的影响，自2012年以来，它们现在被安置在地下专用的蜘蛛式记录器(Spider Logger)单元中。在2014年之前，HOFOR通常每年发现600~700处泄漏。2014年，共发现425处泄漏，表明以前仅在三年一次的检查中发现的小泄漏现在被更快地发现。

5.8.2 案例研究5.2：数据记录和网络优化

配电网内的过度水压会增加系统中的水损失，同时也会增加能源消耗。数据记录器用于监测服务水库、上游和下游压力(进口记录器)和网络内的临界压力点，如压力调节阀。增压泵和分配泵的压力可以自动优化(消除未使用的多余网络压力)或远程操作。来自记录器的信息被集成到公用事业的智能用水网络中。数据警报显示网络爆裂、开启边界阀、流量计故障、卡滞压力调节阀、管道破裂，并监测公用事业公司的反应和如何解决这些问题。

i2O(i2Owater.com)开发了一套数据记录器和支持服务，用于收集、发送(iNet和DNet)和接收数据并将数据发送到实用程序，并允许远程优化数据使用

(oNet)和数据如何发挥作用。这是一个在单一平台上运行的全网络水优化系统，用于监测水流和网络压力。

可以根据需要将新的日志记录程序添加到网络中，现有的日志记录程序又可以通过固件更新和升级执行新的服务，实现尽可能简单，而不影响网络安全的目的。添加额外的记录器和服务的目的是增加功能，从而在实用程序需要时生成更多更密集的数据。

以下是三个国家 i2O 方法的四个例子：

1）东南水务公司(South East Water)(UK，southeastern Water . co. UK)：该系统用于 200 个 DMA，节省了 118 个系统。每天节约 $7200m^3$ 的水，即每年节约 $262.8 \times 10^4 m^3$ 的水，按 1.63 英镑/m^3 计算，相当于每年节约 428 万英镑。

2）马来西亚 Syabas(Syabas. com. mk)：通过 700 个 i2O 系统，在该公用事业公司 70%的区域进行了压力调节阀优化。实现每天节约水 $95000m^3$，爆裂率降低 48%。每年节省 700 万英镑，相当于每年每个系统节省 1 万英镑。

3）英国盎格鲁水务公司(Anglian Water)：一项水泵自动化优化计划平均降低了 16%的压力，节省了 8.4%的能源。此外，通过确保首次有足够的压力，31 处房产从低压登记册中被删除。预测的突发率减少了 38%，所需的检测时间减少了 55%。该项目投资回报率为 7.4 个月。

4）马尼拉水务公司(Manila Water)(Philippines，manilawater. com)：智能压力管理用于一个 DMA 区域。实现每天减少 283kW · h 的能源，相当于每天 12866 英镑，令人满意的客户服务压力从 88%提高到 99.8%，减少了 30%的管理资源用于监测区域，进一步节省了 20000 英镑/a。

总体而言，截至 2014 年初，在 22 个国家的 66 家公用事业公司安装了 6000 台数据记录设备，每天节约 $25 \times 10^4 m^3$ 的水($9130 \times 10^4 m^3/a$)，也就是说每个设备每天节约了 $41m^3$ 的水。迄今为止的运行效益包括平均减少 20%的泄漏，从而减少客户投诉。由于泵送和处理的减少，更低的水消耗反过来又减少了 20%的能源消耗。压力管理降低了 40%的爆裂频率，从而增加了 5a 的资产寿命。投资回报一般在 6~18 个月。

主要来源：Savic(2014)。

5.8.3 案例研究 5.3：耶路撒冷的泄漏检测和管理

Hagihon(Hagihon. co. il)成立于 1996 年，为耶路撒冷和以色列周边城镇的大约 100 万人提供供水和排污服务。总的来说，没有收入的水占 10.5%，在城市较新发展的地区占 3%。该实用程序有 105 个 DMA，随着其覆盖范围的扩大，新的 DMA 还在增加。

传统上，泄漏必须先报告，然后才能修复，看不见的就不能付诸行动。在

Hagihon，这是通过一个呼叫中心进行的，该呼叫中心不断报告泄漏和爆裂情况，进而提醒快速反应人员尽快修复泄漏，由于需要作为应急响应修复管道爆裂，通常在没有警告的情况下发生。由于失去了水源，从而导致用户突然断水，客户也不知道什么时候才能重新有水，因此生活会受到影响。

在发现泄漏之前，足够的水会释放出来破坏周围的基础设施造成破坏。修复过程，从对地面挖掘，再填充和重新铺设，可能会进一步造成损害，特别是对其他公用事业资产和道路。连续在线分析流量、压力和水质参数，在区域级别安装的水表，可以检测异常并向监控系统发出警报。这一监测网络包括永久性安装的声传感器，以便及早发现隐藏的泄漏。

维修团队得到的信息越多，他们就越能有效地执行泄漏维修工作，从而能够制定工作时间表，然后根据位置（与其他待执行任务的距离）和紧急程度对任务进行优先级排序。在这里，泄漏管理是通过以下步骤进行的：①根据泄漏警报、记录、定位和计划预期进行修复，为其设置时间，并将其分配给团队；②通知政府，以尽量减少交通中断，并确定附近所有其他公用设施和相关基础设施的位置和标记；③确认已确定泄漏的准确位置，以尽量减少维修时间、成本和破坏；④及时通知客户维修情况，确保客户得到通知，并在必要时作出反应；⑤将所有计划的维修工作与附近的其他低优先级小泄漏联系起来，看看是否可以同时维修这些泄漏；⑥告知客户他们的私人管网中的泄漏也已被发现，以及如何解决这些问题。

智能化发展经历了三个阶段：

1）实时网络监控：智能电表供应商 TaKaDu 从 Hagihon 的 SCADA 网络收集和处理数据，并由系统进行实时分析。这为任何时间点的“正常”网络性能提供了基础。当系统偏离正常值时会发出警报，以最大限度地延长 DMA 级别的潜在水质问题和其他可能由泄漏引起的问题的警报时间。

2）配水水网的声学监测：水瓶座-光谱（aquariusspectrum. com）固定网络无线声波传感器提供每个故障点的实时图形表示，包括历史和统计数据。这项服务目前覆盖了将近一半的配水网络，用于优化和同步维护活动，并生成活动泄漏的每日更新地图。

3）管道内非开挖修复技术：Curapipe（Curapipe. com）提供非开挖（no dig）泄漏修复，检测和密封管道内的泄漏。目前，Curapipe 和 Hagihon 已获得以色列卫生部对小型（4~8in）管道进行非开挖修复的批准。这项技术有望在未来推广到更大直径的管道上。

为了持续监测供水网络的泄漏情况，每 200~400m 安装一个声传感器，每晚激活 10s，数据通过移动电话连接发送。然后对生成的数据进行分析，评估哪些异常是真正的泄漏，并通过相邻传感器数据的相关性来定位泄漏。每天早上都会对系统当前的泄漏状态进行评估，使用 Aquarius 软件对泄漏进行报警和定位，并将这些信息作为动态层添加到 Hagihon 的 GIS 系统中，指出任何正在发生的泄漏。GIS 系统还可以识别和记录其他网络问题，包括制造噪声的仪表、止回阀和堵塞的管道，以便将这些问题纳入维护计划。

2014 年 10 月开始全面安装传感器。到 2015 年 4 月，安装了 1700 个传感器（计划 2700 个），覆盖 900km 网络中的 510km。在这段时间里，报告了 80 个隐藏的泄漏，52 个被修复，22 个私人管网泄漏被确认，60 个故障设备被发现并更换。在前六个月（2014 年 10 月～2015 年 3 月），配送失水率从 13.5% 降至 10.5%，在客户知道之前发现并修复了 100 多处泄漏。实际上，这意味着客户不知道发生了管道破裂。在性能最好的 DMA 中，配送失水率从 13.5% 下降到 10.5%。尽管由于工作人员部署效率提高，维修标准有所提高，但操作和维护费用仍有所降低。由于修复泄漏前的时间较短，泄漏造成的附带损害也有所减少。

主要来源：Yinon（2015a）；Yinon（2015b）。

5.8.4 案例研究 5.4：地下水网设备的"地下测绘"

在英国，公用事业单位每年挖 400 万个洞，仅伦敦就有一百万个（Parker，2013）。每个漏洞都可能影响其他公用事业资产，因此需要准确定位每个设备和设备故障以及其他设备的位置。除了 39.6×10^4km 的供水干线和 35.3×10^4km 排污管道外，还有 27.5×10^4km 的天然气干线、48.2×10^4km 的电力电缆和估计 200×10^4km的光纤电缆（Parker，2013）。

公用事业系统提供的服务需要挖路面和道路来修复其中的一个或多个，在城市地区，人们认为这一点越来越不可接受。"地下地图"项目旨在开发一种综合的方法来评估和定位这些设备。2005～2008 年的工作集中在定位、测绘、数据集成、设备标签和网络等方面。2008～2012 年，这项工作重点转移到开发多传感器设备和资产评估协议上。第二阶段（2012～2016）寻求开发用于资产状况遥感的多传感器设备（Parker，2014）。

这包括定位、三维绘图和记录，使用一个共享平台：根据每个资产的定位和位置来创建数字记录。目前正在 Severn Trent（stwater. co. uk）、Affinity Water（affinitywater. co. uk）和 South Staff Water（South-Staff-Water. co. uk）进行试验。通过将地下设备的信息转移到地表之上，可以首次绘制出这些资产的真实图像。这可能使干预措施更有针对性，使用更少更小的刨口，同时降低成本和附带损害。

5.8.5 案例研究 5.5：西班牙和巴西的节能泵送

塔拉戈纳水务联合会（ematsa. cat）为西班牙 70 万人提供服务。该公用事业公司有 23 个泵站，每年使用 5600×10^4kW · h 电，占其总运营支出的 20%。通过转移到更大的调节罐(从2005年的$5\times10^4m^3$到2008年的$17.5\times10^4m^3$)，公用事业公司在非高峰能源期集中泵送具有更大的灵活性，并使用更灵活的小型和大型泵阵列。2005~2008年，非高峰时段的能源使用比例从61%上升到73%。

下一个优先事项是通过监测滤器堵塞情况，尽量减少反洗砂过滤器所用的能源。这使得每年反洗所需的水量从2010~2011年的$(25\sim30)\times10^4m^3$减少到2012~2013年的$15\times10^4m^3$，相关能源成本降低了40%。

这些通用方法随后通过采用实时泵管理和控制进行优化，以确保使用的泵的最有效组合以及泵送的最佳时间，并根据实际而不是假设的需求调整泵送。Derteco公司的Aquadapt(见第3.5.1节)被用于进一步整合和优化这些工艺。除了自动控制泵的时间和泵的部署外，Aquadapt系统混合了各种可用的水源，以确保最大限度地利用重力供应(并减少能量紧张)的需求。该软件的开发是为了实时提供这些数据。2013年，在一个泵站进行了一次试验，该泵站的能源消耗占总能耗的30%。2014年，这一计划扩大到占能源消耗80%的水泵。2015年，这些作业使用Aquadapt进行管理。尽管电费上涨，但能源成本下降了10%以上(Fargas-Marques，2015)。

Aegea(aegea.com.br)是Grupo Equipav集团的水务部门。由于水力发电是巴西的主要能源来源，近年来巴西各地的水资源短缺导致一些州限制供水，并导致电价上涨。由于能源占Aegea运营支出的24%，这家公用事业公司一直试图将能源消耗降至最低。第一阶段是确定在整个网络中抽水需要多少能量。Aegea发现，将水从源头(潟湖)输送到水处理厂和水管需要$0.077kW\cdot h/m^3$，从干管输送到供水网络需要$0.926kW\cdot h/m^3$，从供水网络输送到客户需要$0.121kW\cdot h/m^3$。四个抽水站消耗了78%的能源。

提高泵送效率的短期和长期计划是基于IT方法的部署，包括资产管理、客户信息系统、水力网络建模和系统故障的综合记录和分析。2010年以来，能源效率提高了18%：2010年，以$1.12kW\cdot h/m^3$的速度输送了$1910\times10^4m^3$的水；2014年，以$0.95kW\cdot h/m^3$的水量输送了$2600\times10^4m^3$的水(Carvalho，2015)。

5.8.6 案例研究5.6：马耳他智能用水系统

马耳他总人口为410000人，水务公司通过140000个连接设施为240000户供水。这个岛没有河流或湖泊，这意味着它的水资源处于相当大的压力之下，自2005年以来，每年都要抽取34%~48%的内部可再生资源(欧盟统计局)。水服务公司(WSC，wsc.com.mt)通过三座反渗透海水淡化厂和地下水抽送，每天向客户供应$8\times10^4m^3$的水。尽管2300km的管网中65%是自20世纪70年代以后安装完成的，在20世纪90年代，在实际和明显的损失、渗漏和未计费的水消耗中，非收入浪费超过45%。

在智能水表推出之前(智能水表推出计划见第 4.6.5 节),供水网络被合理化为 300 个分区和子分区,所有分区和子分区都单独计量和记录,系统中部署了 214 个减压阀,网络泵上安装了 28 个变速驱动装置。因此,管网泄漏量从 1990 年的 $9.3\times10^4 m^3/d$ 降至 2013 年的 $1.08\times10^4 m^3/d$。20 世纪 90 年代中期管网的泄漏指数超过 10,2004 年降至 5.0,2013 年降至 2.1,自 2004 年以来,Gozo 岛的泄漏指数一直在 1.4~1.8 范围内。

其他损失通过智能网络解决。例如,通过现代计费系统最大限度地减少计费错误,在必要时通过智能水表和物理检查消除水表误读,以确保数据核对、水表登记不足和用水盗窃。水表登记不足是造成明显损失的最大原因,而盗窃相对较少。到 2013 年底,数据收集和计费系统已基本到位,但随着数据质量和可靠性的提高,这两个系统有望为未来的改进提供巨大的空间。

截至 2013 年底,已安装了 250 个接收器组成的网络,覆盖岛屿以及 $20.2\times10^4 m$ 的发射器。共有 13 万名客户通过远程读取信息付费。截至 2016 年 3 月底,26.6 万处房产(包括商店和办公室)中有 22.7 万处已联网,19.9 万处通过远程计费(Pace,2016)。

2015 年推出了一个供用户管理用水量的门户网站。目前的重点是地理信息系统(GIS)、SCADA 和先进的水表管理(AMM)的集成,以确保正确定义区域计量水区。先进的计量管理被作为一种非收入的水和泄漏管理工具,并巩固公用事业的运作,使它们以更有效的方式执行。此外,通过集合自下而上(客户计量)和自上而下(区域计量)的方法,可以获得适当的水平衡,并识别明显损失管理。随着时间的推移,目前正在开发准确的用水情况,包括季节性用水数据,这也使公用事业公司能够建立和量化智能水表和管理所能提供的质量收益,从而提高客户满意度,鼓励他们更支持智能计量等创新。从这里开始,数据可以成为工具,允许公用事业根据客户的需求和使用进行准确的客户细分。计费异常和非法消费是下一个目标。

这种规模的通用智能电表的推出是一种学习练习。GIS 与 AMM 的集成将及时确定智能用水网络组件在接收层的最佳位置。GIS 在全岛被用于数据模式分析。实时数据还可以更准确地显示水表的老化情况,这将使水表的更换周期能够基于真实数据而不是假设数据进行优化。

和许多其他情况一样,用户对电费的关注远远超过对水费的关注,而多效用计量方法提供的水和电的消耗之间的联系有望随着时间的推移减少水的消耗。分阶段获得客户支持,他们可能不会公开赞赏智能水表网络等项目,但越来越多的人认识到,马耳他的情况使得有必要采取这样的战略(Pace,2016)。

5.8.7 案例研究 5.7:无线排污监控与管理

Anglian Water(anglianwater.co.uk)总部位于英格兰东部,服务于水资源有

限、地形平坦、人口迅速增长的地区。Sewernet 是一个 Anglian Water 公司的水资源项目，其基础是将传感器网络与信息分析、管理和控制有效集成，并为运营商生成适当级别的可视化分析。污水管网作为智能污水管网运行。传感器部署在整个污水管网中，为运行信息管理系统提供数据。在网络中，每个传感器单元都有自己的数据管理过程以及网络中传感器之间的点对点数据分析和比较。

公用事业公司可以通过内部和外部数据将污水网络和污水处理系统的各个部分连接起来。例如，在污水处理厂兴建前及兴建后，抽水站的污水流量、功率及容量、蓄洪池及合并污水渠流出的污水量，污水处理厂的水平、容量及流量、体积、质量、功率及化学用途，以及经同意的污水排放口的质量及流量。这些数据与当前和预测的天气以及联合配送网中的水流有关。

自 2009 年以来，Anglian Water 一直在使用基于遥测的污水网络监测。目前的重点是开发实时监测设备状况和预测设备故障的能力，以及使用实时数据和系统测量污水流量的基于风险的优先顺序。长期目标是建立一个自我维护和全自动化的污水处理系统，该系统需要运营商的最小投入，同时将资产运营与短期和长期天气模式联系起来，并能够管理非污水处理资产，比如那些位于更偏远社区的资产。

Sewernet 为公用事业公司的警报仪表盘提供数据，突出显示需要注意的区域，并生成数据反馈(系统智能引擎)，以便在系统能力和负载的情况下优化资产，包括协助有效检测和清除下水道堵塞。

报警管理系统生成的推断信息包括污染事件、洪水(内部和外部洪水以及局部洪水)、部分和全部的下水道堵塞、淤积和滤网堵塞、网络渗入、CSO 和紧急溢流(EO)操作以及泵效率低下。这些数据依次输入集水区模型(降雨敏感性、集水区容量、潜在溢流的优先位置等、泵送容量和管道约束以及资产的状况和维护状态)，并将综合数据应用于当前和预测流量。流量管理包括整合来自气象雷达、实际降雨量、雨水下水道系统和排水流域的数据。它还包括径流特性、地层渗透率、时间和入口、土壤饱和度(土壤湿度指数)以及当前和预期雨水管道负荷等变量。

主要资料来源：Kaye(2013)；Kaye(2015)。

5.8.8 案例研究 5.8：污水渠溢流监测

在英格兰和威尔士，Detectronic(Detectronic.org)的用于暴雨下水道企业数据建模(EDM，系统性能的图形概述)的超声波流量计智能系统被 Ofwat 接受用于 AMP6(2015~2020)。来自雨量计、MSFM Lite 和 MSFM S2(Detectronic 的超声波 CSO 液位监测器)的数据通过 3G 或 GPRS 传输至 Detectronic 数据采集和分发节点。数据传输到本地服务器，在那里与外部天气数据、下水道设备数据和历史数据结合，并通过 DetecData Plus 进行分析。它也可以通过 DetecData Pro 直接连接到远程客户端。来自其他数据系统和遗留设备的数据可以与来自数据收集和分发节点以及通过客户的 SCADA 的数据相结合，并可用于客户分析。这使得可以利用当前过时或不工作的监视器收集的旧数据，以提供历史基准数据。IBM 正在寻求通过统计工具实现这些过程的自动化，这些工具支持预测建模、场景分析和知情决策。

全周期监测将所收集的所有数据、其解释和说明以连贯的方式结合起来，确保没有数据丢失或错位，重点是提取、分析和提出实际需要的数据。这还意味着实用程序中的单个点负责拥有数据以及如何对数据进行操作。SCADA 系统容易产生过多的误报。2014 年，在英国进行的客户试验发现，每 100 个监测员使用全循环监测发现 30.7 个确定的预测，而其他方法为 11.2 个，每 100 个监测检测到 9.4 起污染事件，而其他方法为 3.9 个。总共处理了 160 项污染或防洪干预措施，其中包括 105 项堵塞，为公共事业公司节省了 500 万英镑的罚款，以及声誉损失和事后补救工作，仅罚款一项就相当于 22.5 万英镑投资的 22 倍。

主要资料来源：Woods(2015)。

5.8.9 案例研究 5.9：洪水警报和事件管理

伊斯特尼集水区包括了英格兰南部的波特西岛和朴次茅斯的一个毗邻部分，污水处理服务由南部水务公司管理。近年来，这里发生了多起洪水事件。第一次是 2000 年 9 月 15 日发生的“百年一遇”洪水事件，造成 300 多处房屋遭受内部淹水，530 多处房屋遭受外部淹水，水深达 1.5m。第二次是在 2010 年 8 月 22 日，水位在 4min 内上升了 4.5m，40min 内上升了 8.6m，是“十六年一次”的洪水事件。为了确保未来的恢复能力，设计了智能下水道项目。

该项目由 Innovyze(analytical，Innovyze.com)、Southern Water 和 4D(威立雅水、科斯坦和 MWH 之间的合资企业)管理，拟定了一个四年计划，涵盖 AMP5(2010~2015)。2011 年编制了项目要求，2012 年运行了一个洪水工程原型，以证明其对南方水务(Southern Water)的可行性。2013 年迁至新平台 ICMLive，第一期于 2014 年 4 月推出，2015 年 3 月完成最终实施。

实时数据包括雷达遥测(来自英国气象局的近距离天气预报)、雨量计(five OTT Pluvios gauges，OTT.com)、水位(9 个下水道水位监测器持续运行)和水泵运行(4 个站)，这些数据在 InfoWorks 综合流域管理(ICM)下输入 ICMLive、InfoWorks和 Innovyze 模型。该模型生成运营预测，通过电子邮件警报和可视信息触发警告。该系统在需要泵送时提供提前警告，如果未执行预测操作，则发出警报。如果缺少数据输入或与模型不符，也会触发警报，使操作员能够广泛了解操作条件。

主要资料来源：Cockcroft(2015)。

5.8.10 案例研究 5.10：偏远社区的污水监测

Eco Center AG(Eco-Center . it)管理着意大利北部南蒂罗尔 58 个城镇和村庄的 32.3 万人的污水管网。网络监测于 2001 年开始，共有 40 个测量站。来自三个网络的流量数据通过 GPRS(Mydatanet)发送到博尔扎诺污水处理厂的中央服务器。服务包括实时下水道监测、监测站维护和客户计费。当这项服务开始时，它是基于拨号上网(窄带)的网络接入，而现在数据通信支持3G 或 4G。该系统现时覆盖 21 个污水处理厂及安装在 71 个量度站的流量计。

由于网络的远程性质，系统的稳定可靠性是一开始主要考虑的。该系统设计为免维护、太阳能供电并可远程上网。它被设计为易于升级，例如一个新的 SCADA 系统。测量站每 12 个月由同一通道内的电磁流量计校核一次。非接触式雷达用于读取污水水位和流速。Flowbru 集水区分析(Flowbru. be)用于监测下水道流量、地表水和降雨，以获取欧盟合规数据，并通过基于网络的显示方式提供给利益相关者。

该系统的安装成本并不低，但经过 14 年的运行，它已被证明是可靠的，在此期间无需维护。因此，这对降低运营成本具有长期的好处。

主要资料来源：Davis(2015)。

5.8.11 波尔多洪水预警和管理

法国大波尔多市覆盖 27 个城市，居民 74 万，城市用地 $5.6\times10^4hm^2$，加龙河高水位以下的土地 $1.35\times10^4hm^2$。污水管网包括 2535km 的污水管、1365km 的雨水管和 780km 的合流污水管。1982 年，三天内发生的两次大洪水促使该市考虑开发洪水预警和管理系统。这项工程最初涉及另外 1900km 的雨水排水系统，与 46 座水库和 49 座泵站相连，费用为 9 亿欧元，人均费用为 1200 欧元。这是一种典型的“硬”工程方法，主要用于处理洪水。此外，还实施了 400 多项“软”措施，旨在最大限度地提高城市区域的吸收能力(Erk，2015)。

1992 年，苏伊士被要求为该市开发一套雨水管理系统，开发雨水管理系统(RAMSES INFLUX^{TM} storm water management system)是为了最大限度地提高城市对即将到来的洪水事件的预警和应对能力。该系统通过 41 个雨量计和 378 个传感器，将来自本地天气雷达的天气数据(每五分钟更新一次一小时的详细预报)与网络数据(水位、流量和网络系统状态)以及集水区河流和溪流的当前和预报数据相结合，提供 4000 个数据输入，用于总体水状况和管理模型(Erk，2015)。预测性监测允许管理者以多种方式应对潜在的洪水事件，包括快速排放蓄水设施，这些设施可能很快需要容纳新的水流入，处理洪水(雨水携带大量污染物)和防洪(将集水区的水量减少 45%，储存 $100\times10^4m^3$，排放 $1\times10^8m^3$ 废水和雨水)。未来特定洪水事件的警告可在潮湿天气至少提前 6h 发出，干燥天气至少提前 24h 发出。2016 年，RAMSES(设备和处理厂的卫生措施和监督管理)INFLUX™系统与苏伊士其他洪水管理系统集成为 AQUADVANCED 城市排水系统，并集成到苏伊士 AQUADVANCED 智能用水管理系统系列中(Suez，2016)。

波尔多自 1990 年以来就没有受到过洪水事件的影响，包括 2013 年 7 月的一次风暴，比 1982 年更严重，40min 内降雨量达到 7cm。该系统目前在 20 个城市使用，包括法国其他三个主要城市(大巴黎、马赛和圣艾蒂安)，以及卡萨布兰卡(摩洛哥莱德公司)、巴塞罗那(西班牙)、新加坡和重庆悦来生态区，重庆是中国 30 个“海绵城市”之一(Suez，2017)。

5.9 结论

智能用水和管理的发展是为了满足更高的客户期望和需求，而此时水的预算和供应正变得越来越紧张。本章考虑了三种广泛的对策：根据所提供的服务和所需的资产强度，优化网络的效率；确保资产继续有效运作，并可在必要时进行修复或升级，直至其使用寿命结束；使用关于未来需求的现有资产和信息，以便新的(额外的)资产只在实际需要时和需要地点部署，而不是在理论上需要时部署。

虽然智能家用水表本身并不“智能”，但它是智能网络的一个组成部分，可以在 DMA 中实时监测流量和损耗。在第 4 章中，水智能计量开始得到广泛应用。相比之下，国内的智能下水道仪表目前仅限于一次试验。

在供水和排污网络以及对其进行全面监测和管理方面，已经看到了广泛采用的例子。在网络层面，智能污水处理系统的规模已开始与水网相当。污水和下水道事故造成的财务和声誉损害是一个特别的诱因。

水和废水管理的优化在一定程度上依赖于网络监控和管理的不同方面的有效集成。目前智能开发和部署的重点在于从单一结果方法(例如，测量网络内的水流量)转向将这些信息与其他数据源(网络内的压力、泄漏识别和状态)集成，以及在污水处理的情况下，这些数据正在与外部数据结合，包括当前和预测的天气状况、处理能力和废水组成。

许多城市已经建立了洪水管理和监测系统，波尔多(案例研究 5.11)和 Portsea(案例研究 5.9)在集水区一级提供了更大程度的抗灾能力。新方法的重点是更集中地利用当地数据，以确定房地产层面的脆弱性和潜在缓解策略，同时详细了解通过有效渠道在整个集水区系统实施可持续城市排水的最具成本效益的位置分析大量高度本地化的数据。

创新的速度似乎没有放缓。在这本书的写作过程中，智能干预的潜在范围显著扩大，新的方法不断涌现。例如，通过实时远程测量污水流经管网时的温度，可以看到有多少地下水(破裂的管道)和雨水(未绘制的交叉连接)渗透正在发生，因为这些地方的温度明显较低(Brockett，2017)。

能够在一次试验中成功地展示一项睿智的创新，与能够将其商业化或看到其被广泛采用之间仍然存在明显的差异。在同一时期，从预警系统到基于 DNA 的污水识别方法等许多有前途的方法都未能实现。流失率将保持在较高水平，并不能保证成功与失败的区别就在于创新的内在优点。

在第 6 章中，将考虑为发展中经济体量身定制的智能应用程序的潜力。第 7 章将探讨在水资源竞争日益激烈的情况下，提高灌溉效率的途径，这对于水资源管理至关重要。最后，在第 10 章中，将讨论智能供水在“物联网”驱动的“智能”和“数字”世界中的潜在作用和范围。

参 考 文 献

[1] Al-Musallam L B A(2007)Urban Water Sector Restructuring in Saudi Arabia. Presentation at the GWI Conference，Barcelona，Spain，April 2007.

[2] Ardakanian R and Martin-Bordes J L(2009)Proceedings of International Workshop on Drinking Water Reduction：Developing Capacity for Applying Solutions，UN Campus，Bonn 3 - 5 September 2008. UNW-DPC，Publication 1，Bonn，Germany.

[3] Baker M(2016)Taking quality water from source to tap. WWT 59(10)：8.

[4] Beal C and Flynn J(2014)The 2014 Review of Smart metering and Intelligent Water Networks in Australia and New Zealand Water Services Association of Australia.

[5] Boxall J(2016)Monitoring and Modelling Water Quality in Distribution Networks. Potable Water Networks：Smart Networks，CIWEM，25th February 2016，London，UK.

[6] Bracken M and Benner R(2016)Business case for smart leak detection：trunk mains. Presentation to‘Accelerating SMART Water’，SWAN Conference，5-6th April 2016，London，UK.

[7] Brockett J(2017)Industry leader：Professor Dragan Savic，Exeter University. WWT 60(2)：14-15.

[8] Bunn S(2015)What is the energy savings potential in a water distribution system? A closer look at pumps. SWAN Forum 2015 Smart Water：The time is now! London，29-30th April 2015.

[9] Carvalho W(2015)Drought Conditions Force Water Utilities Efficiency. SWAN Forum 2015 Smart Water：The time is now! London，29-30th April 2015.

[10] Cockcroft J(2015)Managing Storm Water Flows Using the Eastney Early Warning System. Presentation to‘The Value of Intelligence in the Wastewater Network’，CIWEM，London，18th February 2015.

[11] Common D(2016)Sewer robots sampling human waste may track drugs，disease through cities. CBC，27th May 2016.

[12] CRED/UNISDR(2016)The Human Cost of Weather Related Disasters，1995-2015. United Nations，Geneva，Switzerland.

[13] Danilenko A，van den Berg C，Macheve B and Moffitt L J(2014)The IBNET Water Supply and

Sanitation Blue Book 2014. World Bank, Washington, DC, USA.

[14] Davis M(2015)Real-time and near Real-time remote sewer network monitoring. Presentation to 'The Value of Intelligence in the Wastewater Network', CIWEM, London, 18th February 2015.

[15] Dingle A(2016)The Flint Water Crisis: What's really going on? Chem Matters, American Chemical Society, December 2016, 5-8.

[16] Dinkloh L(2016)Smart disinfection- using the validated UV dose concept. Presentation to 'Accelerating SMART Water', SWAN Conference, 5-6th April 2016, London, UK.

[17] Dunning J(2015)Maximising Asset Lifetimes. SWAN Forum 2015 Smart Water: The time is now! London, 29-30th April 2015.

[18] EEA(2009)Water resources across Europe-confronting water scarcity and drought. EEA 2/2009, European Environment Agency, Copenhagen, Denmark.

[19] Erk T(2015)Smart Storm Water management in the context of Bordeaux. Presentation given to the IWA Busan Global Forum, 2-3rd September 2015, Busan Korea.

[20] Fargas-Marques A(2015)Smart Engineering for Energy Savings. SWAN Forum 2015 Smart Water: The time is now! London, 29-30th April 2015.

[21] Fisher S(2016)Addressing the water leakage challenge in Copenhagen. WWi, June-July 2016, P32-33. Freyburg T(2017) Keeping Berlin ahead of the curve. Water and Wastewater International 32(2): 8-9.

[22] GWI(2016a)Inventing the Uber for water. Global Water Intelligence(17)11: 59-64.

[23] GWI(2016b)Chart of the month: Digital water savings for utilities. Global Water Intelligence (17)12: 5.

[24] Haeck M(2016)Standardized real-time control: Enhancing water quality and minimising compliance risk. Presentation to 'Accelerating SMART Water', SWAN Conference, 5-6th April 2016, London, UK.

[25] Harrison J(2015)Predictive analysis in the sewerage network. Presentation to 'The Value of Intelligence in the Wastewater Network', CIWEM, London, 18th February 2015.

[26] Hays K(2017)To DMA or Not to DMA? That is the Smart Water Question. Bluefield Research, Boston, MA.

[27] Hinkel J, et al. (2014)Coastal flood damage and adaptation costs under 21st century sealevel rise. PNAS 111(9): 3292-3297.

[28] Hulme P(2014)CSO Monitoring and The Environment Agency. Presentation to 'Sewer Systems for the 21st Century.' Sensors For Water Interest Group, University of Sheffield, Sheffield, 25th June 2014.

[29] Hulme P(2015)The Need for EDM. Presentation to 'The Value of Intelligence in the Wastewater Network', CIWEM, London, 18th February 2015.

[30] Indepen(2014)Discussion paper on the potential for catchment services in England. Indepen, London, UK.

[31] Innovyze(2010a)Real-time control: two cities, two stories. The impact of network simplification on property flood risk predictions. Innovyze case study, 17th November 2008.

[32] Innovyze(2010b)The impact of network simplification on property flood risk predictions. Innovyze case study, 10th September 2010.

[33] Innovyze(2010c)InfoWorks CS enables large CAPEX savings in Melbourne. Innovyze case study, 22nd October 2009.

[34] Jha A K, Bloch R and Lamond J(2011)Cities and Flooding. A Guide to Integrated Urban Flood Risk Management for the 21st Century. World Bank/GFDRR, Washington DC, USA.

[35] Jongman B, Hochrainer-Stigler S, et al. (2014)Increasing stress on disaster-risk finance due to large floods. Nature Climate Change 4: 264-268.

[36] Johnson S B(2006)The Ghost Map: The Story of London's Most Terrifying Epidemic-and How it Changed Science, Cities and the Modern World. Allen Lane, London, UK.

[37] Jung B S, Boulos P F and Wood D J(2007)Pitfalls of water distribution, model skeletonization for surge analysis. Journal AWWA 99(12): 87-98.

[38] Kaye S(2013)Sewernet. The opportunities and challenges of a wireless enabled business. Presentation to the Cambridge Wireless Special Interest Group, 22nd January 2013. Cambridge, UK.

[39] Kaye S(2015)Intelligent Wastewater Networks. Presentation to 'The Value of Intelligence in the Wastewater Network', CIWEM, London, 18th February 2015.

[40] Keeting K, et al. (2015)Cost estimation for SUDS-summary of evidence. Report-SC080039/R9, JBA Consulting for the Environment Agency, Bristol, UK.

[41] Kostich M S, Batt A L and Lazorchak J M(2014)Concentrations of prioritized pharmaceuticals in effluents from 50 large wastewater treatment plants in the US and implications for risk estimation. Environmental Pollution 184: 354-359.

[42] Lambert A O, et al. (2001)Water Losses Management and Techniques. Paper presented to the IWA Congress, Berlin, Germany, October 2008.

[43] Lanfranchi E A (2016) Improving water use efficiency using innovative technologies: MM (Milan) experience. Presentation to 'Accelerating SMART Water', SWAN Conference, 5-6th April 2016, London, UK.

[44] Liu J L and Wong M H(2013)Pharmaceuticals and personal care products(PPCPs): a review on environmental contamination in China. Environment International 59: 208-224.

[45] Luu Q-H, Tkalich P, Choo H K, Wang J and Thompson B(2016)A storm surge forecasting system for the Singapore Strait. Smart Water 1: 2.

[46] Merks C, Shepherd M, Fantozi M and Lambert A(2017)NRW as % of System Input Volume just doesn't work! Presentation to the IWA Efficient Urban Water Management Specialist Group, Bath, UK, 18-20th June 2017.

[47] Miya(2015)NRW Reduction project saves water and connects 2.6 million additional people. Press Release, Miya.

[48] OECD(2008)OECD Environmental Performance Reviews, Denmark. OECD, Paris, France.

[49] Ofwat(2017)Delivering Water 2020: Consulting on our methodology for the 2019 price review. Ofwat, Birmingham, UK.

[50] Owen R and Jobling S(2012)The hidden cost of flexible fertility. Nature 485: 441.

[51] Pace L(2014) Managing non-revenue water in Malta: Going towards integrated solutions. SMi, Smart Water Systems Conference, London, 28-29th April 2014.

[52] Pace L(2016) Smart metering in Malta. Presentation at Accelerating SMART Water, SWAN Forum, London, 5-6th April 2016.

[53] Parker J (2013) The 'Mapping the Underground' project - industry/academic co - operation delivers dramatic new developments for water networks. Water Asset Management International 9.2: 11-14.

[54] Parker J(2014) The development of an efficient water supply system(you can't work efficiently blindfold). SMi, Smart Water Systems Conference, London, 28-29th April 2014.

[55] Pedersen J B and Klee P(2013) Meeting an increasing demand for water by reducing urban water loss-Reducing Non-Revenue Water in water distribution. The Rethink Water network and Danish Water Forum White Papers, Copenhagen, Denmark.

[56] Ratti C, Turgeman T and Alm E(2014) Smart toilets and sewer sensors are coming. Wired, March 2014.

[57] Reschefski L, et al. (2015) 2015 water in figures. DANVA, Skanderborg, Denmark.

[58] Riis M(2015) Energy savings potential in a water distribution system. SWAN Forum 2015 Smart Water: The time is now! London, 29-30th April 2015.

[59] Romano M, Woodward K and Kapelan Z(2016) Analytics for locating bursts in water distribution systems. Presentation to 'Accelerating SMART Water', SWAN Conference, 5-6th April 2016, London, UK.

[60] Savic D(2014) Smart Water Networks: The European Perspective. CIWEM, London, 4th December 2014.

[61] Skytte O(2016) Greater Copenhagen Utility. Presentation to 8th Global Leakage Summit, 27-28th September 2016, London, UK.

[62] Slater A(2014) Smart Water Systems- Using the Network. Presentation to the SMi, Smart Water Systems Conference, London, 28-29th April 2014.

[63] Sodeck D S(2016) Water loss with information overload. Presentation to Accelerating SMART Water, SWAN Conference, 5-6th April 2016, London, UK.

[64] Stephens I(2003) Regulating economic levels of leakage in England and Wales. Presentation to the World Bank World Water Week, Washington DC, USA, 4-6 March 2003.

[65] Suez(2016) Suez launches AQUAADVANCED™ urban drainage, an innovative solution to optimise the performance of sewer and stormwater networks and preserve the natural environment. Press release, Suez, 11th July 2016, Suez, Paris, France.

[66] Suez(2017) Suez wins the contract for the optimisation of sewer and stormwater systems in the city of Chongqing(China). Press release, Suez, 17th February 2017, Suez, Paris, France.

[67] Symmonds G(2015) The Challenge of Transitioning from AMR to AMI. Presentation given at the SWAN Forum 2015 Smart Water: The time is now! London, 29-30th April 2015.

[68] Todorovic Z and Breton N(2017) Anglian Water uses mapping tools for retrofit SuDS. WWT, 60(4): 23-24.

[69] Traub A(2106) Intelligent leak detection using acoustic sensor networks. Presentation to 'Accelerating SMART Water', SWAN Conference, 5-6th April 2016, London, UK.

[70] Water Active(2017) Wastewater monitoring at Severn Trent. Water Active 21(3): 9.

[71] Wheeler N, Francis N and George A (2016) Smarter flood risk management in England: investing in resilient catchments. Green Alliance, London, UK.

[72] Woods S(2015) Using 'Smart Network Monitoring' to Reduce Flooding and Pollution. Presentation to 'The Value of Intelligence in the Wastewater Network', CIWEM, London, 18th February 2015.

[73] Yinon Z(2015a) Smart steps towards smart water. Presentation at the SWAN Forum 2015 Smart Water: The time is now! London, 29-30th April 2015.

[74] Yinon Z(2015b) SMI-Hagihon Case Study. Presentation at the SMi Smart Water Systems Conference, London, April 29-30th 2015.

[75] Zheng Y W(2015) Integrating Data-Driven Analysis with Water Network Models SWAN Forum 2015 Smart Water: The time is now! London, 29-30th April 2015.

[76] Zpryme(2014) Smart water survey report 2014, Badger Meter, Milwaukee, USA.

[77] Zpryme(2015) Smart water survey report 2015, Neptune Technology Group, Tallassee, USA.

[78] Zuccato E, Chiabrando C, Castliglioni S, Bagnati R and Fanelli R(2008) Estimating community drug abuse by wastewater analysis. Environmental Health Perspectives 116: 1027-1032.

6 适用的技术和发展

迄今为止，人们注意到发展中经济体的各种智能用水方法，包括马来西亚(5.3.1节)、菲律宾(5.3.3节)和巴西(5.3.5节和案例研究5.5)。当一种服务在各种经济体系中被公用事业公司采用时，就会出现这种情况。本章将重点介绍针对发展中经济体市场开发的应用程序，并特别提及实现联合国2030年用水和卫生可持续发展目标。

6.1 可持续发展与发展中经济体中的用水

如第2.1.5节所述，2030年可持续发展目标(SDG)为力求到2030年“确保所有人都能获得和可持续地管理用水和卫生设施”。2015年千年发展目标的重要变化是采用了“安全”而不是“改进”的用水和卫生设施。

世界银行水资源全球实践(Kolker et al.，2016)的一项审查发现，48个国家未能达到“安全标准”(换句话说“改善的”)饮用水千年发展目标在2015年的目标(到2015年将无法获得“改善的”饮用水和卫生设施的人数比1990年的基准减少一半)，而卫生设施甚至远远落后于这一目标，而且鉴于可持续发展目标6比千年发展目标“雄心勃勃”得多，发展中国家“面临巨大挑战”。

Hutton和Verughese(2016)提出了自1980年以来第一次全面尝试量化实现安全用水和卫生设施各项目标的成本。表6.1总结了2015~2029年按类别划分的年度资本支出需求。

表6.1 满足用水和卫生设施持续发展目标6所需的资本支出 亿美元/a

项　目	基本	安全	可持续发展目标6
城市用水	5.4	23.3	28.7
农村用水	1.4	13.0	14.4
城市环境卫生	13.1	29.3	42.4
农村环境卫生	5.8	17.6	23.4
结束露天排便	3.6	—	3.6
卫生	2.0	—	2.0
总计	31.3	83.2	114.5

来源：改编自Hutton and Verughese(2016)和作者的数据。

目前，160 亿美元/a 用于资本支出（Tremolet，2017，personal communication），同时估计 750 亿美元/a 用于运营支出，290 亿美元/a 用于维持现有资产。Hutton 和 Verughese（2016）预测，2015~2029 年期间，除了需要花费 1140 亿美元/a 用于新的用水设施和卫生设施外，还需要额外的 920 亿美元/a 的运营支出和 520 亿美元/a 用于维护这些新资产。

如果这些钱没有花掉怎么办？当人们愿意为某种形式的安全或根本不安全的用水支付额外费用时，企业家介入了政府和公共事业部门害怕涉足的领域（IFC，2009）。Gasson（2017）认为，如果公用事业部门和市政当局不能投资于普遍获得安全供水，那么替代（非公用事业）水支出市场将如何在正常情况下发展。在这种情况下，到 2030 年，非公用事业（“应对”或在缺乏安全公用事业供应的情况下的可自由支配支出）支出将超过公用事业支出。墨西哥的情况已经如此，自来水用于非饮用水，瓶装水用于饮用水。在这种情况下，公用事业支出（运营和资本支出的总和）从 2015 年占家庭和商业用水支出的 51%下降到 2030 年的 37%，这意味着人们对公用事业的信心丧失，迫使人们在其他水源（不一定是安全水源）上的支出明显增加，同时继续缺乏改善服务和覆盖面所需的资金。

安全用水和卫生项目的官方发展援助（ODA）不太可能从目前 57 亿美元/a 的水平大幅增加（Winpenn et al，2016），而让投资者对饮水和卫生项目产生兴趣充其量仍是一个挑战（Kolker et al，2016）。虽然在人们使用公用事业服务的地方会产生更多的收入，但其中大部分将被运营和维护成本所吸收。一项针对可持续发展目标 6 的资本支出调查（2017）得出结论，公用事业支出目前以每年 5.5%的速度增长，这不足以实现可持续发展目标 6 的必要支出。因此，需要有更有效的方法来执行基本建设项目和降低运营成本。智能用水在这里可以发挥重要作用。

6.2 克服传统障碍

如果人们得到了水和卫生设施，这些服务可能不会以令人满意的方式进行，如果有的话；被安装的资产和它们提供的服务之间存在差异。同样地，即使提供了水，如果相信水适合饮用，家庭应用水处理或替代水还是会继续使用（IFC，2009；Gasson，2017）。

在印度，亚洲开发银行调查的 20 家公用事业单位的平均供水时间为 4.3h/d（ADB，2007），随后的进展有限。断断续续的供水会影响水表读数、泄漏控制以及水质。如果每个家庭都有独立的水罐车来提供持续的供水，这些水罐车每天都要先倒空，然后再补充，这就增加了用水量。在德里（Delhi），平均每个家庭每年花 2000 卢比处理这种间歇性供应，在使用点的水处理和水箱清洗服务上，是他们实际供应花费的 5.5 倍（McIntosh，2009）。

6.2.1 援助撒哈拉以南非洲农村的手动泵

在农村地区建造手动泵和钻孔是没有意义的，除非它们目前继续再被应用。据估计，在2000年，撒哈拉以南非洲地区覆盖5550万人的345071台手动泵中有36%无法工作(RWSN，2009)，而利比里亚、塞拉利昂、马拉维和坦桑尼亚安装的79383台手动泵中有17%~30%在一年内停用(Carter，Ross，2016)。它们失败的主要原因之一是国际机构没有考虑到它们的长期可行性，没有建立任何当地维护它们的能力的情况下就进口水泵。2010年，非洲有超过15万个废弃的水泵，浪费了25亿美元的投资(VanBeers，2015)。

6.2.2 减少发展中经济体的供水损失和未计费的水量

对于已经面临资金短缺的公用事业来说，非收入水资源(NRW)是一个挑战。从另一个角度来看，减少NRW可以为公用事业公司比已经投入网络的相同数量的水带来更多的收入。2010年IB-NET的调查(Danilenko et al，2014)见第5.1节，2010年的收入为239.6亿美元，非收入水的中位数为28%，仅这些公用事业每年的潜在损失就高达67.1亿美元。

为了解决这些问题，公用事业公司必须能够征收涵盖其运营成本的费用，并至少通过全额成本回收或可持续成本回收为新的设备提供资金，其中收费与官方发展援助等其他收入来源相混合。这些费用的征收必须毫不拖延地进行，收入要流向公用事业，而不是因腐败而流失。对于手动泵，需要一些基本原则来确保它们以有效的方式运行。这就要求已经开发的泵本身具有一定耐用性，并且能够由当地社区使用现成的材料进行维护管理。

本章将探讨智能方法如何帮助实现这些目标，并改善服务的提供和质量。

6.2.3 开发经久耐用的水泵

有时，最简单的方法可以带来最大的好处。泵援助公司的“大象泵”的硬件成本为900英镑，总成本(包括挖井、人力成本和燃料)在马拉维的每台安装成本为3000英镑，或每人25英镑，比传统援助资助的水泵低60%。通过4000个大象泵[Pump Aid(pumpayd.org)]为马拉维50万人提供水。在津巴布韦，人们发现，在泵援助被下令离开该国7年后，90%的泵仍在运转。

6.3 移动电话的影响

前几章强调了数据收集和通信在使智能网络和服务得以发展方面的重要性。移动数据传输在实现这一目标方面起着核心作用。在发展中国家，特别是农村地区缺乏固定线路基础设施，使移动数据传输和智能手机的重要性加倍。

6.3.1 对服务和基础设施的需求

在大多数发展中经济体，广泛采用智能移动设备仍然是一项正在进行的工作。它既需要能够支持大规模高速数据传输的基础设施(移动宽带需要 3G 及以上)，也需要智能手机或移动互联网连接。在表 6.2 中，智能手机普及率是指拥有智能手机而不是传统手机的用户比例。

表 6.2 2016 年移动基础设施和服务普及率 %

地 区	3G/4G 技术覆盖率	用户普及率	智能手机普及率	移动互联网覆盖率
中东和北非	47	70	46	36
撒哈拉以南非洲	32	44	28	28
亚太地区	53	65	51	50
拉丁美洲	61	70%	55	52
全球总计	55	65%	65	48

来源：改编自 GMSA(2017)。

在撒哈拉以南非洲和印度，基础设施建设和智能手机的采用是一个特别的挑战。2015 年，印度的用户普及率为 47%，而越南为 78%，印度尼西亚为 66%，印度 20%的用户拥有智能手机，这意味着当时印度 9%的人口拥有智能手机。此外，印度 85%的连接是 2G 连接(GMSA，2016a)。相比之下，中国的用户渗透率为 73%，其中 68%是智能手机(GMSA，2016b)。覆盖范围可能比用户数量所显示的要大。例如，印度 98%的地区至少有 2G 覆盖(ITU 和 Cisco，2016)。这不仅仅是一个新兴经济体的问题；2016 年，英国 93%的家庭享受所有 2G 服务，88%的家庭享受 3G 服务，46%的家庭享受 4G 服务，服务提供商必须在 2017 年之前为英国 90%的土地提供语音和文本覆盖(Rathbone，2016)。

如表 6.3 所示，一个区域内的服务发展各不相同。在亚太地区，移动互联网服务的使用率为 45%，但发达国家为 81%，发展中国家为 37%(GMSA，2016b)。移动通信市场正在迅速发展。例如，在亚太地区，到 2020 年，用户普及率预计将上升到 76%，而在撒哈拉以南非洲，到 2020 年，智能手机的移动电话比例预计将从 28%上升到 55%(GMSA，2017)。

表 6.3 2015 年撒哈拉以南非洲地区覆盖率 %

地 区	3G/4G 技术覆盖率	用户普及率	智能手机普及率
西非	21	47	23
中非	11	33	19
东非	23	46	17
南非	29	42	24
撒哈拉以南非洲	23	46	23

来源：改编自 GMSA(2016c)。

普及和覆盖是理想的，但更重要的是，偏远农村地区的户主和监测员有一定的机会获得这些服务，而且数据通信经过调整，能够处理不完整的网络和服务中断。并非所有形式的基于移动的数据收集和传输都需要完美的通信。

6.3.2 让创新变得重要——流动资金和水

为了促进发展中经济体的水资源和服务的发展，新技术必须至少满足下列六项标准中的三项：在科学上、经济上、环境上和社会上都是可行的；为发展中国家使用适当水平的技术，并能够确保新资产继续运转。

正如移动通信革命所表明的那样，由于相对缺乏先前的基础设施和服务，发展中经济体采用创新可能是一个比发达经济体更务实和更具适应性的过程。以非洲的移动货币为例，非洲大陆正越过扩大各种银行分行网络的需要，直接进入客户的移动平台。

2016 年，在 92 个国家有 277 个移动支付服务在运营（GSMA，2017），有 5.56 亿注册移动支付账户和 1.74 亿活跃移动支付账户。共有 1.41 亿活跃账户在撒哈拉以南非洲和南亚地区。在其中的 37 个市场中，代理商的接入点数量是银行分支机构的 10 倍。

例如，在肯尼亚，2016 年有 1660 万活跃的 M-Pesa 客户和 10.1 万名代理商。这意味着每 100 万成年人中有 11 台自动取款机和 6 家商业银行分支机构，而 M-Pesa 代理有 538 个。

内罗毕的城市供水和污水处理公司（NCWSC）利用 Safaricom 的 M-Pesa 为卡耶勒索韦托（Kayole Soweto）居民点的家庭提供移动支付服务，并通过其 Maji Mashinani（"草根用水"）项目向贫困家庭发放首次供水补贴。该项目共涵盖 89000 名居民，截至 2014 年 10 月，该项目共有 2217 个记帐账户，服务于约 8970 人，连接费用为 8215 肯尼亚先令（80 美元）。来自连接费用的收入已经覆盖了该项目的成本，该项目随后被扩大以增加覆盖率。用户在需要时抄表，并将数据通过短信发送给 NCWSC，由 NCWSC 发回账单。然后通过 M-Pesa 支付账单。用户无需为短信付费，而 NCWSC 为回复短信支付 0.80 肯尼亚先令（World Bank，2015）。

在坦桑尼亚，达累斯萨拉姆供水和污水处理公司（DAWASCO）于 2009 年开始通过 Vodacom 公司接受水电费的移动支付。到 2013 年，DAWASCO 的收入增加了 54 万美元，这得益于收入的改善。该服务允许客户自己选择时间支付账单（GSMA，2017）。

就印度而言（表 6.4），固定电话的使用一直受到限制，2006 年达到 4200 万部的峰值，此后使用率有所下降。移动通信的用户数量明显高于独立用户，因为相当一部分人至少有两部手机。即便如此，一项最初在最发达经济体被视为专业和优质服务的颠覆性发明，在印度等市场已变得司空见惯，因为它能为愿意付费的客户带来实实在在的好处。在目前的模式下，水和卫生已经取得了渐进的进展。

表 6.4　2000~2016 年，印度电信与水和卫生的发展　　百万人

项　目	2000	2006	2010	2016
固定电话	27	42	37	24
移动电话	2	99	584	1127
电话总计	29	141	621	1151
使用家庭自来水	208	242	282	359
获得"改善的"卫生设施	261	323	417	513
依赖于露天排便	656	652	603	564

2016 年的水和卫生数据来自 2015 年的数据。

来源：改编自 TRAI(2004、2008、2011 和 2017)和世卫组织/儿童基金会(2015)；世卫组织/儿童基金会(2012 年)；世卫组织/儿童基金会(2008 年)。

6.4　发展中经济体的智能用水举措概述

发展中经济体中智能应用程序的开发比前面讨论的案例处于更早的阶段。随着时间的推移，发达经济体所采用的方法也将被采纳，如第 5 章所见。本节回顾了专门针对发展中经济体制定的各种举措。

近年来发表了一系列关于发展中经济体水和卫生智能应用潜力的评论。McIntosh 和 Gebrechorkos(2014)从多个角度考虑了信息和通信技术在发展中经济体智能水管理发展中的作用。Krolikowski、Fu 和 Hope(2013)、Nique 和 Smertnik(2015)回顾了移动支付系统对获得水和卫生服务的影响，Sibthorpe(2016)研究了移动通信对妇女的影响。Hope 等(2011)回顾了智能用水计量的潜力。Prat 和 Trémolet(2013)概述了卫生设施应用程序的开发，厕所委员会联盟(Toilet Board Coalition)(2016)考虑了卫生设施智能方法的潜力及其广泛采用的潜在障碍。

6.4.1　印度智慧城市使命

智慧城市使命是一个 9800 亿南非兰特(150 亿美元)的项目，用于在印度发展 100 个智能城市。各城市将连续 5 年获得 1500 万美元的中央资金，与国家资金配套，2016 年 6 月初期入围的城市有 20 个，覆盖 3.6 亿人口。截至 2016 年 9 月，已选定 60 个城市。已确定 21 个"智能解决方案"，包括三个用于水(智能水表和管理、泄漏识别和预防性维护、水质监测)以及废水处理。所有基于区域的开发项目将提供"充足"的供水，以及水循环利用和雨水回用。在浦那(Pune)，

已为持续供水编列了 80 亿南非兰特预算，用于改善河流水质的有 10 亿南非兰特，其他水项目为 190 亿南非兰特，用于整个水循环的实时监测和管理(Ongole，2016)。

6.4.2 远程泵况监测

“为穷人开发地下水潜力”(Unlocking the Potential of Groundwater for the Poor)研究项目正在试验一种远程设备，用于在一段时间内监测手动泵的运行情况(Purvis，2016)。来自水资源援助组织(WaterAid)、海外发展研究所(Overseas Development Institute)和英国地质调查局(British Geological Survey)的研究人员正在检查乌干达、马拉维和埃塞俄比亚的 600 台手动泵产生的数据。水点监测仪是由牛津大学史密斯企业与环境学院开发的。该设备有一个小型的低成本加速计，它可以跟踪水泵手柄的拱形运动来估算用水量，并通过短信将数据发送到基于网络的仪表盘上，其目的是找出水泵故障的方式和原因，并找到解决这一问题的有效方法。

在肯尼亚，FundiFix 服务正在使用水点监视器。这由社会企业家管理，以确定泵在哪里未使用或可能出现故障，以便当地维修供应商能够对泵进行维修。目前，在 Kwale、Kitui 和 Kakamega，正在监测 300 台为 6 万人服务的手动泵，数据被发送到中央服务器。结果，平均维修时间从一个月下降到两天，3 天内有维修保证。在赞比亚和肯尼亚于 2011~2013 年进行试验后，一旦服务质量得到保证，就要收取维护费，其目的是将泵停机时间尽可能减少到零。在 Kwale，加速度计数据中的高频“噪声”也被用于评估地下水水位，以便用户可以提前警告地下水资源枯竭(Colchester et al，2017)。

在 Kyuso 早期试验使用水点监测(Oxford/RFL，2014)实现泵运转的时间从 67%上升到 98%，维修时间从 27d 缩短到 3d，并且由于泵性能改善，从试验前的 20%提高到 80%，因此，支付泵维修费的意愿增加。

6.4.3 SWEETSense——多用途显示器

SWEETSense 传感器由波特兰州立大学开发，用于监测水泵的性能和流量，随后被广泛应用(ITU，Cisco，2016)，包括肯尼亚的水泵监测、孟加拉国的厕所监测和印度尼西亚的洗手监测。传感器不断地产生数据，这些数据通过移动连接传输到 SWEETData™互联网数据库进行分析。2016 年，传感器的成本为 100 美元，预计将通过规模经济下降。

在卢旺达，使用 SWEETSense 泵传感器可使手动泵的价格提高 10%，同时减少 80%~90%的停机时间。目前，显示器的电池寿命为 12~18 个月，迄今已部署了 200 台(ITU，Cisco，2016)。SWEETSense 传感器在印度尼西亚雅加达被用来监测厕所街区的洗手行为。在这种情况下，我们发现实际洗手的频率低于用户在自发报告中所说的频率。这突出了智能方法如何改进传统假设下生成的数据(Thomas 和 Matson，2014)。

6.4.4 数据收集、传输和解释系统——mWater

获取有关水资源、水资源所在地以及水资源所能提供的水质和水量的数据是发展中经济体，特别是农村地区面临的最大挑战之一。

这可以通过以人为本的方法来解决。例如，mWater(mWater.co)是一家成立于2011年的非营利科技初创公司，旨在帮助发展中经济体的人们生成、传输和评估偏远地区的供水和卫生数据。2017年，mWater在93个国家拥有10000名用户，每月收到25000份调查，涵盖35万个公共和私人站点。

mWater Surveyor移动应用程序是为Android设备免费提供的。现场数据通过智能手机采集并发送到门户网站，门户网站是一个基于云的平台，运营商可以在任何情况下收集和传输调查数据，这样当连接丢失时，数据就不会丢失。Explorer应用程序提供了一组标准表单，用于映射水源、功能、质量和卫生状况。这些应用程序是根据数据可视化和根据需要覆盖不同数据层的能力，按组进行调整以达到其目的。提交的调查结果以Excel或CSV格式存储，并实时可视化。门户网站的设计很容易理解，可视化尽可能简单有效。使用了开源软件，确保了免费访问(Ross，2016)。

在海地，mWater已由海地外联组织(haitioutrach.com)部署，在2015~2016年期间对该国十个部门中的三个部门的所有供水点进行调查，以了解其功能和可行性。这些数据与卫星图像叠加在一起，确定了这些地区的每个家庭，并显示在仪表盘上。这使得用户能够识别一个家庭在距离水源5min(500m)以内的地方及其功能：在工作(78.6%)、需要修理(4.6%)、不在工作(15.8%)或不再工作(0.9%)，使水运营商和非政府组织能够优先投资。该项目目前正在其他部门推广。

在坦桑尼亚，姆万扎市使用mWater监测非政府组织开发的所有水源。他们发现，浅水井是他们新水源最受欢迎的选择，但这些调查也发现，90%的水井在一年内受到污染。因此，非政府组织建造的浅井现在被拒绝认证，非政府组织有义务开发更可持续的水源。通过社区一级的免费水源监测，可以更有效地管理水源。

迄今开发的其他应用包括绘制城市水网图及其运行效率(坦桑尼亚达累斯萨拉姆)，按实际需要而不是政治考虑来评估新的供水点(乌干达)，制定共同的水数据和卫生报告标准(WaterAid，water.org)，并提醒农民注意受污染的水源(坦桑尼亚)。

另一个考虑因素是服务提供的效用与其成本的对比。Fisher 等(2016)评估了七种移动调查工具在农村水和卫生监测期间的表现。在这里，mWater 在易用性、可靠性和服务提供方面表现第二。虽然表现最好的 Fulcrum 每年为 10 个用户花费大约 4788 美元，但 mWater 是免费的。Fisher(2016)还指出，考虑到成本，五种付费移动调查工具的表现“并不明显好于两种免费服务(mWater，ODK)的总分”。发展中经济体不需要成为高端市场。

6.4.5 管理和监控损失

在肯尼亚，正在测试基于传感器的工具，以实现实时监控系统，克服与非技术损失相关的关键低收入市场挑战，例如操作不良、支付效率低和盗窃。服务提供商 Upande 和 BRCK 以及肯尼亚 Kericho 水务公司(Kericho Water)和卫生公司[Sanitation Company(KEWASCO)]正在使用智能水表，配备警报模块和低成本太阳能数据记录器，以减少非收入的供水损失。数据记录器使用区块链分布式分类账数据技术(Wyman and JPM，2016)测量水流并将数据传输到云中，提供有关用水和损失的准确数据。

“通过移动设备减少漏水”应用程序由胡志明市科技大学的 Tri.nh Quốc Anh，Nguyễn Trần Quang Khải 和 Võ Phi Long 开发。当发现有泄漏时，观察者会触摸一个专门的应用程序，该应用程序会向胡志明市的水务公司 SWACO 发出泄漏警报，并使用智能手机的全球定位系统坐标进行定位。泄漏被记录到 SWACO 的系统中，该系统优先处理泄漏，通知次数最多的泄漏被优先处理。记录通知的数量可作为验证服务，其目的是让尽可能多的人使用这款应用，以最大限度地增加通知的数量和速度，并成为提高人们节约用水意识的一种手段。该应用程序在瑞典驻河内大使馆组织的 2016 年全国智能用水创新大赛中获得了一等奖。一个完整的应用程序版本正在考虑中(Minh，2016)。

6.4.6 智能卫生设施——物流和盥洗室

传统上，收集粪便污泥的成本一直没有得到解决，因为服务是以一个特别的方式进行的。同样，盥洗室可能会定期维护，除非采取措施，否则会导致使用状况恶化。SMS 和智能手机短信、实时地理定位器和数字化客户关系管理(CRM)正在被用于优化废物收集和服务以及维修设施的物流，同时更好地了解客户的实际需求和偏好(Toilet Board Coalition，2016)。有很多方法可以提高独立式卫生间的效率，下面将讨论其中的两种。

Eram Scientific(eramsciientific. com)开发了一种“经济型厕所”(“e toilet”)，用于印度的城市和城市周边地区。该装置通过自动预冲洗和定期平台冲洗(每五次使用后冲洗 5L)实现自我清洁，并根据传感器指示提供 1. 5L 短冲洗和 4. 5L 全冲洗。独立装置有一个可容纳 225L 水的水箱。公共厕所需缴费后，通过大门进入。每套厕所都利用 GPRS 与客户连接，用于监控其性能和状态(例如水位、使用模式和何时提供服务)，并可通过专用应用程序找到它们的位置。迄今已安装 2100 套，包括学校里 900 套。学校模式的厕所单位成本为 10 万兰特，公共厕所的单位成本为 40 万兰特(Baby，Vinod，2012；Eram，2017)。

Saraplast(3sindia. com)为建筑工地和特殊活动以及家庭、公共场所和救灾区开发了“Mobi-Loo”。M2M 和移动服务平台用于优化厕所在不同活动中的移动方式，移动应用程序用于通过地理位置跟踪厕所，并汇总厕所垃圾管理服务(Toilet Board Coalition，2016)。

6.4.7 卫生应用程序

表 6.5 旨在综合 Prat 和 émolet(2013)在其卫生应用开发概述中提到的应用程序，其中包括世界银行发起的“hackathons”。正如他们当时指出的那样，这些倡议和其他倡议都是正在进行的工作，显示了让通常与水和卫生服务无关的人参与进来的潜力。

表 6.5 卫生应用程序

改变行为的教育 游戏应用程序是一种告知人们露天排便危险的方式。它还旨在鼓励洗手 露天排便是一个敏感的话题，因此需要开发应用程序来有效地反映当地的风俗、年龄群体以及幽默感等元素	**Sun Clean**：教孩子们关于 WASH 的知识 **Clean Kumasi**：使人们在某一地区努力消除露天排便的应用平台 **厕所奖励**：成立卫生小组，鼓励卫生行为 **SunClean** 和 **San-Trac**：鼓励儿童和成人洗手
自发报告 报告私人和公共设施的问题，并提醒当局有关问题 取决于人们是否愿意报告问题，以及他们所关心的问题是否得到有效处理	**Taarifa**：开源平台，让人们能够报告他们当地的情况 **mSewage**：识别水源面临污水污染的风险 **mSchool**：监控学校设施状况
测绘 调查社区设施，确定需要服务和正在进行露天排便的地方 在城市地区，全球定位系统需要辅以在人口稠密地区精确定位地点的方法	**环卫测绘**：基于区域的环卫设施监测测绘 **厕所**：查找最近的设施及其便池，开放时间和价格 **环境卫生投资跟踪(SIT)**：用于跟踪家庭环境卫生投资和支出
监测和规划 供方案管理人员和监测员收集数据、监测费用和交付预期成果 这些应用程序需要灵活，以便能够应用于广泛的特定的本地环境	**SIT**：收集财务数据，以评估项目的整体绩效 **成果跟踪**：用于监测各种类型卫生设施的使用情况 **清洁成本计算器**：用于评估项目的生命周期成本，并允许从业者根据需要调整计划

来源：改编自 Prat 和 Tré 莫莱特(2013)。

与第6.5.5节中提到的漏水警报应用程序一样，这些应用程序提供了正在开发的各种应用程序的概念，其中一些应用程序可能会完全实现和采用，而其他应用程序则可能会完全实现和采用。有些可能在一个相对较小的区域内得到广泛和有益的利用，可能不会引起更广泛的注意，而另一些则可以在一些国家采用。其中有些是由于环境的原因；这也是一个开发应用程序的问题，它结合了一个引人注目的信息和易于使用。

就像在第6.5.5节中提到的漏水警报应用程序一样，这些应用程序提供了正在开发的各种应用程序的概念，其中一些可能会完全实现和采用，而另一些可能不会。有些可能在一个相对较小的地区广泛和有益地使用，可能不会引起更广泛的注意，而另一些可能在若干国家采用。有些原因是环境造成的，这也是一个开发应用程序在能否将它引人注目的信息和易于使用特点结合在一起的问题。

6.5 案例研究

6.5.1 案例研究6.1：肯尼亚内罗毕一个非正式定居点的智能用水ATM机

20万人居住在内罗毕的一个非正式定居点马萨雷。该地区没有正式的供水，许多人依赖自动售水机供应的水，20L50先令(0.50美元)，2500先令(25.00美元)/m^3。2015年，内罗毕水和污水处理公司(NWSS，nairobiwater.co.ke)、城市供水公司和格兰富[Grundfos(grundfos.com)]之间的合作安装了自动售水机。

NWSS已经铺设了18km的管道，为自动柜员机(ATM)提供饮用水，这些自动柜员机可以通过预付费的智能卡访问，并以20L 0.50先令(0.25美元/m^3)的价格将水注入客户的容器中。自动柜员机由社区领导管理，他们还确保管道不会被供水商切断(Wesangula，2016)。

6.5.2 案例研究6.2：塞内加尔的智能卫生收集

达喀尔市每天产生1500t粪便污泥，其中400t未收集。扩大卫生设施收集的制约因素之一是费用。2013年，达喀尔有314万人口(塞内加尔人口普查数据，2013年)，官方数据显示，41%的人口有下水道网络，47%的人口使用坑厕，12%的人口依赖未经改善的卫生设施。粪便污泥收集传统上作为企业联盟运作，每户每年的费用为150美元，相当于每户年收入的2%和家庭消费的3%。对于较贫穷的家庭来说，这可能会非常昂贵。

2014年，该市的自来水公司ONAS推出了一项基于短信的服务，使住户在厕所需要清空时可以拨打客户服务中心的电话。该系统由塞内加尔软件开发商

Manobi(Manobi.net)开发，资金来自比尔和梅琳达·盖茨基金会[Bill and Melinda Gates Foundation(gatesfoundation.org)]。污泥收集者会通过短信和竞价来提醒每一个机会。在第一年，竞争性招标将年费用从150美元/a减至90美元/a，希望这一数额能及时减至60美元/a。到2015年，共有65000名客户，覆盖51万人，占全市人口的15%(Hussain，2015；Nique and Smertnik，2015)。

6.5.3 案例研究6.3：印度——基于绩效的供水服务PPP合同

2016年12月，苏伊士集团获得了一份为期6年、价值3000万欧元的合同，旨在改善加尔各答Cossipore地区(人口200000)的供水状况，减少非收益性用水。亚行支持的项目旨在提供持续的饮用水供应，同时将非收益性用水减少到30%。20%的运维收入取决于苏伊士集团能否达到业绩目标。将安装25000个房屋连接和水表，苏伊士集团正在使用其氦气泄漏检测系统，该系统可以在间歇性供水地区有效工作(Suez，2016)。

6.6 结论

向发展中经济体提供普遍和可持续的安全用水和卫生设施是当今水管理面临的最大挑战。对人类发展来说，这也是最有益的。像可持续发展目标6这样的全球目标与其有效实现之间的差距，几乎与之前1980年和2000年发起的倡议的差别一样大。聪明的方法能带来改变吗?

很明显，有各种各样的工具、系统和应用程序处于不同的开发和部署阶段。其中大多数都是在考虑到特定地区和市场应用的情况下单独创建的，因此如果在更广泛的基础上部署，它们将面临能够与其他智能产品交互的需求。传闻表明，国家一级在通信操作标准方面存在一定程度的懈怠，在寻求将基于移动通信的举措从一个国家转移到另一个国家时，这可能会产生问题。

GSMA(2015)设想了一种面向发展中经济体的移动卫生应用的五层方法。首先是移动基础设施，将家庭与移动电话网络连接起来。接下来是移动运营商的分销网络和移动货币代理，通过将家庭与企业联系起来，分销和销售家庭厕所。机器对机器(M2M)连接允许住户以最经济高效的方式访问厕所清空服务。移动支付缩短了客户向公用事业或卫生服务提供商付款的时间，同时也降低了后者的管理成本。最后，移动服务允使乡村企业家向最有价值的供应商订购硬件，并使家庭在需要维修时能够与服务团队联系。

移动支付系统在发展中间安全卫生设施方面也可发挥作用。在家庭负担不起拥有自己的卫生设施的地方，企业家可以开发负担得起的厕所，由移动支付提供资金。在这方面，目标是使家庭能够长期获得厕所使用权，因为他们同时获得了使用这些厕所的好处。预付费卡在降低各种服务(如厕所)的支付成本、免除短信服务成本以及使短信或类似通信的使用价格合理且具有吸引力方面发挥着重要作用。

在卫生设施已被较低级别政府列为优先事项的国家，通过移动通信进行非正式沟通、报告分享成果鼓励了学习和适应，使卫生设施规划更具响应性和灵活性。例如，在印度和印度尼西亚，像 Whatsapp 这样的数字通信平台被认为允许低级别官员跳过传统的等级，与相关的上级交谈，这意味着信息被更快、更准确地分享，并给予产生结果的更多动力(Toilet Board Coalition，2016)。这是一个例子，说明了破坏性通信创新的意外后果，以及它如何使新的信息流得以发展。

智能化设备的开发，从设计用于有效废物资源的无水自动厕所(Loowat，Loowat. com)到本地化污泥资源回收系统(Omniprocessor，janikibioprocessor. com)，其本身并不“智能”，也不在本研究范围内。这些创新和其他创新有可能提高本章概述的智能方法的影响和成本效益。它们还有潜力发展成为需求管理的有利机制。

作者为世界银行(World Bank)进行的一项关于资本效率和实现可持续发展目标 6 的研究(in prep)表明，通过各种效率措施，所涉及的成本可以降低 25%~40%。智能用水科学和技术有可能在实现甚至超越这一目标方面发挥核心作用。

参 考 文 献

[1] ADB(2007)2007 Benchmarking and Data Book of Water Utilities of India. Ministry of Urban Development，Delhi/Asian Development Bank，Manila.

[2] Baby B and Vinod M S(2012)Research on self-sustained e toilet for households/urbansemi urban public/community sanitation. Presentation to FSM2，Faecal Sludge Management Conference，29-31st October 2012，Durban，South Africa.

[3] Carter R C and Ross I(2016)Beyond‘functionality’ of handpump-upplied rural water services in developing countries. Waterlines，35(1)，95-110.

[4] Colchester F E，Marais H G，Thomson P，Hope R and Clifton D A(2017)Accidental infrastructure for groundwater monitoring in Africa. Environmental Modelling and Software 91 (2017) 241-250.

[5] Danilenko A，van den Berg，C，Macheve，B and Moffitt L J(2014)The IBNET Water Supply and Sanitation Blue Book 2014. World Bank，Washington，DC，USA.

[6] Eram(2017)Awake to a clean India with eToilet. Eram Scientific，Thiruvavanthapuram，India.

[7] Fisher M B，Mann，B H，Cronk R D，Shields K F，Klug T L and Ramaswamy R(2016)Evaluating Mobile Survey Tools(MSTs)for Field-evel Monitoring and Data Collection：Development of a Novel Evaluation Framework，and Application to MSTs for Rural Water and Sanitation Monitoring. International Journal of Environmental Research and Public Health 2016.

[8] Gasson C(2017)A New Model for Water Access：A global blueprint for innovation. Global Water Leaders Group，Oxford，UK.

[9] GLASS(2017)Financing Universal Water，Sanitation and Hygiene under the Sustainable Develop-

ment Goals. UN-ater Global Analysis and Assessment of Sanitation and Drinking Water, GLASS 2017 Report, WHO, Geneva, Switzerland.

[10] GSMA(2015)Mobile for Development Utilities Programme: The Role of Mobile in mproved Sanitation Access. GSM Association, London UK.

[11] GSMA(2016a)The Mobile Economy India 2016. GSM Association, London UK.

[12] GSMA(2016b)The Mobile Economy Asia Pacific 2016. GSM Association, London UK.

[13] GSMA(2016c)The Mobile Economy Africa 2016. GSM Association, London UK.

[14] GSMA(2017)State of the Industry Report on Mobile Money. GSMA, London, UK.

[15] GWI(2016)Chart of the month: Utility vs discretionary spending. Global Water Intelligence, 17 (11), p.5.

[16] Hussain M(2015)'We want to turn poo into gold': how SMS is transforming Senegal's sanitation. The Guardian, 12th August 2015.

[17] Hutton G and Verguhese M(2016)The Costs of Meeting the 2030 Sustainable Development Goal Targets on Drinking Water, Sanitation, and Hygiene. World Bank, Washington DC, USA.

[18] IFC(2009)Safe Water for All: Harnessing the Private Sector to Reach the Underserved. IFC, Washington DC, USA.

[19] ITU and Cisco(2016)Harnessing the Internet of Things for Global Development.

[20] JMP(2015)Progress on Sanitation and Drinking Water: 2015 Update and MDG Assessment, JMP UNICEF/WHO, Geneva, Switzerland.

[21] JMP(2012)Progress on Drinking Water and Sanitation: 2012 Update, JMP UNICEF/ WHO, Geneva, Switzerland.

[22] JMP(2008)Progress on Drinking Water and Sanitation: Special focus on sanitation, JMP UNICEF/WHO, Geneva, Switzerland.

[23] Kolker J E, Kingdom W, Tremolet S, Winpenny J and Cardone R(2016)Financing Options for the 2030 Water Agenda. Water Global Practice Knowledge Brief. World Bank Group. Washington, DC, USA.

[24] Krolikowski A, Fu X and Hope R(2013)Wireless Water: Improving Urban Water Provision Through Mobile Finance Innovations. University of Oxford, Oxford, UK.

[25] Lloyd Owen D A(2016)InDepth: The Arup Water Yearbook 2015-16, Arup, London, UK.

[26] McIntosh A C(2003)Asian Water Supplies: Reaching the Urban Poor, Asian Development Bank and IWA Publishing: London.

[27] McIntosh A and Gebrechorkos S H(2014)Partnering for solutions: ICTs and Smart Water Management. ITU/UNESCO, Geneva, Switzerland.

[28] Minh T(2016)Smartphone to detect water leakage. Vietnam News, 10th July, 2016.

[29] Nique M and Smertnik H(2015)Mobile for Development Utilities Programme: The Role of Mobile in Improved Sanitation Access. GSMA, London, UK.

[30] Ongole S D(2016)Presentation to Accelerating SMART Water, 6th SWAN Forum Annual Conference, London, 5-6th April 2016.

[31] Oxford/RFL(2014)From Rights to Results in Rural water Services-Evidence from Kyuso, Kenya. Smith School of Enterprise and the Environment, Water Programme, Working Paper 1,

Oxford University, Oxford, UK.

[32] Prat M-A and Tremolet S(2013) An overview of sanitation app developments. Tremolet Consulting, London, UK Pump Aid(2013)2012-13 Impact report. Pump Aid, London, UK.

[33] Purvis K(2016) How do you solve a problem like a broken water pump? The Guardian, 22nd March 2016.

[34] Rathbone D (2016) Mobile Coverage in the UK: Government plans to tackle ' mobile not-pots'. House of Commons Library briefing paper CBP-7069, HoC, London, UK.

[35] Ross E(2016) Access to data could be vital in addressing the global water crisis. The Guardian, 27th October 2016.

[36] RWSN (2009) Handpump Data 2009. Selected Countries in Sub-Saharan Africa, RWSN, St Gallen, Switzerland.

[37] Sibthorpe C (2016). How a mobile can transform a woman ' s life. GSMA Connected Women. GSMA, London, UK.

[38] Suez(2016) Suez wins a contract to improve water distribution services in a district of Kolkata, India. Press Release, 8th December 2016.

[39] Thomas E and Matson K(2014) Monitoring with traditional public health evaluation methods: An application to a Water, Sanitation and Hygiene Program in Jakarta, Indonesia. Mercy Corps, Portland, USA.

[40] Toilet Board Coalition (2016) The digitization of sanitation: Transformation to smart, scalable and aspirational sanitation for all. Toilet Board Coalition, Geneva, Switzerland.

[41] TRAI(2004) Telecom Regulatory Authority of India, Press Release 1/2004.

[42] TRAI(2008) Telecom Regulatory Authority of India, Press Release 11/2008.

[43] TRAI(2011) Telecom Regulatory Authority of India, Press Release 11/2011.

[44] TRAI (2017) Telecom Regulatory Authority of India, Press Release 12/2017. van Beers P (2016) A Sustainable Business Approach is more effective and helps more people with the same amount of funding. FairWater Foundation, Amsterdam, The Netherlands.

[45] Wesangula D(2016) The ATMs bringing cheap, safe water to Nairobi' s slums. The Guardian, 16th February, 2016.

[46] Winpenny J, Tremolet S, Cardone R, Kolker J E, Kingdom W and Mountford L(2016) Aid flows to the water sector: overview and recommendations. World Bank Group. Washington, DC, USA.

[47] Winpenny J, Tremolet S and Cardone R(2016) Aid flows to the water sector: overview and recommendations. World Bank Group, Washington DC, USA.

[48] WHO/UNICEF (2015) Estimates on the use of water sources and sanitation facilities. Updated June 2015, India. JMP, WHO/UNICEF, Geneva, Switzerland.

[49] World Bank(2015) Leveraging Water Global Practice knowledge and lending: Improving services for the Nairobi water and sewerage utility to reach the urban poor in Kenya. World Bank Global Water Practice/WSP, Nairobi, Kenya.

[50] Wyman O and JP Morgan(2016) Unlocking Economic Advantages with Blockchain: A Guide for Asset Managers. JP Morgan, New York, USA.

7 其余70%：农业、园艺和休闲

较低的人均可供水量和对粮食的需求增加，正促使人们需要提高农业灌溉系统的效率及其应用。灌溉需要创新，使可用的水可以得到进一步利用，以提高作物产量，并将水重新分配到以前没有的地方。

7.1 资源竞争与市政、农业和工业需求

城市和工业用户的需求不断增长，导致传统灌溉用水与这些新用户之间的竞争加剧。与此同时，灌溉也面临着许多挑战。首先，只有有限数量的土地适合在一段持续的时间内种植农作物，而城市化正在使其中一些最肥沃的土地失去生产性用途。第二，传统农业产量的增长正被人口增长及其消费预期所超越。最后，地下水位的降低和土壤盐渍化的加剧正在威胁一些地区灌溉农业的生存能力。

7.1.1 人口增长和饥饿驱动需求

水资源使用者之间的冲突是一个相对较近的冲突，其驱动因素是流域层面和可再生地下水资源的短缺。2000年，灌溉约占所有抽取水量的70%(FAO，2010)，而1900年为89%(Shiklomanov，1999)。越来越多的城市、工业和灌溉用水会导致在以前供应充足的地区过度开采。传统上水资源稀缺的地区通常以人口密度低为特征，采取诸如“换季”(人口和牲畜的季节性流动)等应对策略，或依赖不可再生的地下水资源。

从中长期来看，农业将成为全球耗水量的最大贡献者(FAO，2010)。据预测，到2030年，城市用水量将从2005年的$6000\times10^8m^3/a$增加到$9000\times10^8m^3/a$，工业用水量将从$8000\times10^8m^3/a$增加到$1500\times10^8m^3/a$，农业用水量将从$31000\times10^8m^3/a$增加到$4500\times10^8m^3/a$。全球可利用可再生资源评估为$42000\times10^8m^3/a$(地下水$7000\times10^8m^3/a$，地表水$3500\times10^8m^3/a$)，净赤字$28000\times10^8m^3/a$，预计2030年将出现盈余($1000\times10^8m^3/a$)。

人均农业用水量从1900年的人均年194.5m^3增加到1960年的332.7m^3，这是由于营养标准的提高、高耗水食品的增加以及灌溉用水的增加所导致的。虽然由于灌溉效率的提高，1960~2000年人均消费量有所下降，但人口增长意味着使

用水平仍比 1900 年高出 52%。

最大的挑战在于如何调和供应的可获得性和可靠性与不断增长的人口及其新的期望之间的矛盾，特别是在采用更多水密集型“西方”饮食的发展中经济体。1990~2004 年，农业用水效率每年增加 1.0%，而同期全球人口平均增长 1.4%(Winpenny et al，2010)。到 2030 年，粮食需求预计将比 2010 年上升 38%(FAO，2010)，到 2050 年将上升 60%。消除饥饿的需要也推动了粮食消费。2010 年，全球有 8.5 亿人被列为营养不良(FAO，2011)，占人口的 14%。在巴基斯坦和孟加拉国，营养不良的比例分别为 25%和 26%，南亚约有 40%的人被认为患有发育不良。

环境冲突也在不断出现。在欧洲，欧盟水框架(2000/60/EC)和地下水(2006/118/EC)指令也对灌溉产生了影响，因为需要保持内陆水流和地下水水平。

7.1.2 生产性土地流失

可用于农业的潜在土地数量正在下降，原因有很多。不可持续的耕作方式正在损害土壤质量。例如，在尼罗河和印度河等流域，由于河流改道防止偶尔洪水冲刷土壤剖面上部多余的盐分，导致盐分水平上升，灌溉作物产量正在下降。全球有 $115\times10^8hm^2$ 的植被地；$16.6\times10^8hm^2$(14%)被划分为轻度至中度退化，$3.05\times10^8hm^2$(3%)因盐碱化、表土流失或污染而遭受严重或极端退化，因此有效地超出了实际复垦范围(Oldeman et al.，1991)。在中国，每年有 45×10^8t 表土因侵蚀而流失。城市化将导致 2000~2030 年的预计耕地损失 $3000\times10^4hm^2$(范围为 $2700\sim3500\times10^4hm^2$)，相当于总作物产量的 3.7%(范围为 3.4%~4.2%)，原因是城市周边作物的生产率较高(d´Armour et al.，2016)。

7.1.3 灌溉和生产力

农业用水的 80%直接来自雨水，约 20%来自灌溉。灌溉地占农作物总产量的 40%。然而，灌溉往往是浪费的，79%采用传统的漫流(地面)灌溉方法，15%采用机械化(喷雾)灌溉，6%采用洒水和滴灌(FAO，2014b)。这些在表 7.1 中进行了详细说明。在亚洲，使用灌溉的比例明显较高，主要在南亚和中国南部。

表 7.1 2011 年分类型配置灌溉用地

项 目	面积/10^6hm^2	项 目	面积/10^6hm^2
灌溉设施完整	324	喷淋	35
地表漫流	280	滴灌	9

来源：改编自 FAO(2014a)。

滴灌是最近才发展起来的一项技术，1981 年，滴灌面积仅为 50×10^4ha(FAO，2014a)(表 7.2)。如下文所述，这是应用智能灌溉方法的主要方法。

表 7.2　区域灌溉农业发展(2011~2012 年)

地区	耕地灌溉率/%	地下水灌溉率/%	灌溉作物收获/10^6hm^2	灌溉耕作强度/%
亚洲	41	46	271	141
美洲	13	39	44	107
欧洲	9	30	15	100
大洋洲	7	25	2	100
非洲	5	18	14	138
全球	21	38	346	130

来源：改编自 FAO(2014a，2014b)。

灌溉面积已从 1970 年的 1.84×10^8hm^2 和 1990 年的 2.58×10^8hm^2 增加到 2012 年的 3.24×10^8hm^2。土地可用于灌溉，但当降雨量足够不需要额外投入时，该系统可能无法在特定年份使用。2012 年，实际灌溉面积为 2.75×10^8hm^2，其中 1.11×10^8hm^2 由抽水灌溉。由于一年可以收获一次以上的作物，2011 年从 2.61×10^8hm^2 土地上收获了相当于 3.46×10^8hm^2 的作物(FAO 织，2014a，2014b)。

无论是从灌溉的土地数量还是从其耕地比例、灌溉的强度、收获的作物和地下水的使用来看，亚洲(主要是中国和印度)是灌溉的主要地区(表 7.2)。在欧洲和美洲，雨养种植是一种常态，但西班牙南部和加利福尼亚州等地区例外。

发展中经济体的灌溉土地将从 1999 年的 2.02×10^8hm^2 增加到 2030 年的 2.42×10^8hm^2(FAO，2010)，取水量将从 2128km^3 增加到 2420km^3，前提是灌溉利用效率将从 38%提高到 42%。

粮食出口(或“虚拟水”，即一个地方消耗的水嵌入出口产品)也造成了区域资源短缺。全球范围内，农业地下水消耗量从 2000 年的 1947×10^8m^3/a 上升到 2010 年的 2411×10^8m^3/a，出口食品造成的地下水消耗量从 2000 年的 177×10^8m^3/a 上升到 2010 年的 256×10^8m^3/a(Dalin et al.，2017)。

7.1.4　灌溉效率

水在从水源输送到田间和输送到根系生长区域的过程中都会流失。运输效率取决于从水源到作物的距离和渠道类型。2010 年抽水量 2700km^3，灌溉用水量 1500km^3，灌溉效率 56%。灌溉效率与发展有关：低收入国家为 48%，中等收入国家为 56%，高收入国家为 61%。地理因素也发挥了作用，北非效率为 72%，撒哈拉以南非洲为 26%(FAO，2014a)。

对于无衬砌的运河来说，离水源越近，就有越多的水被输送到输送系统。同样地，离根系越近，向根系输送水分的效率就越高，因为在这两种情况下，通过蒸发蒸腾而损失的水分就越少。

如表 7.3 和表 7.4 所示，不良的维护会使交付效率降低 50%。在最糟糕的情况下，一条 2km 长的用于地表灌溉(漫流)的沙渠维护不善，至少可能会导致 7%的水未被有效利用。

表 7.3　灌溉渠潜在效率　　%

水渠类型	短渠(<2km)	长渠(>2km)
沙渠	80	60
壤土渠	85	70
黏土渠	90	80
衬砌渠	92	95

来源：改编自 Brouwer 和 Prins(1989)。

表 7.4　潜在应用效率　　%

灌溉方式	效率	灌溉方式	效率
漫流	45~65	地表滴水	85~95
喷洒	65~85	地下滴水	>95
微型喷头喷淋	85~90		

来源：改编自 Irmak 等(2011)。

7.1.5　城市和家庭灌溉

城市地区有自己的绿地，这可能会产生灌溉的需求，特别是公园、花园和休闲区。在一些地区，花园灌溉和维护绿地和运动场是市政用水需求的重要方面。这些空间需要的灌溉取决于当地的情况，比如如何使用它们和降雨情况。

城市绿地的数据是不一致的，即使是在做了数据收集的地方。下面是一些示例。英国有 432964hm^2 的花园(Davies et al，2009)，以及 40×10^4hm^2 的公共绿地(HLF，2016)和 12000hm^2 的乔治国王运动场，这些都是 1935~1936 年为纪念乔治国王五世(King George V)25 周年纪念日捐赠给市政当局的。对于大伦敦地区，绿地数据更系统，如表 7.5 所示。就绿地而言，伦敦被认为是提供最好的主要城市之一。大多数城市的绿地将大大减少。

表 7.5　大伦敦的绿地　　%

伦敦的绿地	占总土地面积	伦敦的绿地	占总土地面积
公园和花园	5.8	私家花园	14.0
运动场	6.7	总计	26.5

来源：改编自 GiGL(2010)和 GiGL SINC(2015)。

园林灌溉和市政灌溉在城市用水量中占有相当大的比重。英格兰和威尔士 7%的家庭用水用于户外(Waterwise，2012)：6%用于花园灌溉，1%用于洗车。美国的这一比例明显较高。美国 30%的家庭用水用于户外：16%用于灌溉，其余用于汽车和道路清洁以及游泳池(EPA，2006)，30%的城市用水用于景观灌溉

(EPA，2006)。一些州的户外使用正在上升，得克萨斯州的比例从 2004～2008 年的 29%上升到 2009～2011 年的 33%(Hermitte，Mace，2012)。一项对加州 735 户独户住宅的调查(DeOreo，Mayer，2011)发现，53%的用水量用于室外，大部分用于农田灌溉。2001 年，澳大利亚 25%的家庭用水用于户外，尽管昆士兰州的这一比例可能高达 50%(ABS，2004)。在珀斯，2008～2009 年，39%用于花园灌溉(Water Corporation，2010)。

7.2 灌溉经济学

在第 3 章和第 4 章中，“水-能源关系”是从用水量对家庭能源账单的影响以及使用这些账单影响客户行为的可能性的角度来考虑的。类似地，“水与食物的关系”在一定程度上与用于灌溉的水与其他用途相比所产生的价值有关。表 7.6 和表 7.7 显示了六个国家在更广泛的经济背景下的灌溉用水。除美国外，灌溉是主要的用水方式，但在 GDP 中所占比例很小。虽然有人认为这反映了食品被低估的程度，但这超出了本研究的范围。

表 7.6　2013 年选定国家灌溉对取水的影响和农业的经济贡献　　%

地区	取水量占国内可再生资源的百分比	灌溉占总取水量的百分比	农业占国内生产总值的百分比
澳大利亚	5	74	2
中国	20	65	9
埃及	3794	86	14
印度	53	90	15
沙特阿拉伯	986	88	2
美国	17	40	1

来源：根据世界银行 WDI 数据库档案(databank. worldbank. org)提取和改编的数据。

表 7.7　2013 年选定国家的工农业单位用水量增加产值比较

地区	农业增值/(美元/m^3)	工业增值/(美元/m^3)	工业增加值/农业增加值(每立方米用水)
澳大利亚	1. 58	131. 69	83
中国	1. 83	27. 99	15
埃及	0. 54	19. 99	37
印度	0. 45	29. 08	64
沙特阿拉伯	0. 64	511. 35	805
美国	0. 91	14. 06	15

来源：根据世界银行 WDI 数据库档案(databank. worldbank. org)提取和改编的数据。

每单位灌溉水的增值量将小于表 7.7 所示，因为它还包括非灌溉作物和牲畜的增值。在埃及，所有耕地增加值实际上都来自灌溉土地(2004~2013 年数据来自 FAO Aquastat)。在其他国家，有灌溉和雨水灌溉的混合农业。对于耕地(可耕地和永久性作物)，水管理区的比例从 6%(澳大利亚)到 17%(美国)、44%(沙特阿拉伯和印度)到 60%(中国)不等。

由于水资源日益短缺，用于农业的水资源分配正在减少。这反映在过去 20 年干旱期间美国和澳大利亚临时和永久用水权成本的上升。在极端情况下，例如最近在澳大利亚的墨瑞达令盆地，由于多年干旱的影响，农业用水分配正被完全取消。默里灌溉有限公司管理着新南威尔士州南部 2400 个农场的供水。现货权利(在预先确定的时间内使用水的权利)从 1998~1999 年的平均 15.33/10^6L 澳元上升到 2007~2008 年的峰值 680.04 澳元 10^6L，然后在 2011~2012 年回落到 15.87 澳元/10^6L。同样地，永久津贴从 2008 年的 27~450 澳元/10^6L 增加到 2008 年的 525~2100 澳元/10^6L，2012 年又回到 50~800 澳元/10^6L(murrayirrigation.com.au)。在美国，水权的发展有很多方面，包括本身作为一种资产类别，而不是与供应特定客户有关。

7.3 智能灌溉和可持续发展

智能灌溉方法通过确保用最少的水获得最大的效益，解决了作物和美化用地的低效灌溉问题。只有在土壤剖面中根系活跃的部分才需要水，而且明显需要避免在下雨时或在一天中水分利用效率较低的时候给土壤浇水。因此，灌溉制度可以重新调整，以优化土壤水分剖面与环境天气和根系发育的关系。

灌溉流量管理是通过控制水的流量和监测天气、土壤和生长条件来确保向植物提供最佳的水，以确保没有多余的水进入作物。例如，土壤和天气监测系统的 AquaSpy、PlantCare 和 Dynamax。此外，智能分配还可用于将养分输送与水输送相结合(施肥)，以尽量减少所需的施肥量(并降低养分负荷对周围环境的影响)，并通过共享系统降低输送成本。

其他方面包括资源的调动和管理，以开发和提供新的供水需要，包括海水的调动(DTI-r，DTI-r.co.uk)为沿海(Seawater Greenhouse，seawatergreenhouse.com)和沙漠应用(Sundrop Farms，sundropfarms.com)。需求管理也正在发展，方法是通过鼓励在有限但充足的水供应附近的根系生长，从而降低植物实际需要的水量。Eco-Ag(Eco-Ag.us)和 DTI-r 都采用了这种方法。这些过程本身并不“智能”，但可能为智能水管理系统提供平台。

智能灌溉也使用更少的化肥和杀虫剂，以及更少的水，因为它们的应用可以同步进行。它也有助于通过减少投入和策略性土壤冲洗来避免土壤盐渍化

(White, 2013)。

作者在 2008~2012 年看到的许多公司不再活跃，这表明这是一个新进入者流失率很高的市场，明显高于智能家庭和城市供水和废水服务市场。

7.3.1 智能灌溉市场

与第 1.7.1 节中的市场估计和预测一样，下面的市场规模估计和预测最好被视为考虑行业分析师如何看待市场发展的手段。就市场规模而言，智能灌溉是灌溉市场中的一个新兴行业。2000 年，全球灌溉市场总额估计为每年(100~150)×10^8 美元(Alexander, 2008)；新的灌溉硬件每年耗资 50×10^8 美元，更换旧的系统每年耗资(50~100)×10^8 美元。这还不包括监测基础设施。

在中长期内，滴灌有可能从目前的水平[(900~1000)×10^4hm^2]上升到总灌溉面积的 25%，即 8000×10^4hm^2。典型的滴灌系统成本为 1000~3000 美元/hm^2，这意味着 7000×10^4hm^2 的新滴灌系统的资本成本高达(700~2100)×10^8 美元(Wall, 2013)。在印度，滴灌系统的成本为 85000 卢比/hm^2(1300 美元/hm^2, Gangan, 2017)。表 7.8 和表 7.9 总结了一些更具体的灌溉市场预测。

表 7.8 全球微灌市场预测

项 目	开始年份	结束年份	开始/亿美元	结束/亿美元	CAGR/%
研究与市场(2017)	2015	2025	2.60	12.90	17.5
宏观研究(2016)	2014	2022	2.48	8.76	17.1
Mordor 的情报(2017)	2016	2022	3.11	8.07	17.2

来源：改编自 Research and Markets(2017)；Gr and Research(2016)；Mordor Intelligence(2017)。

表 7.9 全球滴灌市场预测

项 目	开始年份	结束年份	开始/亿美元	结束/亿美元	CAGR/%
市场与市场(2016a)	2015	2020	2.14	3.56	10.7
Research Nester(2017)	2016	2023	2.10	4.30	10.5
Credence Research(2016)	2014	2022	1.07	2.75	12.5
市场与市场(2017)	2017	2022	3.78	6.54	11.6%

来源：改编自 Markets and Markets(2016a, 2017)；Research Nester(2017)；Credence Research(2016)。

智能灌溉采用微灌系统和滴灌器，有效控制水的输送。微灌(表 7.8)包括本地化的、可编程的灌溉系统，用于将水输送到特定的位置，包括控制系统。这主要涉及滴灌，但也包括微喷系统。

滴灌(表 7.9)包括用于在土壤表面(温室中，有时用于植物盆栽)或直接向根区施用控制水量的设备。这不包括监控系统。滴灌越来越多地被用来同时高效地输送肥料。2017 年《市场和市场》调查中的估计市场规模和增长表明了最近需求的上升(Markets and Markets, 2016a and 2017a)。

智能灌溉(表 7.10)包括用于监测土壤水分(或植物体内液流)和气候的硬件和软件，并将这些数据与优化所需水量和控制供水所需的其他信息相结合。2011年，智能灌溉控制系统的全球销售额估计为 1×10^8 美元(Aquaspy，2013)，非智能相关元件的全球销售额为 1×10^8 美元，3000×10^4 美元用于土壤水分监测，1000×10^4 美元用于“施肥”(化肥和灌溉相结合)，7000×10^4 美元用于温室控制系统。

表 7.10　全球智能灌溉市场预测

项　目	开始年份	结束年份	开始/亿美元	结束/亿美元	CAGR/%
市场与市场(2016b)	2016	2022	0.50	1.50	17.2
Statistics MRC(2017)	2015	2022	0.47	1.51	18.1
市场与市场(2016)	2015	2025	0.44	2.00	16.4

来源：改编自 Markets and Markets(2016b)；Statistics MRC(2017)；Research and Markets(2016)。

目前已确定了两套智能灌溉系统成本：第一套用于访问外部监测服务或数据处理服务；第二套硬件方面，包括监控系统和数据传输系统，以及需要的太阳能发电机组。系统的成本取决于所需的监控强度。单一作物和土壤、水文和气候条件一致的大面积区域，需要的监测密度比异质性更大的农田要低。作物价值、水和养分需求也将推动监测密度。AquaSpy(Moeller，personal communication，2010)引用的例子显示，系统硬件成本范围为 140~1450 美元/hm^2(探测器、天气监测器、数据通信和终端)，数据服务成本为 3.2~40.0 美元/hm^2/a。基于天气的灌溉系统的年费从 48 美元到 360 美元不等(美国内政部，2012 年)。2009 年，土壤传感器(一个探头和一个控制器)的成本在 150~500 美元/台之间(Cardenas 和 Dukes，2016a)。

“蒸散量”一词被广泛使用(表 7.11 和表 7.12)，但经常被误解。蒸发是非生产性损失，而蒸腾作用是有益的，因为这包括了作物生长时使用的水分。在许多情况下，“蒸散量”的估计只包括蒸发量。

表 7.11　天气控制单位成本

装　置	应用	成本/美元
控制器	家用(12 区)	275~1200
控制器	商用(24 区)	1195~2800
土壤水分蒸发蒸腾损失总量计		1375
土壤水分蒸发蒸腾损失总量计	控制器接口	435
雨量计		114~575
雨量计	控制器接口	435
测风仪		480~545
测风仪	控制器接口	435
流量计	一英寸	575
智能控制升级		850

来源：改编自 US DOI(2012)。

表 7.12　土壤水分单位成本

装　置	应用	成本/美元
土壤湿度传感器	每个	180～290
土壤温度传感器	每个	98
土壤湿度控制器	家用(12 区)	425～457
土壤湿度控制器	商用(24 区)	1097～4080
流量计接口	一英寸	600

来源：改编自 US DOI(2012)。

7.3.2　政策驱动因素

政策作为采用智能用水方法的驱动力的作用将在第 8 章中详细讨论。大多数政策影响是节水或筹资措施的间接结果，这些措施可以通过明智的办法有效解决。政策本身通常是由外部因素驱动的，主要是由于缺水，或者是对干旱时期作出反应，或者是由于需要解决根本的缺水问题。在印度，灌溉技术已经成为一项政策倡议的主题，因为马哈拉施特拉邦已规定，到 2019 年，至少 50%的甘蔗农田将使用滴灌，而 2017 年为 26%(Gangan，2017)。在美国，个别州已经制定了以灌溉为重点的节水目标，而在澳大利亚，已经确定了灌溉上限的例子。如果供水的成本增加超过了某个点，并且用水被计量，这就可以作为智能灌溉的间接驱动力，特别是当消费者能够评价灌溉实践和水费账单之间的联系时。

在水权交易的地方，更高效的灌溉者通常对水权的依赖更少，要么少买，要么根本不买。他们也可以向第三方出售他们的用水权利。水权交易的主要市场在澳大利亚(默里-达令盆地)和美国(得克萨斯州和西部各州)。将水权作为一种资产进行交易，而不是用于灌溉，可能会扭曲这些市场以及水权的价值。

到目前为止，美国已经有四个州出台了直接政策，例如强制要求智能水泵控制器在花园和休闲土地灌溉中使用。此外，得克萨斯州也获得了安装智能灌溉系统的拨款。这些将在第 8 章进行更详细的讨论。

7.4　智能灌溉农业

农业可能被视为一个保守的行业，但当它需要应对外部压力时，种植者可以而且也将这样做。维持性农业除外，粮食是一种商品，种植者竞相以最低的生产成本获得产品的最佳价格。在没有价格或监管压力的情况下，使用智能灌溉没有直接的激励措施。价格压力可以是直接的，当种植者必须支付灌溉用水或获得用水的权利时，也可以是间接的，当由抽取地下水的成本驱动时。在干旱时期，从河流中提取的水量也可能受到限制。最后，通过优化浇水提高产量的潜力本身也是一种动力，特别是当这也与更好的作物质量有关时。例如，灌溉控制可以在葡萄园葡萄酒的质量(和特性)中发挥重要作用，实际上，是在葡萄产量和质量之间取得适当的平衡。最后，调节亏缺灌溉(Cooley et al，2009)使用的水量比正常情况少，如果用水量的减少超过了产量的降低(Geerts，Raes，2009)，则可能是有益的，但这需要密切监测，以确保植物健康不受影响。

7.4.1 智能灌溉系统

在最简单的层面上，如园林灌溉，这涉及一个单位控制灌溉水流和时间与气候数据的基本联系。在最复杂的情况下(农作物和葡萄园)，这包括对生长需要和条件的详细评估和分析，并在一些单独的灌溉区管理灌溉流量。一个挑战是，自20世纪90年代以来，由于政府支持减少，全球地面站天气监测减少。当地正在采取措施解决这一问题，比如“Freestatio”全自动气象站，它采用了低成本的组件和免费软件，人们只需花250美元就可以安装。还有更复杂的气象站可供使用，根据美国《DOI(2012)》的例子，成本高达12875美元。

与市政水管理一样，智能灌溉由本身并不智能的物理层和那些涉及分析和呈现所获得的数据并对其作出反应的物理层组成。智能灌溉系统可以从内部来源和外部来源混合接收数据。

智能灌溉系统是基于监测土壤水分或降雨的。这些信息可以与有关天气和土壤条件的进一步信息结合起来。在土壤水分系统中，数据是由分布在整个生长区域的监测仪收集的，监测仪测量根系生长区域附近的水分水平。随着根系的发育，活跃的根系生长区域会随着时间而变化，水分读数需要通过布置在探针上的一系列水分监测仪来反映这一点。一些系统也有一个更深入的监测，以确保土壤有效地定期冲洗，以防止土壤盐碱化。读数使用电容探头(如果需要，可以测量湿度、温度、盐分和其他参数)或张力计，这是用于更高的湿度水平的。另一种方法是记录植物的液流，如案例研究7.1所述。在以天气为基础的系统中，会根据持续时间和强度记录降雨，并根据需要记录其他天气数据。

土壤和天气数据由一个控制单元处理，以确定何时需要灌溉，以及每个区域需要修改多少。这些数据与生长条件相关的信息相结合，包括土壤类型、种植的作物、播种类型(耕或免耕)和土壤压实程度。数据通常用于跟踪客户选择的参数，并集成到灌溉计划中。种植者可以使用这些数据来决定何时灌溉，也可以通过远程控制灌溉计时器来实现自动化。天气预报用于确保在预计降雨时避免灌溉。数据分析可以包括水渗入土壤剖面所需的时间，在一个设定的时期、一年迄今和一年比一年的用水量比较，灌溉性能，实际土壤湿度处于最佳水平或过低或过高的时间量。基于这些数据的反馈回路使种植者能够根据当地情况改进灌溉制度。

水(和营养素，如果需要的话)通过滴灌/管式灌溉器输送到生长区。在某些情况下使用微喷，但通常效率较低。为了监测和控制用水量，采用了智能计量。

热成像还可以通过精确定位泄漏来监测输送系统的状况和有效性。每个控制单元将管理多个灌溉区，通常家庭系统为4~12个，商业应用为8~48个。一些系统采用模块化设计，以便为特别大或复杂的种植区提供更多的灌溉区。

灌溉还需要与每种作物的生长周期同步，并根据植物的需要和生长周期的长度(从种植到收获)确定最佳灌溉时间。例如，甘蔗的生长周期为365d，通常需要24次灌溉，总需水量为20000m^3/hm^2；而玉米的生长季节为100d，需要6次灌溉，总需水量为5000m^3/hm^2。

7.4.2 智能灌溉的影响

美国智能灌溉试验有两个。一个是美国内政部对灌溉管理系统的调查(US DOI，2012)，涉及土壤湿度传感器和雨水传感器；另一个是威廉姆斯、福斯和怀特黑德(2014)最近的研究，其中也包括灌溉控制器本身的影响。Williams等(2014)进行了81项潜在适用的研究，筛选出不符合其标准的，将34个符合标准的试验与灌溉控制系统进行了比较。美国内政部的报告(US DOI，2012)来自2012年对美国零售的各种商业智能控制系统的调查(表7.13)。

表7.13 最佳用水灌溉调查

系　统	WFU-节省	WFU-范围	WFU-试验	US DOI
灌溉控制器	15%	-35%~43%	17	N/A
土壤湿度监测仪	38%	4%~72%	11	24%~68%
雨量传感器	21%	13%~34%	6	16%~58%

来源：改编自Williams、Fuchs和Whitehead(2014)以及US DOI(2012)。WFW指的是Williams、Fuchs和Whitehead(2014)。

译者注：表中WFU为Williams、Fuchs和Whitehead(2014)以及US DOI(2012)三人名字首字母。

实验和现实试验之间没有显著差异，控制系统分别节省13%和16%，土壤湿度监测仪节省39%和37%，实验和现实试验分别节省22%和19%(Williams et al，2014)。

表7.14按作物和地点概述了最近的一些试验，还包括在最佳灌溉水平下提高产量的潜力。

表7.14 最佳灌溉方案(近期的试验)

地　点	农作物	收益率/%	节水/%	数据来源
瑞士	球芽甘蓝	-11	42	PlantCare(2014)
沙特阿拉伯	西红柿	4	16	Al-Ghobari(2014)
沙特阿拉伯	西红柿	14	26	Mohammad et al. (2013)
美国	棉花	31%	15	Aquaspy(2008)

在加利福尼亚州，通过土壤湿度监测和自动灌溉，种植 900 棵牛油果树的灌溉成本从 47336 美元/a 下降到 11834 美元/a，降幅 75%。在 22 个灌溉区安装了 44 个土壤湿度监测仪，费用为 8200 美元。一个传感器被放入土壤 20cm 来测量根部的水分，另一个传感器被放置 60cm 以确保有足够的水来防止盐的积累。当树木成熟时，预计节约 50%，这仍然是具有成本效益的(Water Active，2016)。

由于灌溉和监测系统都需要资本支出，除了单纯提高产量外，还可能需要财政激励。即便如此，在西班牙，种植草莓是免费取水的，饮料制造商 Innocent 发布的一款免费智能用水管理应用程序已经获得认可，因为它降低了抽水成本。在这里，水消耗数据是由 Innocent(Innocent)收集的。该公司是一家总部位于英国的饮料制造商，负责从 2010 年到 2012 年量化每个种植者的耗水量，以及如何在保持产量或质量的同时减少耗水量。2014 年，Irri Fresa 应用程序启动，提醒种植者最佳灌溉时间。Innocent 的参与者减少了高达 40%的用水量，这意味着 2015 年减少了 $170\times10^4m^3$ 的用水量。2016 年，其他两个食品品牌和六个零售商也加入了 Doñana 草莓和可持续水管理集团，旨在使节水型种植成为规范。

Aquaspy 是一家美国/澳大利亚公司(Aquaspy. com)，开发了一种软件系统，用于远程监测土壤水分，允许将水和养分最佳地引入土壤，用于各种植物生长应用。该公司指出，客户可以节约 20%～64%的用水量，同时作物产量也有所提高。美国佛罗里达州的 Orange-co 公司为使用该系统支付了 2. 2 万美元，该系统每隔 10cm 监测土壤湿度，每 15min 监测 100cm。每一季节省 30 万美元，这是由于水泵和化肥的使用成本降低。澳大利亚的三文鱼胶庄园(Salmon Gum Estate)通过在土壤剖面向下 5 个点使用探针，使葡萄酒产量翻了一番，用水量减少了一半。

7. 4. 3 调节亏空灌溉

一个更激进的方法是提供比通常认为理想的更少的水。这种通常被称为调节亏空灌溉(RDI；表 7. 15)的工作原理是，当某些植物受到水分胁迫时，作物质量可以得到改善，这一点长期以来一直受到酿酒学家的重视。因为在有益的亏缺和损害植物之间可能有一条界线，所以需要密切监测，这有利于具有更大程度抗旱性的物种，如葡萄、杏和开心果。通过测量树液流量而不是土壤湿度，可以更好地了解作物的实际健康状况(案例研究 7. 1)。

表 7. 15 调亏灌溉制度

地点	农作物	收益率/%	节水/%	数据来源
瑞士	球芽甘蓝	-9	68	PlantCare(2014)
美国	酿酒葡萄	3	57	Scholasch(2014)
美国[1]	酿酒葡萄	-25	47	Cooley et al. (2009)
美国[1]	杏	-4	20	Cooley et al. (2009)

Scholasch(2014)报告的酿酒葡萄试验结果基于测量葡萄树中汁液流的试验(案例研究 7.1)，而 PlantCare(2012)和 Cooley、Christian-Smith 和 Gleick(2009)使用土壤湿度监测调查了试验。

7.5 草坪、公园和运动场

在使用市政供水的地方，减少灌溉用水通常会带来显著的经济效益。在美国，干旱地区高用水量的传统意味着可以接受相对较低的水费。例如，加利福尼亚州的人均每日生活用水为 469L，得克萨斯州为 519L，亚利桑那州为 530L(Kenny，2009)。而 2005~2007 年，荷兰为 125L，丹麦为 131L，英格兰和威尔士为 150L(Aquaterra，2008)。自 2000 年以来，地区性缺水促使美国受影响的州强制采用家用灌溉节水装置，包括加利福尼亚州和得克萨斯州的智能控制器。在澳大利亚，家庭和休闲灌溉可通过年度限制进行控制。第 8 章将更详细地讨论这些问题。如果运动场和休闲设施(如高尔夫球场)有自己的供水，管理用水的主要动机来自减少抽水费用。

休闲和园艺不同于灌溉农业。家庭灌溉通常是在一个相对小的地块内形成不同的景观(例如树木、草坪和花坛)，而运动和休闲灌溉则取决于特定场地和休闲区域的使用情况，以及修剪频率等因素。对于这些应用，植物产量通常仅次于耗水量。灌溉需要反映特定的因素，如草坪适应不同天气条件下缺水的弹性。灌溉管理的另一个方面是确保球场表面不会感到潮湿，滴灌比传统的喷灌系统更有效。

表 7.16 总结了一些试验样本。再生水会影响土壤水分的监测，因此，再生水的节约比饮用水少，但其总体影响更大，因为首先不需要饮用水。

表 7.16　操场和花园灌溉试验

地点	应用	节水/%	数据来源
美国佛罗里达州	操场—直饮水	63	Cardenas and Dukes(2016a)
美国佛罗里达州	操场—回收水	59	Cardenas and Dukes(2016a)
美国佛罗里达州	花园—回收水	44	Cardenas and Dukes(2016b)
美国科罗拉多州	花园—直饮水	27	Qualls et al. (2011)
美国科罗拉多州	花园—直饮水	44	Davis and Dukes(2015)

美国 hydropoint 数据系统公司开发的 WeatherTrak(hydropoint. com)城市景观灌溉软件从美国的 40000 个气象站获取数据，以减少灌溉、停车、运动场和花园浇水，降低用水、养分流失和侵蚀。在 24 个案例研究中，节约用水 14%~82%。2009 年，该系统在美国 12 个校区安装后，用水量减少了 39%，节省了 10.8 万美

元的水电费。

Aquaspy(2008)引用了一个住宅试验(城市和景观)，其中土壤湿度监测实施46次灌溉，而不是计划的162次，用水量从48000 m^3/hm^2 减少到13000m^3/hm^2，节约了73%，城市灌溉成本从50000美元/hm^2 降低到15000美元/hm^2。这是公用事业用水的地方。对于一个抽取地下水灌溉的高尔夫球场，类似的管理制度实施11次灌溉，而不是58次，用水量从13820m^3/hm^2 减少到5180m^3/hm^2，减少了63%，割草和抽水费用也减少了73%，从296美元/hm^2 降到78美元/hm^2。

教育和培训是各种灌溉管理的重要内容。这尤其适用于高用水量的用户。在佛罗里达州奥兰治县的住宅区进行的试验中，确定了大量灌溉用水的使用者，并邀请他们参加智能灌溉管理计划。在联合教育项目中，基于天气的控制器减少了18%的灌溉，灌溉比以前减少了32%。同样，对于土壤水分系统，对照组的灌溉量下降了30%，而结合教育的灌溉量下降了42%(Dukes et al.，2016)。

基于天气的灌溉控制器(WBICs)出现于20世纪90年代，到2014年，有20家制造商提供WBICs，并由美国EPA WaterSense计划覆盖。合规装置可避免所有景观区超过5%的过度灌溉，并提供有效调整当地条件所需的全部输入，以及能够重新编程以反映季节变化和自我诊断的设置。此外，当自来水公司要求特别减少用水量时，控制器必须能够响应这些要求。从传感器收集温度、太阳辐射和辐射数据，并用于实时计算蒸散量。或者，从场外来源获取天气数据，并将其传输给管制员(Western Policy Research，2014)。使用远程设备(如智能电话或计算机终端)进行调整，双向通信，提醒用户控制器的工作状态变得越来越普遍。2001~2011年进行的实地试验发现，户外用水减少了7%~24%，家庭总用水量减少了7%~10%，即每户每天减少140~220L。通过更密切跟踪季节性天气和水需求变化的系统，可以进一步节省费用。

7.6 案例研究

7.6.1 案例研究7.1：美国葡萄酒种植

由于葡萄园可以产生高收入，而且需要严格控制种植条件，葡萄酒酿造商愿意比大多数其他种植者更早地投资于创新的水管理方法。加州的一家水果科学公司(fruitionsciences.com)通过连接在葡萄藤上的测量汁液流的手环来监测葡萄藤的情况。藤蔓手环是由贾恩灌溉公司[Dynamax(dynamax.com)]开发的。

该公司在加利福尼亚州帕索罗伯斯(Paso Robles)、纳帕(Napa)和希尔兹堡(Healdsburg)的六个葡萄园进行了试验。在每一种情况下，相邻的地块使用传统的葡萄园灌溉和由葡萄藤数据驱动的养生法进行管理。对于被监测的区块，液流传感器被连接在同排的两棵相隔 25m 的藤蔓上。监测的葡萄藤只有在达到预先确定的水分不足时才进行灌溉。传统的区块在生长季节灌溉 6~30 次，果实监测区块灌溉 0~5 次。

果实监测区块的产量为 2.93t/acre（1acre = 4046.86m^2），传统区块的产量为 2.83t/acre。在一个案例中，葡萄质量也被认为比以前更好，使得更多的葡萄酒可以贴上优质的标签。果实监测区块总共使用了 2600×10^{4}L 的水，而传统的木桶使用了 6000×10^{4}L 的水，节约了 57%。注意到生长季节晚些时候葡萄藤很健康，灌溉更少了，实际节省更高。

水果科学公司开发了一系列葡萄园葡萄酒监测和管理服务，包括水资源管理。它服务于 200 个葡萄园和 1000 多个葡萄园区块使用 sap 显示器。更大规模的部署使用水减少了 50%（Pahlmeyer）和 54%（Halter Ranch）。在前一种情况下，高达 75%的葡萄藤现在没有得到灌溉。一个典型的应用，使用 40 个藤蔓监视器将花费 4000~5000 美元。该系统目前正在为杏等其他高价值作物开发（Giles，2014）。

主要来源：Scholasch（2014）。

7.6.2 案例研究 7.2：客户用水量遥感

OmniEarth 成立于 2014 年，为加利福尼亚州开发了一个水图像数据库。2015 年 4 月，由于持续的干旱，该州宣布将强制削减 25% 的公用事业用水量。OmniEath 的主要客户之一是内陆帝国水务公司（Inland Empire Water Utilities，ieua.org），这家公用事业公司在洛杉矶以东 242mile^2（1mile = 2.58999×10^{6}m^2）的地区为 87 万居民提供服务。

OmniEarth（OmniEarth.net）使用 IBM 的沃森视觉识别（IBM.com）服务分析航空和卫星图像，根据每个地产拥有的土地和使用方式，逐个估算房产对水的需求。IBM 的沃森视觉识别允许在 12min 内识别出 150000 块土地的图像上存在的游泳池、草坪和其他相关特征。卫星数据正以 2~5m 的分辨率与 GSD 多光谱图像一起使用（Fish et al，2015）。

基本订阅（每个地块 0.30~0.75 美元）可以用来分析每个地块的土地覆盖和水预算情况。标准订阅（除基本订阅外，0.05 美元/m^2）分析了水表读数数据与水预算之间的关系，并突出了大用水量用户。沃森识别平台是定制的，用于识别各个地块的屋顶区域、水池、草地、灌木和砾石以及灌溉和非灌溉区域，并计算其表面积。OmniEarth 生成水资源管理产品的可视覆盖，可以体现在谷歌地图上。

OmniEarth 被用来识别大量用水，并将其与游泳池以及进行大量灌溉的草地和灌木联系起来。这使得水务公司可以联系个别客户，并建议他们尽量减少游泳池排水量，同时考虑将一些草地或灌木区域改为砾石或岩石，或考虑使用更耐旱的植物品种。此外，鼓励顾客检查他们的房子是否漏水，并探索更有效的灌溉花园的方法。实际用水量可与理想用水量进行比较，同时与同行进行用水量基准测试，以及提高效率如何影响客户的水费。在某些地方，个人还可以通过与诸如Dropcountr之类的水追踪应用程序的连接来查看其用水设备的效率估算(案例研究4.13)。目前正在开发这项服务，以查明土地的变化，并对这些变化进行量化，以便向公用事业公司通报其在一定时期内的节水方案所产生的影响。

目前，OmniEarth正在寻求开发一种系统来识别低效的灌溉方式，即客户在浇灌草坪时不考虑草坪的生长周期。智能灌溉系统通常只考虑喷淋时间和土壤湿度。从这里开始，OmniEarth致力于开发一种农业服务，使作物灌溉与每一种作物的生长和收获周期同步。2017年4月，EagleView(eagleview.com)收购了OmniEarth，目的是将其航空图像和数据分析与OmniEarth的系统集成。EagleView寻求开发的领域之一是远程监测灌溉农业效率的能力。

主要来源：IBM(2016)。

7.6.3 案例研究7.3：Etwater——一个综合花园管理系统

ETwater Unity system(ETwater.com，Evotraption water的缩写)是一个基于天气的灌溉管理系统，为商业花园(住宅协会、零售和办公花园)、大型家庭花园和公园以及娱乐设施开发。该公司也在寻找为高尔夫球场和葡萄园提供服务的机会。它由一个控制中心组成，用于应对当前和预测的天气状况，在客户所在地自动更新灌溉计划，并提供基于云的服务，允许客户在智能手机或平板电脑通过一个专用应用程序根据自己的喜好修改系统，客户可以在自己的位置和云基础服务上进行操作。ETwater Unity系统设计为通过产品开发工具包向第三方输入开放。这是一个开放的创新平台，使用开源软件，也使系统能够与其他数字平台进行交互。

ETwater Unity应用程序可以免费下载，并与基于苹果和Android的移动平台兼容。该应用程序提供了有关用户灌溉用水量的信息，并概述了在当地条件和用户体验的驱动下减少灌溉用水量的可能性。该应用程序在ETwater付费系统下提供服务。

ETwater最智能的洒水服务每月费用从35美元起。这在智能设备上提供了客户花园的交互式卫星图像，将有关植物和灌溉系统的细节添加到网站上。一旦与园内的控制器和灌溉系统集成，就可以根据目前的植物以及当前和预测的天气条件来调整浇水，以满足园内不同部分的需要。提供的数据显示了在设定的时间段内使用(和节约)了多少水，并通过真实世界的例子进行了比较。节水还可以与该地区的其他用户进行比较。“市政限制”功能允许用户在其区域内禁止灌溉的任何时段(时间和日期)将其纳入灌溉计划。开发这项服务的目的是提供一种图像识别能力，客户可以通过这种能力拍摄草坪和其他草原地区的照片，以便对土壤状况进行分析。

主要来源：ETwater 网站。

7.7 结论

从迄今为止进行的试验来看，很明显，避免过度灌溉可以实现显著的节约。有关智能灌溉有效性的数据的生成仍处于早期阶段，因为迄今为止，在不同条件下，只在一些地区对数量相对有限的作物进行了试验。这些试验表明，基于雨水传感器的系统(范围为 13%~58%)可节省 21%~34%，基于土壤湿度的系统(范围为 4%~72%)可节省 38%~46%。

水的消耗不是唯一的驱动因素。产量可以从防止过度浇水中受益，在一些作物(特别是为酿酒而种植的葡萄)中，管理灌溉对优化作物质量起着重要作用。土壤监测可通过在盐分水平过高时发出警报来防止盐分积聚，从而将盐分冲洗到生长区下方。

在提高作物质量的同时，为了更大幅度地节约成本，灌溉控制已经进一步采取了水下灌溉(regulated deficit irrigation，RDI)。在压力条件下种植作物需要更密集的监测，以避免损害作物，而某些作物(例如葡萄、杏和开心果)在这方面明显更有弹性。确保有效利用 RDI 的一种方法是通过监测植物的汁液流动，以了解某一特定灌溉方案的实际影响。汁液流监测的较高成本意味着它最适合高价值作物，尤其是生产优质葡萄酒的葡萄。

为了有效，智能灌溉需要与高效和有针对性的供水方法相结合，最好是滴灌。目前，3%的农田灌溉设施采用滴灌，但这一比例近年来不断上升。

参 考 文 献

[1] ABS(2004) Water Account Australia，2000-01，Australian Bureau of Statistics，Canberra，Australia.

[2] Aquaterra(2008) International comparison of domestic per capital consumption. Aquaterra，for the Environment Agency，Bristol，UK.

[3] ADB(2013) Thinking about Water Differently：Managing the Water-Food-Energy Nexus. Asian Development Bank，Metro Manila，Philippines.

[4] Alexander L(2008) Water Q&A：Secular Trends，Multiple Opportunities. Jefferies and Co.，New York，NJ，USA.

[5] Al-Ghobari H M(2014) The assessment of automatic irrigation scheduling techniques on tomato yield and water productivity under a subsurface drip irrigation system in a hyper arid region. WIT Transactions on Ecology and The Environment(185)：55-66. d' Amour C B，Reitsma F，Baioc-

chi G, et al. (2016) Future urban land expansion and implications for global croplands. PNAS 2016: 1606036114v1-201606036.
[6] Aquaspy(2008)Company overview. Aquaspy, Santa Ana, CA, USA.
[7] Aquaspy (2013) Presentation to the World Water Tech Investment Summit, London 6 - 7 March 2013.
[8] Beddington J (2013) The Perfect Storm; what is happening to the World? Lecture, 12th November 2013, Imperial College, London, UK.
[9] Brouwer C and Prins K(1989)Irrigation Water Management: Irrigation Scheduling. Training Manual no. 4. Food and Agriculture Organization of the United Nations, Rome, Italy.
[10] Cardenas B and Dukes M D(2016a)Soil moisture sensor irrigation controllers and reclaimed water part I: Field-plot study. Applied Engineering and Agriculture 32(2): 217-224.
[11] Cardenas B and Dukes M D(2016b)Soil moisture sensor irrigation controllers and reclaimed water part II: Residential evaluation. Applied Engineering and Agriculture 32(2): 225-234.
[12] Cooley H, Christian-Smith J and Gleick P(2009)Sustaining Californian Agriculture in an Uncertain Future. Pacific Institute, Oakland, CA, USA.
[13] Credence Research(2016)Drip irrigation systems market by application(agriculture, gardens, others), component(drippers, tubing, backflow preventers, valves, pressure regulators, filters, fittings)-Growth, share, opportunities and competitive analysis, 2015-2022.
[14] Dalin C, Wada Y, Kastner T and Puma M J(2017)Groundwater embedded in international trade. Nature, 30th March 2017(545)700-704.
[15] Davies Z G, Fuller, R A, Loram A, Irvine K N, Sims V and Gaston K J(2009)A national scale inventory of resource provision for biodiversity within domestic gardens. Biological Conservation 142(4): 761-771.
[16] Davis S and Dukes M(2015)Methodologies for successful implementation of smart irrigation controllers. Journal of Irrigation and Drainage Engineering 141(3): 04014055.
[17] DeOreo W B and Mayer P W(2011)California Single Family Water Use Efficiency Study. California Department of Water Resources, Aquacraft, Boulder, CO, USA.
[18] Dukes M D, Allen L M, Thill, T, et al. (2016)Smart Irrigation Controller Demonstration and Evaluation in Orange County. Water Research Foundation, Denver, CO, USA.
[19] Fish C, Slagowski S, Dyrud L, et al. (2015)Pull vs. Push: How OmniEarth Delivers Better Earth Observation Information to Subscribers. The International Archives of the Photogrammetry, Remote Sensing and Spatial Information Sciences Volume XL-7/W3, 2015. 36th International Symposium on Remote Sensing of Environment, 11-15 May 2015, Berlin, Germany.
[20] FAO(2010)Towards 2030/2050. UN FAO, Rome, Italy.
[21] FAO(2011)The State of Food Insecurity in the World 2011: A Report by the High Level Panel of Experts on Food Security and Nutrition of the Committee on World Food Security. UN FAO, Rome, Italy.
[22] FAO(2014a)Area equipped for irrigation. Aquastat, Food and Agriculture Organization of the United Nations, Rome, Italy.

[23] FAO (2014b) Irrigated crops. Aquastat, Food and Agriculture Organization of the United Nations, Rome, Italy.

[24] Gangan S P(2017) To save water, Maha government wants 50% sugarcane crop on drip irrigation in 2 years. Hindustan Times, 15th May 2017.

[25] Geerts S and Raes D(2009) Deficit irrigation as an on-farm strategy to maximize crop water productivity in dry areas. Agricultural Water Management 96: 1275-1284.

[26] Giles E(2014) Grow more food with less water? There's an app for that. The Guardian, 25th September 2014.

[27] Greenspace Information for Greater London(2015) GiGL, London, UK.

[28] GiGl(2010) London: Garden City? Greenspace Information for Greater London, London Wildlife Trust and Greater London Authority, London, UK.

[29] Grand View Research(2016) Micro-Irrigation Systems Market Analysis by Product(sprinkler, drip, center pivot, lateral move), by crop (plantation crops, orchard crops, field crops, forage and turf grasses) and segment forecasts to 2022.

[30] Hermitte S and Mace R E(2012) The Grass Is Always Greener…Outdoor Residential Use in Texas. Texas Water Development Board, Austin, TX, USA.

[31] HLF(2016) State of UK Public Parks 2016. Heritage Lottery Fund, London, UK.

[32] IBM(2016) OmniEarth Inc: Combating drought with IBM Watson cognitive capabilities. IBM, New York, USA.

[33] Irmak S, Odhiambo L O, Kranz W L and Eisenhauer D E(2011) Irrigation Efficiency and Uniformity, and Crop Water Use Efficiency. Biological Systems Engineering: Papers and Publication, University of Nebraska.

[34] Kenny J F Barber N L, Hutson, S S, et al. (2009) Estimated Use of Water in the United States in 2005. US Geological Survey, US Department of the Interior, Reston, VA, USA.

[35] McKinsey (2009) Charting Our Water Future: Economic frameworks to inform decisionmaking. World Bank 2030 Water Resources Group, Washington DC, USA/McKinsey, London, UK.

[36] Markets and Markets(2016a) Drip Irrigation Market by Crop Type(field crops, vegetables, orchard crops, vineyard and rest(crops)), application(agriculture, landscape, greenhouse and others), components and by region-Global trends and forecasts to 2020.

[37] Markets and Markets(2016b) Smart Irrigation Market by Irrigation Controller(weatherbased controllers and sensor-based controllers), hardware and network components, application, and geography-Global forecast to 2022.

[38] Markets and Markets (2017) Drip Irrigation Market by Component (emitters, drip tubes/ drip lines, filters, valves and pressure pumps), emitter/dripper type(inline and online), application(surface and subsurface) crop type and region-Global forecast to 2022.

[39] Mohammad F S, Al-Ghobari H S and El Marazky M S A(2013) Adoption of an intelligent irrigation scheduling technique and its effect on water use efficiency for tomato crops in arid regions. Australian Journal of Crop Science 7(3): 305-313.

[40] Mordor Intelligence(2017) Micro-Irrigation Systems Market-Global Trends, Industry Insights and Forecasts(2017-2022).

[41] Oldeman L R, et al. (1991) World Map of the Status of Human-induced Soil Degradation(GLASOD). UNEP, Nairobi, and ISRIC, Wageningen, The Netherlands.

[42] PlantCare(2014) An impressive result. PlantCare, Russikon, Switzerland.

[43] Qualls R J, Scott J M and DeOreo W B(2001) Soil moisture sensors for urban landscape irrigation: Effectiveness and reliability. Journal of the American Water Resources Association 37(3): 547-559.

[44] Research and Markets(2017) Global Microirrigation Systems Market Analysis and Trends 2013-2016-Industry Forecast to 2025.

[45] Research and Markets(2016) Global Smart Irrigation Market Analysis and Trends-Industry Forecast to 2025.

[46] Research Nester(2017) Drip Irrigation Market: Global Demand, Growth Analysis and Opportunity Outlook 2023.

[47] Shiklomanov I A(1999) World water resources and their use. UNESCO, Geneva, Switzerland.

[48] Scholasch T(2014) A comparative study of traditional vs plant-based irrigation across multiple sites: Consequences on water savings and vineyard economics. Application during a drought in California. Fruition Sciences, Oakland, CA, USA.

[49] Statistics MRC(2017) Global Smart Irrigation Market 2017: Share, Trend, Segmentation and Forecast to 2022.

[50] US DOI (2012) Weather and Soil Moisture-Based Landscape Irrigation Scheduling Devices. Technical Review Report, 4th Edition. US Department of the Interior, Southern California Area Office, Temecula, CA, USA.

[51] US EPA (2006) Outdoor Water Use in the United States. EPA WaterSense, US EPA, Washington DC, USA.

[52] Wall M(2013) Smart Water: Tech guarding our most precious resource. BBC, 30th July, 2013.

[53] Water Corporation(2010) Perth residential water use study 2008-2009, Water Corporation, Perth, WA, Australia.

[54] Waterwise(2012) Water-The Facts. Waterwise, London, UK.

[55] WEF(2011) Water Security: The Water-Food-Energy-Climate Nexus. World Economic Forum Water Initiative, Geneva, Switzerland.

[56] Western Policy Research(2014) BMP Cost and Savings Study Update: A Guide to Data and Methods for Cost-Effectiveness Analysis of Urban Water Conservation Best Management Practices, July 2014 Update. Western Policy Research, Santa Monica, California, USA.

[57] Williams A, Fuchs H and Whitehead C D(2014) Estimates of Savings Achievable from Irrigation Controller. Lawrence Berkeley National Laboratory, Berkeley, CA, USA.

[58] Winpenny J, et al. (2010) The wealth of waste: The economics of wastewater use in agriculture. FAO water reports 35, UN FAO, Rome, Italy.

8　智能用水政策与实践

政策涉及原则或规则的发展，目的是实现合理的结果。就公共政策而言，这意味着制定影响公共生活各方面的规则、法律或指示。政策可以作为旨在鼓励实现预期结果的指导方针来执行，也可以作为旨在迫使预期结果实现的强制性工具来执行。

政策和智能用水很少被选择混合在一起。显然，政策在智能用水发展方面的实际作用是协助创造发展，并作为直接和间接采用智能用水的必要条件。这也反映了智能用水发挥了作为从业者解决现有成本、供应和管理挑战的工具的作用。

8.1　作为政策驱动力的监管

在法律、指令、标准和条例的推动下，公共卫生和环境义务促使水资源管理人员通过配水网络监测各种化学和物理参数，并确保其符合现行标准。为了防止或尽量减少任何干扰的影响并提供对这些数据的访问，快速或理想的实时数据捕获和分析正变得越来越重要。此外，新一代的高速细菌检测系统使一些生物和生化标准能够得到实时有效的监测。

欧盟水框架指令（WFD，2000/60/EC）等法规正在鼓励内陆水质管理从被动转向主动，这就产生了对物理、化学和生化数据实时收集和同化的需求。将WFD下的河流水流维持与客户需求相协调的需求反过来又推动了需求管理和智能计量，正如对水务设施收取全额成本费用的要求（理论上至少从2010年起），这鼓励客户考虑其用水情况。应用包括饮用水质量的实验室传感器，受世界卫生组织标准和国家标准以及欧盟饮用水指令98/83/EC的管理；根据欧盟修订的沐浴水指令（2006/7/EC），对浴场水质进行现场测试，并快速发布测试结果；《城市污水处理指令》（97/271/EEC）规定的污水处理厂和工业场地的排放分析；以及欧盟的综合污染防治指令（2008/1/EC）。

在筹集资金和项目开发时，公司、大学和资助者需要一些证据，证明市场确实存在或将存在，以证明开发智能水系统是合理的。直接政策干预包括政府规定应采用智能水表等情况。间接政策激励措施包括鼓励需求管理的关税政策，以及为通过实时监测和管理最有效地达到供水、废水质量及服务提供标准。

8.2 直接政策干预

马耳他、澳大利亚、韩国、美国(州一级)、英国(泽西岛)和新加坡都直接或明确鼓励开发和部署智能用水系统。在加拿大(安大略省)和以色列，政策的方向是支持智能用水技术公司。

在泽西岛和马耳他，已经推出了一个通用智能水计量计划。马耳他和泽西岛都采用了智能水表，以应对水资源短缺，而无需开发新的海水淡化厂。在马耳他，当人们意识到在安装智能电表的同时安装智能水表将更具成本效益时，就采用了智能水表，智能水表将于2020年根据欧盟立法(2009/72/EC)部署。在澳大利亚，政府资助了社区范围的智能水计量试验。韩国和新加坡已寻求开发综合智能水网。

8.3 间接政策干预

政策可能会产生意想不到的后果。在苏格兰，2008年引入了对非家庭客户的竞争，并引发了智能水表的部署，因为公用事业公司等试图通过提高性能和提供服务使自己从同行中脱颖而出。

智能水表的使用可以通过旨在鼓励效率的措施来实现。例如，加州和亚利桑那州降低用水量的政策已经让公用事业公司采用智能水表来告知客户他们的用水量。在丹麦，1994年开征的供水税，对超过10%的水的渗漏损失收取1欧元/m^3(Fisher，2016)。这随后推动了哥本哈根采用智能泄漏检测系统。在澳大利亚，堪培拉公园、运动场和住宅花园的年度灌溉津贴为每1000m^2总面积每年50×10^4L，或5000m^3/a/hm^2(2007年法案)。这项立法基于限制的性质推动了智能计量和智能灌溉的采用。

采用准确反映系统状态的性能度量是实现其定量分析的一个重要因素。本研究中反复出现的一个主题是，假设在有更合理的措施可用时，有必要使用水损失百分比数字。这反映了报告有意义的信息和普遍采用的表达方式之间的紧张关系。基础设施泄漏指数(ILI)是系统中实际损失与最小实际损失的比率，旨在反映网络的效率如何变化，而不考虑流经网络的水量，这是用损失百分比数无法做到的。基础设施泄漏指数开始获得国际认可。ILI自2005年以来已被全球主要专业组织接受，2005年之前被马耳他和奥地利采用，2008~2017年被丹麦、克罗地亚、意大利、德国和韩国采用(Merks et al.，2017)。

8.4 作为抑制因素的政策

直到2010年，英格兰和威尔士在水计量的速度和性质方面缺乏政策一致性，这阻碍了智能计量的发展，并有效地阻止了智能水表和电表项目的同步。由于缺乏对创新的激励，五年的支出周期被视为不适合长期项目，这一情况更加恶化。最近对水资源管理政策的反思和智能计量的好处正在姗姗来迟地改变这一点(Ofwat，2012)，正如南方水务公司和泰晤士河水务公司采用智能计量(第4章)所看到的那样。

8.5 政策挑战

需要开展国际合作，商定和采用硬件和软件的共同标准，特别是在相互适应性方面，以鼓励在国际上部署智能水技术。随着目前独立运行的各种智能用水应用程序开始集成，这一点变得越来越重要(ITU，2010)。欧洲正在考虑智能计量标准，包括智能水表和数据集中器之间数据传输的EN 13757标准。ISO正在制定用水数据通信和地理信息系统的国际标准(包括用于水表电子接口的ISO 22158，用于数据安全的ISO 27000系列，智能城市的ISO 37120和资产管理的ISO 55000系列)以及地理信息系统的ISO 19100系列。丹麦标准组织正在与ISO和国际电子技术委员会共同制定智能城市标准(Freedman and Dietz，2017)。迄今为止，唯一确定的智能水标准的国家倡议是由新加坡政府制定的开放物联网标准指南(Freedman and Dietz，2017)。

8.6 案例研究

这里的七个案例研究概述了策略是如何(或没有)影响智能系统和服务的开发或部署的。有六个是直接和间接支持的例子。英国直到2017年才明确表态。英格兰和威尔士经济监管机构最近的一份立场文件表明，这种情况正在开始改变。

8.6.1 案例研究8.1：澳大利亚——本地化举措

2003~2010年的干旱将注意力集中在澳大利亚的水需求和供应管理优先事项上。澳大利亚政府的未来用水倡议是一个由可持续性发展、环境、水、人口和社区部管理的十年方案，旨在确保供水和维持河流水质。它基于《2007年水法案》及其后的修正案倡议中没有提到的“智能”用水。即便如此，智能水务还是得到了两项具体倡议的支持。

政府对智能系统的批准：澳大利亚政府提供了180万澳元来支持一个智能方案(SAWM，见第4.5节)。Smart Approved WaterMark是一个适用于节水型户外产品和服务的标签，旨在帮助消费者选择节水型商品。其中包括两家公司提供的雨量传感器和三家公司提供的土壤湿度传感器，以及农业咨询和花园低水分植物选择。

支持智能计量的推广：昆士兰州的宽湾水务公司(Wide Bay Water Corporation)在2006~2007年安装了2359个智能家用和商用水表，到2010年，安装了24500个水表，覆盖了超过6万人。这个570万澳元的项目得到了国家政府260万澳元和州政府90万澳元的支持。这使得现场试验能够在澳大利亚第一个完全由智能水表覆盖的实体社区进行。它被用作澳大利亚智能水表应用的试验(Turner，2010)，包括针对客户的泄漏警报(Freedman and Dietz，2017)。

8.6.2 案例研究8.2：加拿大安大略省——水资源智能网络

在加拿大安大略省，2010年的《水资源机遇和水资源保护法》和2012年的《安大略省水技术加速计划和效率倡议》通过要求水费账单上的用水标准化信息，鼓励客户更有效地用水。目标是通过增强的客户数据，对消费者进行用水教育。

安大略省《水资源机遇和水资源保护法》旨在将规章和政策与可持续的水资源管理相协调。这包括水可持续性计划、账单用水标准化信息、水效率标准和一个支持公司创新的水技术加速项目(自来水)。该省支持风险投资基金，安大略风险投资基金，安大略新兴技术基金，投资加速器基金和创新示范基金，并通过25个水资源相关研究机构的150名研究人员进行研究。安大略MaRS孵化器就是一个例子，这是一个旨在提高国家全球竞争力的公司。它支持Echologics(Echologics.com)的发展，该公司是一家基于声学的大型管道泄漏检测公司，成立于2003年，由Mueller公司(muellercompany.com)于2011年收购。

8.6.3 案例研究8.3：以色列——支持智能技术

以色列是一个缺水国家，近年来经历了干旱和其他潜在的水资源供应威胁。缺水为家庭和市政用水的节水技术创造了市场。旨在减少城市和农业部门用水需求的经济激励措施，以提高分段水价为基础，开发了创新的水管理装置，如远程和更准确读取的水表(以突出泄漏)、压力优化装置，以及计算机灌溉系统(OECD，2010b)。

开发智能技术得到部际委员会的支持。以色列的Mekorot公司(Mekorot.co.il)于2004年建立了用水技术创业中心(WaTech)，作为商业风险投资的平台。在最初的三年里，对250个项目进行了评估，其中35个项目随后由

Mekorot 进行了试验。公用事业公司在试验开始时制定技术标准，其部署被视为一个结构严密的过程，以尽量减少潜在的创新风险。

2006 年，以色列推出了新型高效用水技术(NEWTech，israelnewtech. gov. il)，项目在 26 个政府资助的用水技术孵化器中取得了成功，获得了 7 亿美元的私人投资。2008 年，该项目更名为国家可持续能源和水资源项目。为了降低安装创新技术的风险，NEWTech 将偿还 70%的安装成本(最高 20 万美元)。TaKaDu (leakage detection and management，TaKaDu. com)和 Miya(pressure management，Miya-water. com)等公司都从这一政策支持中脱颖而出。2017 年，该计划涉及 151 家涉及供水系统和服务的公司。

8.6.4 案例研究 8.4：韩国——智能用水作为国家竞争力一揽子计划的一部分

韩国的目标是到 2020 年通过各种研发项目开发“3S”(安全、安全、解决方案)(Security，Safety，Solution)平台技术，成为世界上智能水网的领先倡导者之一。韩国正在寻求将水处理和管理的各个方面，包括农业使用和水坝与模拟水循环的数据流联系起来，并向中央控制设施报告。设想了两个级别的智能水网，一个是城镇级的“微型网”，一个是区域或流域级的“宏观网”。PRIME 技术战略旨在支持智能水系统的部署：平台(水网和信息技术)，资源(保护和激活各种水资源)，智能网络(自诊断传感器和 ICT 支持的合作网络)，管理(资源风险管理和资产管理)和能源效率(智能水能网)Choi 和 Kim(2011)。

政策支持来自《科学技术基本法》。第十三条包括一系列国家科技基础计划，2008~2012 年第二次和 2013~2017 年第三次。科学技术政策由 KISTEP 管理，KISTEP 是国家科学技术委员会下属的一个政府资助的科学技术政策规划和评估机构，该机构直接向国家总统报告。到 2015 年，智能网络试验评估了大约 100 个参数(Choi et al，2016)。

智能水网计划源于一项中央计划，即通过在选定的信息技术相关主题上发挥国际领导作用来维持经济发展。在这里，智能水网的概念被视为既满足了国家的水资源管理需求，又作为获得国际业务的平台。智能水网已经在延江渡岛(Yeongjongdo Island)(韩国国际机场所在地)进行了试点，研究如何利用智能水网管理潜在的供水风险(Byeon et al，2015)。在新建的松岛市，政府从一开始就实施了智能用水、能源、通信和交通网络，包括综合供水、废水和事件监测(Freedman，Dietz，2017)。

8.6.5 案例研究 8.5：新加坡——作为整体水资源管理一部分的智能管理

由于该国依赖从马来西亚进口的水，并且它的目标是到 2060 年实现水的自给自足，水管理被政府视为一个优先事项。国家所有的公用事业委员会(PUB)负责供水管理和服务的所有方面，隶属于环境和水资源部。新加坡环境局的任务是与公司和研究机构合作，开发新技术，以协助水管理，并为新加坡的企业创造机会。

将公用事业公司用作智能技术测试平台：公共事业公司通过公私伙伴关系充当新技术及其应用的测试平台，经济发展委员会作为促进者，知识产权仍归私营部门所有。在2002~2010年开展的294个研发项目中，智能用水项目关注实时水质监测和分析、废水回收膜完整性传感器和微生物源跟踪(Cleantech Group，2011)。2015年，Rigel Technology(Rigel. com. sg)在得到PUB(Public Utilities Board Singapore，2016)的支持后，推出了一款提供实时消费数据的智能淋浴头。

优化水管理的智能水网：为了以经济实惠的方式实现水的自给自足，水循环的所有方面都被一起管理，包括海水脱盐、废水回收、集水管理和雨水下水道回收。这也需要广泛的监测，并将其整合到智能水网中。政策支持来自2009年积极、美丽、清洁的水域方案(内陆水质)和一系列水效率举措，包括2011年节水意识方案。由于水网的效率(配水损失小于5%)和其他监测方案，家庭智能水表迄今未被视为优先事项(Lloyd Owen，2012)。智能计量(AMR)目前正在1200家酒店进行试验，目标是到2018年选择首选技术，到2028年实现全覆盖(Public Utilities Board Singapore，2016)。自2015年以来，家庭用水管理系统(消耗量记录和图形数据显示)已在3200处住宅试用(Public Utilities Board Singapore，2016)。

新加坡的政策发展旨在实现长期的水资源自给自足。采用智能水措施是务实的，将重点放在能够满足其需求的领域。在这种情况下，政策是具有支持性的，特别是在协助制定适当的办法方面。

8.6.6 案例研究8.6：英国——混合信号

英格兰和威尔士——监管中立：英格兰和威尔士的供水和废水服务于1989年私有化。水务办公室(Ofwat)是该行业的经济监管机构，拥有设定价格和绩效限制的法定权力，这实际上决定了每家公司的支出优先顺序。该行业在一系列五年期资产管理计划(AMP)内运作；AMP6从2015年运行到2020年，AMP7从2020年运行到2025年。

在2010年之前，英国水务办公室一直拒绝公用事业公司安装智能水表，认为这一问题与水资源短缺的关系过于密切，只允许在英格兰东南部加强手动水表的推广。Ofwat的《气候变化焦点报告》(Ofwat，2010)指出，“用水管理的创新平台……可能意味着额外的资金”，认识到智能水表在泄漏检测中的作用，需要将泄漏视为供需平衡的一个综合要素，而不是监管目标(Worsfold，2012)。未来的监测可能包括灵活的或季节性的目标，这意味着对智能计量的潜在需求。自2011年以来，环境和农村事务部已经认识到智能水计量的重要性和好处，但认为在经济和财政上，承诺此类计划还为时过早(Mau Donald，2010)。即使电表是由公用事业公司安装的，也只能在客户选择时收取水费。

2011年，Ofwat得出结论，最大的净效益将来自于加速项目，从2010~2011年38%的计量到2029~2030年90%的计量(Ofwat，2011)。审查指出了智能计量的潜力，但没有具体考虑。2012年，Ofwat坚称，它并不关心每家公司使用什么技术(Ofwat，2012)，重要的是产出。环境和农村事务部提出，有一种"看法"认为，由于其监管框架，水务设施没有创新性，"不妨碍"应该是政府的主要目标(Phippard，2012)。智能水务似乎仍然是一个低优先级，Ofwat在其2012年3月关于该行业创新的立场文件(Ofwat，2012)中仅提及商业客户的智能计量。

南部水务公司(Southern Water)和泰晤士水务公司(Thames Water)在AMPs 5、6和7中的智能水表部署计划(第4章)是由两家公司单独决定的，水务办公室对智能水表的问题保持中立。事实上，没有任何政策阻碍国家层面发展智能水网的计划。

从那以后，我们看到了一些进展。2013年部级对"2020年前联合污水排放监测计划"(第5.6.5节)的支持正被用于发展智能污水监测(Hulme，2015)。2017年，Ofwat公布了一项战略，要求企业从2020年起使用客户数据来改善客户服务和通信。虽然没有提到智能数据管理，但报告强调了数据收集和整合的深度。重点关注的领域包括利用信用评级机构的数据来识别财务负担较重的客户，改善其债务管理和客户支持(由约克郡水务公司开发)(Yorkshire Water)，利用邮编码热点来锁定那些可能将多余脂肪和油脂冲进下水道网络的客户(南方水务公司)(Southern Water)，用于理解客户行为的数据分析(Dŵr Cymru Welsh Water and Affinity Water)和客户用水量的同行对比(South East Water and Advizzo)。这是第一份阐述客户数据分析优势的意见书(Ofwat，2017)。

苏格兰水资源竞争：苏格兰水务公司是一家国有运营公司，在与英格兰和威尔士私有化公司类似的监管框架内运作，由苏格兰水工业委员会(WICS)监管。根据2005年《供水服务等》(苏格兰)法规，2008年4月1日，所有非家庭客户的竞争都已出台。这影响到公用事业公司的所有130000名非家庭客户。自该法通过以来的头两年，已有4.5万份合同重新谈判。苏格兰水务公司宣布，将在苏格兰各地的公共建筑中安装多达3000个智能水表，主要是基于一个商业案例论证，即通过更好的泄漏控制和减少消耗，节约用水将使公司及其客户受益(Staddon，2012；WICS，2010)。

苏格兰水公司在大型用户市场开放时，利用业务流客户关系提供了一个专门的客户服务。通过先发制人地消除顾客的顾虑，在竞争之前提供以顾客为中心的服务，这种转变是相当温和的。2010~2011 年和 2020~2021 年期间，该法案预计将通过降低单价节省(6000~7000)万英镑，通过降低用水量节省(5000~5500)万英镑。实际节省更多，自服务推出以来的 8 年中，通过降低收费，用户收费账单减少了 9900 万英镑，同时通过减少用水量($2400\times10^4m^3$)节省了 5300 万英镑，减少了 700 万英镑的用电量。仅在 2015~2016 年，总节省就达到 3700 万英镑(Gaines，2016)。

通过智能计量节省的例子包括在苏格兰的特易购商店减少 8%的用水量(Ofwat，2012)。在洛锡安的皇家维多利亚医院安装的智能水表发现了异常的用水模式，由此，迄今未检测到的漏水正在修复，将用水量从 $12m^3/h$ 降低到 $4m^3/h$，每年节省 13 万英镑(Business Stream，2016a)。智能水表被用于在洛西安欧洲中心的英国新闻印刷厂，以确定哪些地方需要降低能耗，包括安装限水龙头和高效淋浴喷头，以及更换有问题的马桶水箱(Business Stream，2016b)。由于用水量减少了 50%，每年的水费减少了 5000 英镑，通过减小水表尺寸，每年的固定成本减少了 3000 英镑。

在 2010 年对该法案进展的审查中，WICS 没有提到智能用水。智能计量的部署是对政策的回应，而不是直接寻求鼓励计量的使用(WICS，2010)，更不用说智能计量了。

8.6.7 美国——州一级的授权

在美国，政策是在州和地方一级制定和颁布的。最重要的政策目标是与州一级的水资源管理和减少需求有关的目标。

在加利福尼亚州和亚利桑那州支持倡议：在加利福尼亚州，参议院法案 SB×7-7 2009 年的《三角洲和水资源改革法案》要求该州在 2020 年年底前将城市人均用水量减少 20%，并在 2015 年年底前按照各所属城市的规定制定临时用水量目标。2015 年 4 月，制定了一个新的 25%的减排目标，包括对所有新建住宅进行强制滴灌景观灌溉(Gambino，2015)。对于公用事业公司来说，通过消除数据错误(丢失或超出校准的仪表、不正确的仪表数据等)、系统损失和失窃造成的水损失，更容易降低耗水量，从而真正了解其非收入用水，而不是进行大规模管道更换。根据加州 218 号提案(1996)，水费增长必须基于提供服务的成本。这实际上禁止地方政府在灌溉和住宅客户之间使用交叉补贴。为了证明这种“相称性”是一致的，需要更精确的数据，这被视为支持智能水网技术的安装。2016 年 5 月取消了强制性用水限制，但长期用水减少目标仍然有效。因此，许多城镇正在推出智能水表计划(M&SEI，2016)。同样在 2016 年 5 月，该州允许公用事业公司制定满足其特殊需求的标准，这也反映出不断变化的用水需求和对这些需求的响应可能超过正式的政策制定(Freedman，Dietz，2017)。

亚利桑那州水资源部(ADWR)修订的非人均节约计划于2006~2008年制定，并于2010年实施。该计划要求供水商采用最佳管理模式来实现节约用水。虽然这并不特别需要先进的计量，但它为未来智能用水的实施奠定了一个框架。在亚利桑那州，2010年的一项节水措施调查发现，15个社区中有5个提供了与智能灌溉相关的折扣。其中包括灌溉审计折扣22~100美元，家用草坪智能灌溉系统折扣30~250美元，商业智能灌溉升级折扣5000美元(或总成本的三分之一)。该调查未涵盖智能计量(Western Resources Advocates，2010)。自2013年以来，每年7月，亚利桑那州城市用水者协会都被定为该州的“智能灌溉月”，鼓励家庭用户对其花园灌溉进行审核，并安装或升级其智能灌溉系统。

智能灌溉补贴：AquaSpy注意到，一些地方政府实体，如得克萨斯州的NRCS和乔治亚州的USDA，已经为购买该公司的数据订阅服务提供了50%的补贴，因此对种植者来说更具吸引力(Moeller，2012，personal communition)。然而，他们认为，总的情况是缺乏协调和重要的方案来帮助推动需求，也没有制定标准，甚至没有意识到这些问题。

强制智能市政灌溉：这也适用于美化环境设施灌溉。在加利福尼亚州和得克萨斯州，那里的公园、花园和运动场被强制采用智能灌溉(OECD，2012)。在得克萨斯州，有关灌溉系统设备的HB 2299法案于2008年生效。该法案要求从2011年起，灌溉设备配备智能控制器，雨霜期间要求自动关闭系统。2007年，五种智能控制器在该州销售，到2011年已增至11种(Lee，2011)。加州最新的节水型景观条例AB1881规定，从2012年起，该州所有新的灌溉设备必须配备智能控制器。2015年，得克萨斯灌溉协会效仿亚利桑那州，宣布7月为该州的“智能灌溉月”。

联邦政府正在采取行动：2015年《智能能源和水效率法案》(HR 3413)包括支持3~5个城市的智能电网试点项目，重点是泄漏检测和修复。那一年，美国国家标准和技术研究所支持了一个项目，AT&T和IBM一直在与洛杉矶市合作，拉斯维加斯和亚特兰大在其NIST全球团队挑战下开发智能泄漏管理网络，美国填海局还提供了100万美元的赠款，以支持加州水管理局的智能水计量(Freedman，Dietz，2017)。

8.7 结论

本章部分摘自作者在2011~2012年对智能用水和政策(OECD，2012)的研究。自那以后发生了什么变化？近年来，政策制定方面的进展似乎有限。这反映了政府一级对水资源管理重视程度较低的持续趋势。

即便如此，我们还是看到了一些进展。在新加坡，人们已经开始重视升值家用智能计量的价值。直到 2017 年，英格兰部分地区在同样的方向上已经取得了零星的进展。Ofwat 2017 年关于 2020 年客户相关数据分析的立场文件显示了考虑创新方法的新意愿。在韩国，到 2020 年实现智能网络中的国家智能水网仍然是国家的优先事项，基本的基础设施正在建设中。新加坡正把各种智能的因素集中在一个更加统一的结果上。

一个特别令人担忧的问题是，智能用水应用的技术发展速度超过了政府机构应对这些问题的能力（Freedman and Dietz，2017）。政策倡议可能需要移交给出现这种创新的地方，以便在证明对公众有利的地方和时机接受和纳入这些创新。

尽管澳大利亚和美国的旱灾有所缓解，但提高用水效率的监管愿望仍得以维持，因此，采用智能应对措施的情况仍在继续发展。

看来，智能水资源开发和部署实际上将继续受到间接政策影响的推动。这可能会随着智能水市场的规模和形象的增长而改变。我们不能想当然地认为，提高知名度必然会带来好处。正如将在第 9 章中讨论的，在更广泛地采用智能水管理之前，还有许多挑战要面对。

参考文献

[1] ACT（2007）Water Resources，（Amounts of water reasonable for uses guidelines）Determination 2007（No 1）. Australian Capital Territory，Canberra，Australia.

[2] Business Stream（2016a）A leak sees money trickle away. Business Stream，Scottish Water.

[3] Business Stream（2016b）When small changes can make big savings. Business Stream，Scottish Water.

[4] Byeon S，Choi G，Maeng S and Gourbesville P（2015）Sustainable Water Distribution Strategy with Smart Water Grid. Sustainability（7）：4240-4259.

[5] Brzozowski C（2011）The 'Smart' Water Grid：A new way to describe the relationship between technology，resource management，and sustainable water infrastructures. Water Efficiency 6（5）：10-3.

[6] Choi H and Kim J A（2011）Alternative Water Resources and Future Perspectives of Korea. 2011 IWA-ASPIRE Smart water Workshop，4th October 2011，Tokyo，Japan.

[7] Choi G W，Chong K Y，Kim S J，and Ryu T S（2016）SWMI：new paradigm of water resources management for SDGs. Smart Water 1：3.

[8] Cleantech Group（2011）Ontario Global Water Leadership Summit. Cleantech Group，San Francisco，USA.

[9] Fisher S（2016）Addressing the water leak challenge in Copenhagen. WWi June-July 2016，32-33.

[10] Freedman J and Dietz G（2017）The Future of Water Management：A Menu for Policymakers in the Digital Industrial Era. The General Electric Corporation，Boston，MA，USA.

[11] Gaines M（2016）Business Stream saves customers £ 37m. Utility Week，5th December 2016.

[12] Gambino L(2015)California restricts water as snowpack survey finds' no show whatsoever'. The Guardian, 1st April 2015.

[13] Hulme P(2015)The Need for EDM. Presentation to' The Value of Intelligence in the Wastewater Network', CIWEM, London, 18th February 2015.

[14] ITU(2010)ICT as an Enabler for Smart Water Management. ITU-T Technology Watch Report, ITU Geneva, Switzerland.

[15] Lee L(2011)The art of smart irrigation. Tx: H_2O 6(3): 10-2.

[16] Lloyd Owen D A(2012)Singapore-a holistic approach to sustainability. Paper presented to the Singapore International water Week, July 2011.

[17] Luger J(2011)Key developments in Smart Metering. Ofwat, Birmingham, UK.

[18] MacDonald K(2010)Recent leakage performance and future challenges. Presentation at the SBW-WI Metering and Leakage Seminar-New Challenges: New Solutions, 24th November 2010, Leamington Spa, United Kingdom.

[19] M&SEI(2016)Analysis: California smart water meter landscape. Meter & Smart Energy International, 9th August 2016.

[20] Merks C, Shepherd M, Fantozi M and Lambert A(2017)NRW as a percentage of System Input Volume just doesn't work! Presentation to the IWA Efficient Urban Water Management Specialist Group, Bath, UK, 18-0th June 2017.

[21] OECD(2012)Policies to support smart water systems: Lessons from countries experience. ENV/EPOC/WPBWE(2016)6, OECD, Paris, France.

[22] Ofwat(2010)Playing our part-reducing greenhouse gas emissions in the water and sewerage sectors. Ofwat, Birmingham, UK.

[23] Ofwat(2011)Exploring the costs and benefits of faster, more systematic water metering in England and Wales.

[24] Ofwat(2012)Valuing every drop-how can we encourage efficiency and innovation in water supply? Ofwat, Birmingham, UK.

[25] Ofwat(2017)Unlocking the value in customer data: a report for water companies in England and Wales. Ofwat, Birmingham, UK.

[26] Phippard S(2012)Comments at the World Water-Tech Investment Summit, London, February 2012. Director, Water, Floods, Environmental Risk & Regulation, DEFRA.

[27] Public Utilities Board Singapore(2016)Managing the water distribution network with a Smart Water Grid. Smart Water 1: 4.

[28] Renner S, et al. (2011)European Smart Metering Landscape report. Intelligent Energy Europe, Vienna, Austria.

[29] Smart Approved WaterMark(2011)Final report on the delivery of the Smart Approved WaterMark Water Smart Australia, Project Report to the Department of Sustainability, Environment, Water, Population and Communities. SAWM, Sydney, 2011.

[30] Staddon C(2012)Department of Geography and Environmental Management, University of the West of England, Bristol, Personal communication, 2012.

[31] Turner A, et al. (2010) Third Party Evaluation of Wide Bay Water Smart Metering and Sustainable Water Pricing Initiative Project. Report prepared by the Snowy Mountains Engineering Corporation in association with the Institute for Sustainable Futures, UTS, for the Department of the Environment, Water, Heritage and the Arts, Canberra.

[32] Western Resources Advocates (2010) Arizona Water Meter: A Comparison of Water Conservation Programs in 15 Arizona Communities. WRA, Boulder, Co, USA.

[33] WICS (2010) Competition in the Scottish water industry 2009-0. Water Industry Commission for Scotland.

[34] Worsfold M (2012) Head of Asset Strategy, Ofwat. Comments at the World Water-Tech Investment Summit, London, February 2012.

9 推行障碍

正如所暗示的那样，使用颠覆性技术至少会带来一定程度的破坏。对供水和污水处理等本质上较为保守的服务进行改革，未必会迅速或被普遍接受。

英国、荷兰和美国加州的数据隐私法，以及对数据传输可能对健康造成影响的担忧，都被用来推迟甚至阻止安装智能水表。对闲置资产的担忧也会阻碍智能计量的部署，因为最近安装的设备将不得不更换，同样，创新也会对就业产生影响。其他挑战包括需要确保有效(因此也是有益的)采用新技术、维护系统的完整性、有关操作和传输标准、交互操作性以及所生成数据的所有权的问题。

9.1 公众对健康和隐私的关注

根据欧洲法律(2012/148/EU)，到2020年，荷兰将实施电网和天然气的智能计量系统，最初的设想是，这将被用作同时安装智能水表的平台。荷兰传统上认为，用水政策目标长期聚焦于单一问题。“更大的利益”并不总是适用。2010年，由于媒体和“声势浩大的少数人”出于对健康和隐私的担忧的反对，荷兰不得不推迟其普及智能水计量政策。由于他们的传统是不考虑这些问题，许多公用事业公司发现，他们无法建设性地回应这种意想不到的反对意见。

当政策限制从消费者收集数据时(例如隐私法和数据安全要求)，智能用水部署受到阻碍。加利福尼亚公共事业委员会允许客户选择使用智能仪表，因为人们担心由仪表无线电发射机产生的电磁场(EMF)。这降低了“智能”仪表的效用，并提高了成本，因为客户必须手动读取仪表。

在英国，考虑到《数据保护法》，人们对智能水表可以获取的个人信息量也表示了类似的担忧(Harper，2011)。这就强调了数据安全性(如果恶意实体控制了网络或家庭中的供水设备怎么办?)以及数据的处理方式，有正当合法理由处理数据，以适当的收集频率和客户对这些数据的访问权(Murray，2011)。在英国，报纸上的头条新闻，如“我的水表可能是个杀手”(Williams，2010)和“不太聪明的水表将‘允许窥探并造成健康风险’”(Casey，2016)表明了政策对不太可能被理性预期的反对意见的敏感性。

美国和英国的“smartmetermuder. com”和“stopsmartmeters. org”等网站声称，智

能水表会损害用户的DNA，导致癌症，杀死当地野生动物，等等。在当前的民粹主义氛围下，这种观点可以获得以往人们所认识到的更大的吸引力。

这些问题在某种程度上是一般智能网络的共同问题。这种担忧(OECD，2012)如果没有协商和适当的保障措施来增强消费者的权能，是很难缓解的。智能应用程序可以深入了解人们生活的许多细节，安全漏洞是一个永远存在的风险。它们都有可能向第三方提供个人信息，并为消费者提供更好的服务(Murray，2011)。在英国(Hall，2014)，这涉及包括《数据保护法》(1998)在内的立法，人权法(1998)，隐私和电子通信条例(PECR)。

另一个潜在的隐私问题可能来自智能下水道网络检测合法和非法毒品消费的能力。第4章中提到的智能厕所能够在用户层面收集与毒品相关的数据(Ratti et al，2014)，并像第5章中的智能下水道一样将数据传输给第三方。至少在理论上，下水道数据可以用于跟踪全世界的人，只要使用了必要的探针，并与所需的数据相连接，假设个人DNA数据也可用，这可能意味着出于正确或错误的原因，一种新的监测人们的行踪的方法可能会出现。

这可以追溯到一些反对智能水表的自由主义观点。例如，雇主可能很快就能获得有关员工个人习惯的有效数据。它可以在员工不知情的情况下进行，更不用说经过他们同意了。这种应用只受到水和废水流动中包含的东西以及可以从它们中推断出的东西的限制。

9.2 信任、技术和政治

对供水的可饮用性缺乏信心，即使供水质量很高，也导致越来越多地采用非公用水源，包括使用点处理(PoU)系统(Gasson，2017)。这背后的一个驱动因素是，改进的检测和监测意味着在以前无法检测到的地方发现污染，就像部署智能水监测系统的情况一样。这是一个悖论：当检测限度从百万分之一提高到十亿分之一时，清洁的水被认为变得更脏了。

对信任问题的回应可以通过改进的实时监控和更自由地获取这些信息来实现，也可以通过本地化监控来实现。目前，PoU监测所需的技术成本太高，无法广泛采用，但随着探头成本的降低，这一点很可能会出现，如第10章所述。信任和信心也取决于国家。在英格兰和威尔士，饮用水检查局(dwi. gov. uk)是独立的，但在法定基础上运作。2015年，99.96%的饮用水样本符合所有健康和美学标准(DWI，2016)，而1992年，这一比例为98.65%(DWI，2002)，受到了公用事业和消费者的高度重视。

创新本身也会带来挑战。如果没有充分的培训和准备，安装智能水表可能会导致错误的泄漏警报和不必要的网络维修。这削弱了人们对一项新技术的信心，而这本来应该在一开始就得到解决(Cespedes, Peleg, 2017)。公用事业公司需要能够有效地传达智能网络的好处。这意味着要考虑到客户实际需要了解什么,并传达相关信息,例如,告知客户泄漏修复的速度,将数据划分为公用事业分区,制定每周和每月的绩效目标,以激励员工更有效地运作(Cespedes, Peleg, 2017)。在第4章中,我们回顾了南方水务公司(Southern Water)和Thames Water(泰晤士水务公司)建立客户关系的方法。

9.3 数据所有权

数据所有权是一个备受关注的新兴领域。开发智能硬件和软件的公司能够从使用其产品的公司收集数据并将其货币化。对于某些水计量服务而言,这是一种工具,通过同行基准测试帮助影响消费者行为。在这里,反对意见可能是一种观点,人们免费提供数据,然后作为一种商业工具使用。

在其他情况下,例如Fathom(家庭智能计量)、WeatherTrak(天气数据)和AquaSpy(土壤湿度),收集用于基准测试的数据是订阅者要支付的费用。数据也可以被公司用作营销工具。例如,如果一家公司拥有一系列智能用水工具,所有这些工具都具有通用的界面和操作系统,它就可以通过这些通用平台建立客户忠诚度。

9.4 搁浅的资产

荷兰的市政水务公司似乎对智能水表存在分歧。Vitens、WML和PWN等公司看到饮用水行业的机遇,将在未来几年安装智能水表。他们免费安装智能水表,并将此视为更好地为客户服务的机会。阿姆斯特丹的Waternet不会安装这些智能水表,因为该公司最近才开始安装新的水表,用智能水表替换这些水表被视为浪费金钱(Struker, Havekes, 2012)。这是搁浅资产挑战的一个例子,使用一项新技术需要更换完全可操作的硬件,尽管这些硬件已被随后的开发抛在后面。

9.5 公用事业所扮演的角色

公用事业公司需要监管和运营方面的激励,以采用智能供水方法。有一股强大的游说力量坚持认为市政用水应该是"免费的",要么像爱尔兰那样通过税收间接支付,要么通过工业客户的交叉补贴(Barlow, Clarke, 2002; Barlow, 2007)。如果公用事业公司不能对用水收费,就不存在对需求管理的激励。在美国大部分地区，公用事业公司是按照成本转嫁原则运营的，主动的泄漏管理对公用事业公司没有帮助，因为监管机构和媒体鼓励他们修复泄漏，而不是防止泄漏或在泄漏被发现之前进行修复（Cespedes，Peleg，2017）。预防既不创造工作，也不表明在公共场合完成了工作。

另一个问题是，公用事业不应以任何形式参与私营部门（Hall，Lobina，2007），无论这种伙伴关系可能带来什么收益。其中一个原因是为了保护就业。这与智能用水有关，因为它的预期结果之一是通过优化效率来最小化运营和资本支出。这里的一个特殊领域是抄表。自动抄表将导致失业。在发展中经济体，到目前为止，服务业的扩展已经看到新的工作岗位取代了旧的工作岗位；供水商（原来的工作，非公用事业）可以成为收费员（原来的工作，现在有公用事业）和抄表员（新工作，相同的公用事业）。公用事业公司需要考虑 AMR 和 AMI 对其员工的社会影响。

9.6 诚信与互联网

智能水数据和保密性有两面性。获取远程水表传输数据可以成为一种通过观察用水模式来确定建筑物是被占用还是空置的方法。这忽略了一个事实，即电表的运行方式与电话线和所有基于互联网的设备是相同的。此外，与其他定时装置一样，用水量不一定是使用者在所涉时刻出入的标志。

在第 10 章中，将考虑智能用水作为物联网（IoT）子集的潜力。物联网的基本原则之一是，通过互联所有适用设备，包括那些与水有关的设备，使设备“智能”。由于这涉及大量互联设备，最易受攻击的智能设备可能允许访问其他设备和客户帐户和设置。当大量个人设备需要适当的强大密码时，网络安全是一个潜在的问题。各种各样的低成本设备可能被安装在一个家庭中，而没有考虑（或确实意识到）密码保护的需要。这样一个网络中的任何单个设备都可以成为网络其余部分的入口点。

9.7 重新审视标准的问题

国际电信联盟（ITU，2010）指出，它已经为物联网无处不在的传感器网络制定了通用标准；此类标准尚未制定并应用于智能用水管理（UNESCO，ITU，2014）。这里主要关注的是不同子单元的交互操作性。作为一个典型的智能用水系统，它依赖于大量的数据源和流程，任何由不完全互操作的组件导致的效率降低都可能产生累积和有害的影响。这是智能系统将增量改进整合成一个破坏性整体的反面。

智能供水系统之间缺乏整合也可能阻碍通过共享公共数据获得的进一步收益，例如不同流域的与天气相关洪水的差异，多个自来水公司之间，甚至是同一家公司内部的消费者行为。

这也适用于智能用水管理的数据收集、数据处理和表示方面。一般来说，数据通信和传输工作是在国际电信联盟已经为电信和电力实施的一系列广泛的标准和协议范围内进行的，但在水务方面的程度不尽相同。在第 8 章中，概述了将构成智能用水系统基础的 ISO 标准。

与此并行的是对通用数据标准的需求。例如，在美国，自来水公司和监管机构倾向于使用英制计量，而公制是世界上大多数国家的标准。由于每个集水区具有独特的物理和化学特性组合，公用事业公司在另一个集水区采用智能水系统时需要协调这些特性。这是一个长期存在的问题，例如在英国，当创新者寻求在一个公用事业中进行试点项目被另一个公用事业所接受时。

9.8 需求管理与管网厕所冲洗

在德国，为减少生活用水而作出的努力在通过污水管网有效厕所冲洗方面造成了一些问题，包括固体污物在到达污水厂之前的停留时间增加。平均国内消费量从 1991 年的 144L/(人・d)，下降到 2011 年的 124L/(人・d)(Gersmann, 2012)，为了解决污水管网中粪便污染的积聚的问题，科隆等城市正在使用更多的化学处理方法，这些城市现在不能使用重力式下水道冲洗(Chandavarkar, 2009)。这需要放入哥本哈根的背景下(第 5.8.1 节)，在哥本哈根，人均用水量从 170L/(人・d)减少到 100L/(人・d)，没有出现任何污水排放问题。

9.9 物联网数据处理能力

物联网将需要一个能够承载不断增加的数据量的通信基础设施。5G(第五代)移动通信标准是为数据密集型应用开发的(5G PPP，2016)。自 2016 年以来，5G 系统的本地试验一直在进行，目的是在 2018 年采用正式的全球标准(Woods, 2017)，预计 2019 年在中国和韩国推出(Fildes，2017)。预计在 2020 年之前，它不会在英国和其他国家有效推广，而且由于当前网络的容量有限，最早在 2025 年之前，大多数国家不太可能更广泛地采用。

一个特别的挑战将是发展适当的通信基础设施。在城市地区，密集的通信单元网络将服务于相对较小的地区。作者对 5G 和公用事业相关文献的调查表明，迄今为止，水资源管理一直是人们关注的较为边缘的领域之一。

9.10 泄漏管理受到测量的制约

不存在单一泄漏指示器，因此需要针对特定问题采取措施(EUC，2015)。英国特许水与环境管理协会(Chartered Institute of Water and Environmental Management)指出，绝对不应以系统输入量的百分比来引用“泄漏”。由于消耗量的差异和变化，这是一种误导性的比较方法，而且这是一种零和计算方法，无法确定同一时间段内泄漏量和消耗量的真实减少(CIWEM，2016)。

不幸的是，正如Aguas de Cascais(葡萄牙)所指出的，“我们必须忍受”NRW百分比和泄漏数据，因为这是客户、政治家和媒体所理解的。尽管泄漏指数(ILI)、人均升数和每个仪表升数的数据更为客观，但非专业用户并不容易理解，无论其存在哪些缺陷(Perdiago，2015)。

在英国，传统上有效地使用了诸如$\times10^6$L/d和L/户等单位，以及更多农村地区的m^3/km干管。基础设施泄漏指数(ILI)与某些压力测量结合使用，在技术性能的国际比较中更为可靠。正如在第8.3节中所讨论的，这里已经取得了一些进展，但无论多么错误，百分比衡量的令人信服的简单性将会发生一些变化。

9.11 智能用水有它的逻辑限制

有没有一点“智能”的思想在水的应用上太过了呢？这也许是布拉德肖(2015)在考虑“智能”饮用容器时总结出来的，它测量你喝了多少液体，并将其与你建议的每日摄入量联系起来。这要求用户将他们喝的所有东西都倒进一个“智能”塑料杯中，这个杯子将用水数据发送到智能手机。智能水应该注重效率和最小化我们管理用水所需的设备数量。

9.12 结论

部署智能用水方法面临的许多障碍反映了那些寻求在水资源领域提供创新的人所面临的挑战。虽然工业和农业(灌溉)普遍务实，但可以公平地说，许多公用事业方面在某种程度上更加教条。还必须认识到，没有任何两家水务公司在水资源和水需求方面是相同的，而且由于其各自为政的性质，水务公司往往对相同的情况寻求不同的回应。

以上列出的潜在陷阱是作者意识到的。很可能还有很多。有些可能微不足道，但另一些可能会将智能方法的部署推迟十年甚至更长时间。创新障碍的特点是其不确定或非理性。

雄心壮志往往在某个时刻遇到现实。这样的遭遇不一定会导致挫折。与那些与潜在采用者有一定程度互动的创新相比，孤立开发的创新可能用途有限。

创新者真的知道公用事业公司和其他客户想要什么吗？这可能是一个问题，特别是在智能用水从为其他部门开发的产品中涌现出来的时候。开发人员和公用事业公司之间以及公用事业公司和他们的客户之间需要有效的沟通。本质上，有两大挑战：确保系统和组件的互操作性；并确保人们充分参与到创新过程中，以便他们能够从中受益。

参 考 文 献

[1] 5G PPP(2016)5G empowering vertical industries. 5G PPP，Ghent，Belgium.

[2] Barlow M and Clarke T(2002)Blue Gold：The Fight to Stop the Corporate Theft of the World's Water. The New Press，NY，USA.

[3] Barlow M(2007)Blue Covenant：The Fight for Water as a Human Right. McClelland & Stewart，Toronto，Canada.

[4] Bradshaw T(2015)'Smart vessels' quench a non-existent thirst. Financial Times，19th November 2015.

[5] Casey C(2016)'Not so smart meters will "enable snooping and pose a health risk"'. Enfield Gazette & Advertiser，23rd November 2016.

[6] Cespedes F V and Peleg A(2017)How the Water Industry Learned to Embrace Data. Harvard Business Review，Digital Article，27th March 2017.

[7] Chandavarkar P(2009)German water conservation impairs sewage treatment. Deutsche Welle，20th August 2009.

[8] CIWEM(2016)Water distribution system leakage in the UK. Policy position statement，June 2016，CIWEM，London，UK.

[9] DWI(2016)Drinking Water 2015. Drinking Water Inspectorate，London，UK.

[10] DWI(2002)Drinking Water 2001. Drinking Water Inspectorate，London，UK.

[11] European Commission(2015)EU Reference document Good Practices on Leakage Management WFD CIS WG PoM. European Commission，Brussels，Belgium.

[12] Fildes N(2017)UK sets timetable for launch of 5G networks. Financial Times，8th February 2017.

[13] Gasson C(2017)A new model for water access. Global Water Leaders Group，Oxford，UK.

[14] Gersmann H(2012)Germany's careful toilet-flushing is a drop in the water-conservation ocean. The Guardian，18th April 2012.

[15] GWI(2016)Chart of the month：Utility vs discretionary spending. Global Water Intelligence，17(11)：5.

[16] Hall D and Lobina E(2007)Water as a public service. PSIRU，Business School，University of Greenwich.

[17] Hall M(2014)Pioneering Smart Water in the UK. SMI Smart Water Systems Conference，

London, April 28-29th 2014.

[18] Harper N(2011)AMR-Does it do what it says on the tin? SBWWI 23rd November 2010. ITU (2010)ICT as an Enabler for Smart Water Management.

[19] ITU-T Technology Watch Report, ITU Geneva, Switzerland.

[20] Murray S(2011)Dealing with data. SBWWI, 6th December 2011.

[21] Perdiago P(2015)A smart NRW reduction strategy. Presentation to the SMi Smart Water Systems Conference, London, April 29-30th 2015.

[22] Ratti C, Turgeman T and Alm E(2014)Smart toilets and sewer sensors are coming. Wired, March 2014.

[23] Struker A and Havekes M(2012)Waternet, Personal communication.

[24] UNESCO & ITU(2014)Partnering for solutions: ICTs in Smart Water Management. ITU-T UNESCO/ITU, Geneva, Switzerland.

[25] Williams L(2010)'My water meter can be a killer.' Liverpool Echo, 9th June 2010; The Daily Mail, 9th June 2010.

[26] Woods B(2017)What is 5G and when will it launch in the UK? Wired, 7th June 2017.

10 迈向智能水管理

本章总结了本调查中探讨的一些主题，并考虑了如何通过有效的集成来实现进一步的改进。本书对早期创新进行了研究，重点关注已经开发出来的产品和服务，而不是未来可能出现的产品和服务。

10.1 保守与创新

自来水公司在接受和采用创新技术方面的保守做法意味着，除非目前正在开发和试验一个系统，否则可能会认为它们在21世纪30年代之前不会广泛使用(Sedlack，2016)。

这与智能手机所强调的"智能"技术(如移动通信和计算)的发展轨迹形成鲜明对比。诺基亚9000通讯器(一种带有集成个人数字助理或PDA的移动电话)于1996年推出(Sedlack，1996)。1999年在日本推出两年后，NTT DoCoMo得到了大规模采用(Anwar，2002)，2003~2006年，黑莓系列等完全集成的智能手机在国际上得到采用，2007年苹果公司推出了iPhone。到2013年，智能手机的销量超过了传统手机(Gartner，2014)。这里值得注意的不仅仅是它们的被采用速度，还有设备本身在这段时间内的演变。

智能手机是一个有用的类比，苹果公司的商业模式表明，消费者可能会认为一款新产品是不可或缺的，尽管他们在相对较短的时间内并不知道它的存在。这是开发和营销新产品并为它们寻找新市场的理想状态。当它提供真正的效用时，满足以前未实现的需求是有益的。这种方法是许多智能设备和应用程序的核心。创新可以由开发人员通过他们的个人经验来设计应用程序(和应用软件)来驱动，以解决迄今为止一直被忽视的需求。

相比之下，水行业一直是，而且在很大程度上仍然是一个以规避风险为特征的行业。除非消费者和其他利益相关者的期望能够通过可能改变他们的关系和期望的创新来改变，否则这种情况将继续存在。对于消费者来说，接受和采纳变化的意愿在某种程度上取决于提高他们的期望，从标准服务的被动接受者，到能够改变其消费模式和影响更广泛的水管理政策的参与者。

其他影响包括满足利益相关者对环境合规性、服务提供和公共卫生义务的期望的需求增加。这种可能不受欢迎，2017 年上半年，泰晤士水务公司增长了 3550 万英镑的罚款和罚金，包括因六处非法排放 $420\times10^4m^3$ 污水而被处以 2030 万英镑的罚款(普雷斯科特，2017)，未达到泄漏管理目标的 860 万英镑监管处罚(Thames Water，2017)。Ofwat 的主席(Cox，2017)随后呼吁对公司的治理和报告系统进行广泛的改革，并因此在 2020~2025 年间优先采取更积极的方法减少整个行业的泄漏(Ofwat，2017)。满足这些挑战的需要可能会使公用事业公司更愿意创新。

无法改变的是，这涉及处理低价值、高容量的物质，而这些物质通常不被视为商品。清洁水的输送和污水的安全清除并不容易符合公众的认知，即基于从最小的实体获得最大价值的智能未来。因此，工业客户在帮助早期创新达到商业成熟方面起着重要作用。工业客户的特点是需要尽可能高效地用水，以降低其运营成本(减少抽取和消耗的水，产生更少的污水，以及更低的电力和化学品消耗)，同时符合适用的环境和公共卫生标准。工业客户会在商业上有意义的地方采用创新。寻求开发智能水产品并将其商业化的公司需要考虑工业客户作为通向公用事业市场桥梁的潜力。

水务公司可以在符合自身利益的情况下对创新做出回应，废水是一个矛盾的说法(Parker，personal communication，2011)，在过去的十年里，人们朝着水的再利用、能源和养分的回收方向努力，从以前被视为废物的地方创造出商品。例如，自 2016 年年底以来，从奥胡斯的污水中回收的能量(产生的能量是处理过程中所用能量的 150%)被用于水分配和处理，使公用事业成为一个净能量发生器(Karath，2016)。

10.2 一组预期结果

关于智能用水系统可能出现的长期预测或理想化的愿景趋向于两种结果：什么可能是期望的，什么可能是实际实现的。以下建议是作者对 2030 年智能用水预期结果的主观设想。这也旨在综合前面章节中描述的各种产品和服务，并概述其更广泛整合的潜力：

取水及处理：综合实时监测整个集水区的水流及水质，直至取水点，再汇入整体供水网络至滤水厂。在原水进入设施前，滤水厂会进行优化，以预测其变化。滤水厂还与目前和预测的处理水需求相联系，以确保在分配网络内得到最低限度的必要处理。集水区水位和取水点数据进一步整合到国家水网中。

配水：通过配水网络进行压力、流量和水质监测，以确保使用最小的泵送，从而最大限度地减少不可避免的泄漏，并检测发生点或附近的实际或初期泄漏。水质指标的监测突出了潜在的管道恶化或生物膜累积。

泄漏管理：将配水网流量和损失数据与外部监测(如卫星或无人机)集成，并通过其在环境中的光谱“签名”确定管道外部存在饮用水(处理)水。

需求管理：通过个人设备提供有关家庭用水及其水、能源和成本影响的实时建议，以及有关异常用水量的实时警报和在发生泄漏时远程关闭水阀的能力。集成智能计量将反过来为更复杂的客户提供有关其用水、循环用水、废水和排放以及与水有关的用电的数据。

客户管理：通过整合客户用水和个人情况，解决负担能力问题，并将其与收费方案(包括社会水价)和需求管理相结合，以避免产生坏账。

污水收集：远程监测土壤温度，以发出下水道泄漏警报。污水流量监测和污染负荷检测，网络容量和任何潜在的暴雨水有关。监测管网内出水温度的变化，以测量污水和暴雨污水之间的相互作用程度。

污水处理和资源回收：监测当前和潜在的污水和雨水流量，以确保有足够的处理能力。利用污水和雨水储存区平衡污水流量，并使其与处理能力相匹配。实时或近实时监控处理过程，确保保持最佳工艺效率，同时处理后排放处于水、能量和营养回收的最佳状态。工程和所有相关的流量系统的排放数据实时提供给所有相关的第三方。

公共卫生：城市污水系统中存在病原体或与之相关的基因示踪剂，用于确定传染病的爆发和传播，并对这些生物体的任何突变发出警报。药物或其代谢产物的异常水平有可能警告其他新出现的问题。通过检测下水道而不是厕所，个人隐私问题可以得到解决。基因测序可用于疾病暴发的快速诊断和对感染的存在和记录其传播的移动警报。减少疾病被人所知晓的时间意味着有更多的时间来应对和控制其传播。

洪水适应能力：实时了解当前和预测的河流和地表水流，为未来洪水事件提供最大数量的警报。当前和历史数据不断被输入系统，以提高系统的准确性和适应性，并考虑到该地区的任何物理变化，同时测试迄今未预见的降雨量。这与正在采取的措施不断联系在一起，这些措施旨在提高河流流域的抗洪能力和雨水储存能力。

内陆水质：通过基因序列作图和鉴定可以检测到扩散污染源，用于快速检测细菌污染及其定位。这首先要确定所涉及的物种(例如人或牛的粪便)，然后再使用具有独特DNA序列的标记颗粒追溯到其来源。

流域水资源管理：这包括对水资源利用的综合监测，以查明当前和潜在的利用冲突。这还可以确定哪些水价要素与其可用性和用途不符。

综合决策：管理不同用户利益相关者(市政、工业和农业用户)之间的可持续平衡，维护内陆水系统的环境完整性。

灌溉：将灌溉面积的产量与用水量相结合，以衡量灌溉效率。在流域一级，预测农业、工业和市政用水需求并及时采取行动消除它们之间的潜在冲突。

工业客户：提供有关水资源利用和回收效率的数据，并将其与行业和流域内的最佳实践相比较。这将反过来允许为第三方生成使用和合规数据，以确保公司活动不对当地水资源和内陆水质产生不利的影响。在可行的情况下，对水的使用和回收进行智能监测，以尽量减少或消除从周围水源的净取水。

发展中经济体：通过有效部署中间环节，创造一条可实现和负担得起的途径，以达到发达经济体的供水和卫生标准。其中包括联网的水泵监控器，以提供对水泵状况以及整个地区地下水位的实时评估。在区域和国家基础上，实时监测获得水的机会和水的质量，以及卫生设施收集监测和优化资源回收，同时积极监测支出及其影响。

在许多情况下，这些方法已经处于试验阶段。例如，主动排水网络监测确保每天的流量水平恒定，并与预先设置的设施相结合，以最大限度地减少污水堵塞，并监测潜在的污水积聚。这可能与泵的状态监测和清除潜在的堵塞有关，同时考虑到降雨以保持恒定的流量。这是通过利用网络的容量在系统内蓄水来实现的，以最大限度地减少暴雨涌流和民间社会组织的排放(Griveson，2017)。

这些元素中有许多是相互关联的。例如，内陆水质监测和污水处理厂及溢流的表现。如上文所述的广泛监测可能在短期内对公用事业公司有害，因为它必须有效地遵守其环境和服务义务，而不是在可行的情况下设法回避这些义务。从长远来看，全面有效的合规有利于建立公众对公用事业的信任，避免罚款和其他处罚。

理想的情况是，公用事业公司能够充分了解这些信息并根据这些信息采取行动，以便以最低的价格、最低的耗水量为客户提供尽可能好的服务。此外，公司还将有效地遵守环境法规，并对资产进行维护，而不会对客户造成影响。距离这一理想目标还有一段路要走，但如果这些各种努力能够连贯地结合起来，就会有这样的结果。

只要找到合适的理由采取必要的行动，所有这些目标都是可能实现的。他们需要法律和监管激励措施，以鼓励公用事业公司进一步考虑其在流域或集水区层面的作用。这同样适用于工业和农业用户。长期以来，供水和废水处理服务一直面临着将不同的要素整合成一个连贯的整体的挑战，在这个整体中，每一个流程都能有效地与所有其他相关流程协同工作。智能用水也面临着类似的挑战，具有更大的复杂性。

随着各种信息源的整合，最大的实际挑战将是从“大数据”转向“海量数据”。很明显，在相对简单的智能用水系统中，信息的有效呈现和优先排序是一个基本要素。随着各种数据源的汇集，这些挑战将成倍增加。

10.3 智能用水的影响

10.3.1 灌溉

智能灌溉关注的是使现有或计划中的资产以最有效的方式运行。智能灌溉是许多提高灌溉效率的方法之一。例如 Jägermeyr 等(2015)估计，2004~2009 年，全球每年的灌溉用水量为 2469km^3，其中 1212km^{3}返回河流(包括通过灌溉渠道的渗漏)，649km^{3}是有益消耗(蒸腾)，608km^{3}是非有益消耗(蒸发)。用滴灌代替地表灌溉可以减少 76%的非有益消耗。

由于在更高效的系统中需要的水更少，回流损失减少，需要抽取的水也更少。Jägermeyr 等(2015)预测，全滴灌将需要抽取 877km^{3}的水来输送 605km^{3}的水用于有益消耗，而河流回流 110km^{3}和非有益消耗 162km^3。他们还认为这本身就能提高 9%~15%的产量。这还没有考虑到由于其与天气和下层土壤水分有关的低效应用而损失的水分。如第 7 章所述，智能土壤湿度监测系统正在实现 40%的节约，这表明了之前的损失程度。此外，可能还需要更多的水来定期冲洗，以防止盐水积累。

它还概述了智能灌溉如何成为一种减少水消耗的工具，并提供更高的作物产量。每公顷灌溉用水量的降低意味着在不存在资源冲突的地方，也存在补充灌溉的潜力，这有可能将作物产量提高 56%(Jägermeyr et al.，2016)。

表 10.1 中的数字是说明性的。首先，考虑到灌溉，将 Jägermeyr 等(2015)与粮农组织的估计和预测相结合。粮农组织假设，目前消耗 3100km^3/a 的灌溉水，到 2030 年将增至 4500km^3/a(FAO，2010)。这些是正常消耗(BaU)数据。对于 2030 年的预测，考虑了转向普遍滴灌的影响，然后将土壤湿度传感与滴灌相结合。

表 10.1　智能方法对灌溉用水量的潜在影响　　km^3/a

项　目	目前正常消耗	2030 年正常消耗	2030 年滴灌	2030 年智能灌溉
回流(到河流等)	1525	2225	625	150
非有益消耗	775	1125	325	250
有益消耗	800	1150	1150	1150
总计	3100	4500	2100	1550

来源：作者利用 FAO(2010)和 Jägermeyr 等(2015，2016)以及智能灌溉的最佳实践实例开发的数据。

表 10.1 中强调的滴灌与滴灌结合天气和土壤湿度监测的差异反映了在确保水只在需要时到达根部时的节约。滴灌技术的智能应用有可能确保全球取水量保持在 4200km^3/a 的可再生水流量以下。

10.3.2 智能用水和总体需求

如上所述，另一个因素是消除饥饿和尊重人们的选择，比如人们希望有一个更均衡的饮食结构。2016 年全球人口预计为 74 亿，预计 2030 年将增至 85 亿，到 2050 年将增至 97 亿(UN DESA，2015)。

三种场景如表 10.2 所示。根据粮农组织的预测，“沉默”是正常的商业行为(一切照旧)。“智能”考虑了智能水管理的影响，而“增强”则假定由于可通过其他节省方式获得的灌溉用水增加 30%。

表 10.2 智能用水对总用水量的潜在影响 km^3/a

项 目	目前—照旧	2030—照旧	2030—智能	2030—增强	2050—增强
市政	600	900	730	730	830
工业	800	1050	945	945	1075
灌溉	3100	4500	1550	2015	2295
总计	4500	6450	2865	3690	4200

来源：作者根据 FAO(2010)表 10.1 和智能方法最佳实践得出的数据。

在这里，考虑到使用传统电表的家庭的比例以及人们调整用水的范围，市政网络的损耗预计将从 30%减少到 20%，智能计量将整体减少 12%需求。企业，尤其是那些在国际地区运营工厂的企业，正面临着越来越大的压力，要求它们尽量减少水足迹。工业用水量预计因此减少 10%，同时整体上需要继续提高用水效率。

这表明，在至少 2050 年之前避免使用目前消耗的水量是可行的。从低效的灌溉中节省下来的水可以保持在“自然”水循环中(恢复内陆水流)，重新分配给市政或工业使用，或者用于新的灌溉项目。这取决于地点。

智能灌溉不能使沙特阿拉伯种植小麦这样的活动变得合理，更不用说可持续了。它将对更多的边缘地区产生更大的影响。例如，看看中亚棉花作物的智能管理滴灌将如何影响咸海的命运将是一件有趣的事情。

10.3.3 智能用水和消费

GWI(2016)审查了“数字化水”在 2016~2020 年降低运营和资本支出的范围，确定了资本和运营支出整体节省 11%的潜在成本。在供水和废水方面，人们发现处理比分配或收集节省更多。虽然诸如泄漏管理等领域受到较高的关注，但有效利用需求管理很可能会对降低所需新资产的数量产生更大的影响。

随着越来越多的智能方法应用到公用事业系统中，并且它们变得越来越一体化，很可能会节省更多的成本。当一方的创新降低了另一方的成本时，资本和运营支出的节约将会重叠。在不收取水费和补贴抽水成本的情况下，农业的节约很难量化。表 10.3 考虑了三个十年期相对于 2016 年资本和运营成本估计的节约潜力。

表 10.3　与当前成本相比，智能用水方法可能节省资本和运营支出　　　%

潜在节约	2016~2025 年	2026~2035 年	2036~2045 年
水的抽取及处理	15	20	25
配水	12	18	25
污水收集及排放	10	15	20
废水处理	15	25	35
废水回收	15	30	50
总计	13	19	26

来源：作者的预测。

这些数字是说明性的，根据当前的情况和未来的发展，不同的公用事业会有很大的不同。它们还考虑到需求管理的潜力，以最大限度地减少资产的开发，使它们在较低的消费模式下需要。不同的活动也会相互影响，因此增加水的再利用会降低取水成本。

10.4　结论

水管理及其可用性面临两个首要挑战：第一，是否有水；第二，是否有解决目前和未来赤字所需的资金。智能用水在应对这些挑战方面发挥着重要作用，不是作为“包治百病”的灵丹妙药，而是作为更连贯、更可持续的水资源管理方法的一部分。因此，最显著的节约灌溉是采用滴灌。智能用水让滴灌的好处得以充分实现。

智能计量仍然是智能用水在公众中的形象，在可预见的未来也将继续这样。对于老客户来说，一套全面的用水信息将是有吸引力的。它实际上是如何使用的则是另一回事。重要的是这些信息是可用的，并且客户能够尽可能多地使用对他们实际有用的信息。对于公用事业公司来说，它将成为一种向客户提供信息和与客户互动的工具，它将全面及时地帮助其了解其设备资产是如何运行的，以及所面临的直接和长期挑战。

参　考　文　献

[1] Anwar(2002) NTT DoCoMo and m-commerce：A case study in market expansion and global strategy. Thunderbird International Business Review 44(1)：139-164.

[2] Cox J(2017) Holding Thames Water to account. Utility Week，23rd June 2017.

[3] FAO(2010) Towards 2030/2050. UN FAO，Rome，Italy.

[4] Gartner(2014) Gartner Says Annual Smartphone Sales Surpassed Sales of Feature Phones for the First Time in 2013. Press release, 13th February 2014, Gartner, Egham, UK.

[5] Grievson O(2017) Smart Wastewater Networks, from Micro to Macro. Water Innovations, July 2017, 24-26.

[6] GWI(2016) Chart of the month: Digital water savings for utilities. Global Water Intelligence 17 (12): 5.

[7] Jägermeyr J, Gerten, D, Schaphoff S, Heinke J, Lucht W and Rockstr J(2016) Integrated crop water management might sustainably halve the global food gap. Environmental Research Letters 11: 7-14.

[8] Jägermeyr J,, Gerten D, Heinke J, Schaphoff S and Kummu M and Lucht W(2015) Water savings potentials of irrigation systems: global simulation of processes and linkages. Hydrology and Earth System Sciences(19): 3073-3091.

[9] Karath K(2016) World's first city to power its water needs with sewage energy. New Scientist, Daily News, 1st December 2016.

[10] Nokia(1996) First GSM-based communicator product hits the market. Nokia Starts Sales of the Nokia 9000 Communicator. Press release, 15th August, 1996, Nokia Oy, Espoo, Finland.

[11] Ofwat (2017) Delivering Water 2020: Consulting on our methodology for the 2019 price review. Ofwat, Birmingham, UK.

[12] Prescott M (2017) Water Industry Risks Briefing 2017. Environmental Rating Agency, Oxford, UK.

[13] Sedlack D(2016) The Limits of the Water Technology Revolution. Discussion Paper, Megatrends Workshop, National University of Singapore, February 24th, 2016.

[14] Thames Water (2017) Annual report and financial statements 2016/17, Thames Water, Reading, United Kingdom.

[15] UN DESA(2015) World Population Prospects: The 2015 Revision, Key Findings and Advance Tables. Working Paper ESA/P/WP. 241. United Nations, Department of Economic and Social Affairs, Population Division, New York.

11 结论

在过去的十年里，智能水和废水管理业务发生了巨大的变化。至少在未来十年，随着更多的早期方案被采纳，使人们能够更好地认识到其当前和潜在的影响，它将继续这样存在下去。

目前，智能用水作为一系列方法而存在，每一种方法在某种程度上都是孤立运作的。从用户水表和智能淋浴到洪水易损性建模和土壤湿度监测，当这些看似不相干的工具能够在流域乃至国家层面上连接成连贯的实体时，智能用水所能提供的一些最大好处就会显现。

显然，仍有许多工作在进行中。同样，智能能源和通信等市场目前享受的监管和政策支持，对智能用水的支持明显较弱。例如，如果智能用水被视为智能城市项目的事后考虑，而不是核心组成之一，那么这可能是一个问题，要确保各种智能用水系统的互操作性，还有很多工作要做。从业者在供水和废水处理有一个优势，当涉及可感知的效用和基础设施优先级时，他们习惯于被忽视。

与供水和废水管理方面的许多创新相比，智能用水通过有效整合一些渐进的改进，提供了真正具有颠覆性的发展潜力。以往的破坏性创新，如慢砂过滤、活性污泥、反渗透和膜生物反应器，都是基于在相当长的一段时间内对单一创新的不断发展和完善。虽然智能用水的各个要素，如网络压力管理和智能灌溉，可能被视为具有破坏性，但随着服务提供方面的一些渐进式改进开始相互补充，真正的颠覆性的创新将会发生。

虽然许多智能用水处理程序仍处于开发的早期阶段，在 2025～2035 年之前不太可能被广泛地商业化采用，但有些已经被大量公用事业公司使用。特别值得关注的是，智能设备是否会改变水行业的发明和采用之前的传统 15～25a 的时间差。这里一个令人鼓舞的因素是，随着市场调查的推进和更新，当前和预测的市场规模逐渐增大的趋势也逐渐增强。

供水和废水管理的许多方面都具有谨慎和保守的特点，部分原因是这些服务所涉及的服务、公共卫生和环境义务所驱动的。这可能会受到各种智能方法节省的资本和运营开支以及它们提高运营效率和提供服务的潜力的挑战。

水费(以及农业取水和抽水的水费和能源费)反映提供和管理这一资源的实

际成本越多，消费者考虑其消费的动机就越大。公平和公正的水价最终可能成为广泛采用智能水价方法的主要推动力。

也许我们唯一可以确定预测的因素是，智能用水将成为水资源管理的一个组成部分，虽然许多最终结果将不是今天所预测的那样，但它们有可能在改善提供服务的同时降低成本。